国家林业和草原局普通高等教育"十三五"规划教材

经济林栽培学总论

刘杜玲　主编

中国林业出版社

内 容 简 介

《经济林栽培学总论》共 10 章，包括绪论，我国经济林分类、分布与栽培区划，经济林木生长发育规律，生态环境对经济林生长发育的影响，经济林良种苗木繁育，经济林建园，经济林园土肥水管理，经济林整形修剪，经济林产品器官管理和经济林设施栽培。

本书介绍了经济林生长发育特性及栽培管理技术特点，还介绍了经济林栽培学领域国内外最新技术成果、成功生产实践经验及典型栽培范例，以二维码形式引入了大量典型的教学案例、图片、视频和教学课件等教学资源，内容更加直观、具体，便于读者理解和掌握。

本书可作为高等农林院校经济林专业、林学专业及其他相关专业的本科生教材，也可作为广大农林科技人员的工作参考书。

图书在版编目(CIP)数据

经济林栽培学总论 / 刘杜玲主编. — 北京：中国林业出版社，2022.2
国家林业和草原局普通高等教育"十三五"规划教材
ISBN 978-7-5219-1568-6

Ⅰ.①经… Ⅱ.①刘… Ⅲ.①经济林-栽培学-高等学校-教材 Ⅳ.①S727.3

中国版本图书馆 CIP 数据核字(2022)第 021672 号

中国林业出版社教育分社

策划、责任编辑：范立鹏　　　　责任校对：苏　梅
电　　话：(010)83143626　　　传　　真：(010)83143516

出版发行　中国林业出版社(100009　北京市西城区刘海胡同 7 号)
　　　　　E-mail:jiaocaipublic@ 163.com
　　　　　http://lycb.forestry.gov.cn/lycb.html
经　销　新华书店
印　刷　北京中科印刷有限公司
版　次　2022 年 2 月第 1 版
印　次　2022 年 2 月第 1 次印刷
开　本　787mm×1092mm　1/16
印　张　16.25
字　数　452 千字(含数字资源 67 千字)
定　价　46.00 元

教学数字资源

未经许可，不得以任何方式复制或抄袭本书之部分或全部内容。

版权所有　侵权必究

《经济林栽培学总论》
编写人员

主　　编：刘杜玲

副 主 编：邵建柱　曹　兵　彭少兵　李　捷

编写人员：（按姓氏拼音排序）
　　　　　　曹　兵(宁夏大学)
　　　　　　冯　美(宁夏大学)
　　　　　　李　捷(甘肃农业大学)
　　　　　　刘杜玲(西北农林科技大学)
　　　　　　刘朝斌(西北农林科技大学)
　　　　　　彭少兵(西北农林科技大学)
　　　　　　齐国辉(河北农业大学)
　　　　　　邵建柱(河北农业大学)
　　　　　　王　林(山西农业大学)

前 言

经济林是我国林业重要的经济增长点和优势特色产业之一，在我国林农产业结构调整、区域经济发展和乡村振兴中发挥着重要作用。

1997年，西北林学院张康健教授和张亮成教授针对我国北方干旱、半干旱及寒冷的气候环境下经济林生长发育特性及其栽培管理技术特点主编了《经济林栽培学（北方本）》，该书出版发行20余年来，有力地推动了我国经济林专业、经济林学科的建设和发展。近年来，随着科学研究的不断深入和经济林产业的快速发展，经济林的栽培理念和栽培模式也发生了较大变化，新模式、新技术、新品种、新成果不断涌现，对产品的要求从注重产量向注重质量转变。为满足新时期高等农林高校创新型经济林人才的培养要求，我们组织人员对《经济林栽培学（北方本）》进行了修订。

本次修订是在原教材内容体系基础上完成的。本书的编写注重理论与生产实际的紧密结合，重视内容的系统性和全面性，突出技术的前瞻性和实用性。教材内容体系编排从经济林产业现状、存在问题与未来发展趋势入手，以经济林木生长发育规律和先进科学的综合管理技术为重点，以经济林设施栽培为亮点和补充，全面、系统地论述了经济林栽培的基本理论、基本技术与方法，内容包括：绪论，我国经济林分类、分布与区划，经济林木生长发育规律，生态环境对经济林生长发育的影响，经济林良种苗木繁育，经济林建园，经济林园土肥水管理，经济林整形修剪，经济林产品器官管理和经济林设施栽培。另外，本书以二维码形式引入了典型的教学案例、图片、视频和教学课件等教学资源，在每章后设置了本章小结和思考题，概括总结了本章内容重点，以便学生系统掌握知识、回顾知识和学习。

本书由我国多位长期从事经济林教学和科研工作的专家学者联合编写，历时2年完成。本书由刘杜玲担任主编，邵建柱、曹兵、彭少兵和李捷担任副主编，各章编写分工如下：第1章和第3章由刘杜玲编写，第2章由李捷编写，第4章由王林编写，第5章由邵建柱编写，第6章由彭少兵编写，第7章由曹兵编写，第8章由刘朝斌编写，第9章由齐国辉编写，第10章由冯美编写。全书最后由刘杜玲统稿定稿。

本书编写得到西北农林科技大学、河北农业大学、宁夏大学、甘肃农业大学、山西农业大学、塔里木大学6所高等农林高校和中国林业出版社的鼎力支持，张康健教授、高绍棠教授、苏印泉教授等对本次修订提出了宝贵意见和建议，编写人员付出了大量辛苦劳动，在此一并深表感谢！另外，在本书编写过程中，参阅了许多学者的教材、科技著作和研究文献，在此也向他们深表感谢！

由于编者水平有限，错误、漏洞或不妥之处在所难免，恳请广大师生和读者提出宝贵意见，以便修订时加以完善。

编　者

2021 年 6 月

目 录

前 言
第1章 绪 论 (1)
    1.1 经济林概念的内涵和外延 (1)
    1.2 经济林的地位和作用 (1)
    1.3 经济林生产概况 (6)
    1.4 "经济林栽培学"课程的目的与要求 (11)
    本章小结 (12)
    思考题 (12)

第2章 我国经济林分类、分布与栽培区划 (13)
    2.1 经济林分类 (13)
    2.2 经济林分布 (18)
    2.3 我国经济林栽培区划 (21)
    2.4 我国主要和引进的经济林树种 (23)
    本章小结 (28)
    思考题 (29)

第3章 经济林木生长发育规律 (30)
    3.1 经济林木的生命周期和年生长周期 (30)
    3.2 经济林木器官的生长发育 (39)
    本章小结 (82)
    思考题 (82)

第4章 生态环境对经济林生长发育的影响 (84)
    4.1 气候因子对经济林生长发育的影响 (84)
    4.2 土壤因子对经济林生长发育的影响 (95)
    4.3 地形、地势对经济林生长发育的影响 (97)
    4.4 生物因子对经济林生长发育的影响 (99)
    本章小结 (101)
    思考题 (102)

第 5 章 经济林良种苗木繁育 ·· (103)
5.1 苗圃建立 ·· (103)
5.2 实生苗繁育 ·· (105)
5.3 嫁接苗繁育 ·· (111)
5.4 自根苗繁育 ·· (119)
5.5 工厂化育苗 ·· (123)
5.6 苗木出圃 ·· (126)
本章小结 ·· (129)
思考题 ·· (130)

第 6 章 经济林建园 ·· (131)
6.1 经济林园地选择 ·· (131)
6.2 经济林园规划设计 ·· (135)
6.3 经济林栽植和栽后管理 ·· (144)
本章小结 ·· (151)
思考题 ·· (151)

第 7 章 经济林园土肥水管理 ·· (152)
7.1 土壤管理 ·· (152)
7.2 养分管理 ·· (156)
7.3 水分管理 ·· (168)
本章小结 ·· (172)
思考题 ·· (173)

第 8 章 经济林整形修剪 ·· (174)
8.1 整形修剪的基本理论 ·· (174)
8.2 经济林整形 ·· (178)
8.3 经济林修剪 ·· (188)
本章小结 ·· (201)
思考题 ·· (202)

第 9 章 经济林产品器官管理 ·· (203)
9.1 花果数量调节 ·· (203)
9.2 果实管理 ·· (209)
9.3 产品采收和采后处理 ·· (212)
本章小结 ·· (218)
思考题 ·· (219)

第10章 经济林设施栽培 (220)
10.1 经济林设施栽培概述 (220)
10.2 设施栽培模式及栽培设施 (222)
10.3 设施环境特点及其调控 (228)
10.4 经济林设施栽培理论基础及生长发育特点 (234)
10.5 经济林设施栽培关键技术 (238)
本章小结 (244)
思考题 (245)

参考文献 (246)

第1章

绪 论

《中华人民共和国森林法》将森林分为防护林、特种用途林、用材林、经济林和能源林5大林种。经济林是兼顾经济效益、生态效益和社会效益最好的林种，是森林资源的重要组成部分。经济林产品是人们生活的必需品，与人们生活息息相关。经济林不仅可以为人类生活提供各种大量直接产品和间接产品，满足人类生活需要，而且在振兴农村经济、林业产业结构调整及改善生态环境等方面具有重要的地位和作用。经济林产业是融第一、二、三产业为一体的生态富民产业。

1.1 经济林概念的内涵和外延

经济林(non-wood forest)是以生产果品、食用油料、饮料、调料、工业原料和药材等为主要目的的林木，涵盖木本果品类、木本油料类、木本饮料类、木本粮食类、木本调料与香料类、木本药材类、木本蔬菜类、木本工业原料类和其他类经济林木(包括蜜源、饲料类等)。经济林产品是指除用作木材以外的树木的果实、种子、花、叶、皮、根、树脂、树胶、树液等直接产品或经加工制成的油脂、能源、食品、药品、饮料、调料、香料、化妆品、染料、颜料、化工产品等间接产品，国外称之为非木材(质)林产品(non-wood forest products，NWFPs)。

1.2 经济林的地位和作用

1.2.1 经济林的地位

经济林以其突出的经济效益、生态效益和社会效益，在林业产业、乡村振兴及国家粮油安全中的地位日益凸显。

1.2.1.1 经济林在林业产业中的重要地位

经济林产业是林业产业体系的重要组成部分。据国家林业和草原局统计，近年来我国新造经济林面积年均达 $133×10^4$ hm^2，占当年全国人工造林面积的1/3以上。截至2019年，全国经济林种植总面积达 $4000×10^4$ hm^2，各类经济林产品总量达 $1.95×10^8$ t，经济林第一产业(经济林产品的种植与采集)年产值1.51万亿元，占林业第一产业产值约60%，成为林业的支柱产业，在林业产业中占重要地位。

1.2.1.2 经济林在我国乡村振兴中的突出地位

经济林产业是民生林业与生态林业的最佳结合，是实现脱贫后持续发展的优势特色产业，尤其在我国丘陵山区的乡村振兴中，具有其他产业不可替代的重要作用。在农村贫困山区发展特色经济林产业，不仅可以促进人与自然和谐相处，还可以充分利用地域自然环境优势、农村劳动力资源和先进技术生产名、特、优地方标志产品，使农村建设走上可持续发展的生态文明富裕之路。这充分体现了经济林在我国乡村振兴中的突出地位。

1.2.1.3 经济林在我国粮油安全中的保障地位

我国人口多，粮油产品供应紧缺，每年需进口粮食约 $1×10^8$ t，食用油对外依存度在60%以上，为全球最大的食用油进口国。而我国荒山荒地资源丰富（ $4400×10^4$ hm^2）。充分利用这些资源发展油茶、核桃、板栗、枣、柿等木本粮油经济林，不仅可以解决我国粮油刚性短缺问题，维护国家粮油安全，还可以增加农民收益，改善生态环境。这充分凸显了木本粮油经济林在维护国家粮油战略资源安全中的地位及意义。

1.2.2 经济林的作用

1.2.2.1 经济林可为人们提供各种产品

经济林可为人们提供果品、木本粮油、木本调料与香料、木本饮料、木本药材、工业原料、木本蔬菜等各种产品。

(1) 提供干、鲜果品

果品是人们生活的重要组成部分，富含人体必需的脂肪、蛋白质、糖类、氨基酸、矿物质、有机酸、各种维生素和纤维素，具有很高的营养价值和保健作用。果品以其含水量不同分为水果和干果。水果如苹果、梨、桃、杏、李、樱桃、葡萄、猕猴桃、柑橘、橙、柚等，干果如巴旦杏、阿月浑子、红松籽、板栗、核桃、枣、杏仁、榛子、香榧等。干果与水果相比，养分含量更为丰富。许多干果富含蛋白质和脂肪，如杏仁和榛子含蛋白质20%~25%，脂肪50%~66%。脂肪和蛋白质含量高的干果还有扁桃、阿月浑子、香榧等。有些干果淀粉和糖含量高，如板栗果实含淀粉和糖达70%，被称为高热量、低脂肪、蛋白质丰富、不含胆固醇的健康有机食品；干枣的葡萄糖和果糖含量在70%以上。蛋白质、淀粉和糖等物质是人体的主要热能来源。果品中含有各种人体需要的维生素。如枣、猕猴桃、山楂、龙眼、柑橘类、沙棘等富含维生素C；核桃、板栗、无花果、沙棘、榛子、甜橙等维生素 B_1 含量高；维生素 B_2 含量较高的有沙棘、榛子、核桃、板栗等。维生素是人体必需的重要营养物质，缺乏时会引起人体生理功能失调，免疫力下降。

矿物质是人体矿质营养的重要来源，果品中含有各种矿质营养，尤其是钙、磷、铁营养较为丰富。钙和铁是人体易缺乏的难移动性矿质营养，儿童和老年人更易缺乏。儿童缺钙易患佝偻病，老年人缺钙易患骨质疏松症，缺铁则易引起贫血。含钙较多的果品有核桃、扁桃、榛子、阿月浑子、杏仁、葡萄、枇杷、香榧等。含铁较多的果品有榛子、樱桃、杏仁、扁桃、香榧、核桃、山楂等。含磷较多的果品有榛子、杏仁、扁桃、香榧、石榴、白果、板栗、柚子、椰子、橄榄等。

纤维素是人体不可缺少的食物成分，果品是人体纤维素的重要来源。果品中的红果干含纤维素最多（约50%）；桑葚、樱桃、枣、石榴、苹果、'鸭梨'次之。纤维素有助于消化、利便、排毒，可降低直肠癌、结肠癌的发病率，并有减少胆固醇吸收、降血脂和维持血糖正常的作用。

（2）提供木本粮油

我国木本粮油树种资源丰富，能为人们提供各种粮油产品。木本粮食树种，如板栗、柿、枣、榛子等，在我国古代就被称为"铁杆庄稼"。其果实富含淀粉、糖、矿质营养等，是一类高能量食品。木本食用油料树种如核桃、油茶、文冠果、油用牡丹、油橄榄等，其产品富含蛋白质、脂肪、不饱和脂肪酸、氨基酸、矿质元素及多种维生素等，营养价值极高。如核桃仁含蛋白质15%~19%，脂肪65%~70%。核桃、元宝枫、文冠果、油茶不饱和脂肪酸含量达86%~90%；油用牡丹不饱和脂肪酸含量在92%以上，其中多不饱和脂肪酸含量70%，α-亚麻酸高达40%。大多数木本粮油产品既是优良的果品，又是很好的粮油替代品。长期食用可起到合理膳食、均衡营养、改善营养状况的重要作用，对高血压、混合型高血脂也有显著疗效，也可丰富我国粮油种类，弥补粮油严重不足，解决粮油紧平衡问题。

（3）提供木本调料、香料及饮料

木本调料类树种如花椒、八角、胡椒等，香料类树种如山苍子、桉树、肉桂、樟树、松树、花椒等，以香料为原料经提取、合成、加工制成的香精、香料等，都是日常人们生活中不可缺少的调味品。此类经济林木的器官因富含挥发性芳香物质（醛类、醇类、酚类、丙酮类、萜烯类等），故具有浓厚的香味，可以大幅提升食品质量。饮料类经济林产品如茶、咖啡、猕猴桃、蓝莓、椰子、杜仲、沙棘等，富含蛋白质、氨基酸、生物碱、维生素和矿质元素，具有提神、止渴及保健作用。木本调料、香料与饮料产品是人们日常生活不可缺少的组成部分，在人们生活中发挥着不可替代的重要作用。

（4）提供木本药材

木本药材类树种如杜仲、银杏、沙棘、厚朴、枸杞、黄檗、金银花、红豆杉等，其叶片、树皮、花、果、实、种子、树根等器官富含各种药用有效成分，对人体健康有良好的医疗保健作用。如杜仲的皮和叶有效成分主要有环烯醚萜类、苯丙素类、木脂素及甾体类等40多种化合物，具有降血压、镇痛、利尿、抗菌、抗病毒、抗衰老及抗肿瘤等作用，还可以增强机体免疫功能。银杏叶中的黄酮醇甙和内酯，可以有效增加脑血流量，扩张冠状动脉，降低血清胆固醇，还可预防和治疗冠状动脉硬化、心绞痛等疾病。枸杞果实含有丰富的枸杞多糖，具有促进免疫、抗衰老、抗肿瘤、清除自由基、抗疲劳、抗肿瘤、降血糖、降血脂、安神明目等重要功能。沙棘含有生物活性物质高达200多种，包括沙棘黄酮、磷脂、卵磷脂、不饱和脂肪酸、胡萝卜素、类胡萝卜素、儿茶素、香豆素、花青素、甜菜碱、有机酸、人体必需的氨基酸、微量元素、多种维生素（维生素A、维生素C、维生素E）等，其维生素C含量是有"维生素C之王"之称猕猴桃的2~3倍，是苹果的200倍，黄酮含量是银杏的3~4倍，超氧化物歧化酶（SOD）含量是人参的5倍。沙棘具有活血化瘀，消食化滞，健脾养胃，止咳化痰，利肺，滋阴升阳之功效。黑枸杞是迄今为止发现的原花青素含量最高(3690 mg/100 g)的天然野生果实，也是一种强效天然抗氧化剂，对软化血管、降血压、抗衰老、增强免疫力的效果非常强。

(5) 提供工业原料

工业原料树种资源极其丰富，如漆树、油桐、乌桕、麻风树、栓皮栎、橡胶树、胡枝子、棕榈、杜仲、黄栌、黄连木、黑荆树等，能为轻工、化工、食品、能源、造纸、电子、机械等工业部门提供各种天然生物原材料。如漆树的产品漆液（生漆）是涂漆建筑物、家具、电线、广播器材等的天然树脂涂料。油桐、乌桕的产品桐油、桕油是重要工业油料，桐油广泛用于制漆、塑料、电器、人造橡胶、人造皮革、人造汽油、油墨等制造业；桕油是制作蜡烛、肥皂、金属皂、润滑脂、合成洗涤剂、软化剂以及制取脂肪的原料。麻风树种子含油率高，可以提炼出不含硫、无污染、符合欧Ⅳ排放标准的生物柴油，是我国重点开发的绿色能源树种。栓皮栎的树皮木栓发达，栓皮质细而轻软，为绝热、绝缘、防振、防湿、隔音的优良原料，是航海用救生衣具、浮标、瓶塞、军用火药库、冷藏库、化学工业的保温设备等轻工业和国防工业的重要原料。橡胶树所分泌的胶乳（天然橡胶）因具有很强的弹性、良好的绝缘性、可塑性、隔水隔气性，抗拉和耐磨等特点，被广泛用于工业、国防、交通、医药卫生领域和日常生活等方面，杜仲胶可补充国家70%天然橡胶依赖进口的战略资源缺口。此外，胡枝子、棕榈等树种，其各部分器官纤维发达，广泛用于各种编织。黄栌、黄连木、黑荆树等树种富含单宁、染料，是重要的鞣料、染料树种。

(6) 提供木本蔬菜

木本蔬菜树种如香椿、榆木、辣木、竹笋、木槿、栀子等，其产品芽、叶、花、根、茎等器官可以直接食用或经加工后食用。木本蔬菜类产品营养丰富，含有各种维生素、蛋白质、膳食纤维等人体需要的各种营养成分，味道独特、爽口，深受广大消费者喜爱。

1.2.2.2 经济林的经济效益

(1) 经济林产业是林业产业中最活跃的经济增长点

经济林产品是人们生活品不可缺少的重要组成部分，随着人们膳食结构的改善及健康意识的增强，对绿色天然产品的需求量日益增大。经济林产品需求拉动了经济林产业迅速发展，全国经济林产量、产值快速提高。2010年全国各类经济林产品总产量1.26×10^8 t，年总产值5158亿元，占林业第一产业产值58%；2015年总产量1.74×10^8 t，年总产值1.2万亿元。按照"十三五"林业发展规划要求，到2020年，经济林产品总产量将超过2×10^8 t，经济林第一产业产值超过2万亿元，2020年的总产值分别是2010年、2015年的2.92倍和1.26倍。

经济林产业是我国林业产业第一大产业。经济林第一产业产值占林业第一产业总产值约60%。经济林产业已成为林业产业中最活跃的经济增长点，对我国林业产业结构调整具有重要意义。

(2) 经济林产业是振兴地方经济和农民增收的支柱产业

自"十二五"以来，全国各地充分利用地方独特的生态环境资源发展特色经济林产业，取得显著的经济效益,成为地方经济和农民致富的支柱产业。我国山东烟台、山西临猗、陕西洛川、甘肃天水、河南灵宝等地的苹果;宁夏中宁、甘肃酒泉、青海都兰等地的枸杞;陕西商洛、四川黄龙、河北涉县、新疆叶城、山西汾阳,以及云南楚雄、保山、大理等地的核桃;甘肃武都、重庆江津、陕西韩城等地的花椒;陕西富平、湖北罗田等地的柿子;陕西商洛、湖北罗田的板栗;新疆和田大枣、新疆若羌红枣、宁夏灵武长枣;新疆库尔勒香梨等。这些富有地方特色的名优经济林产品年产值在十几亿元至上百亿元以上(表1-1)。在山东烟台栖霞,农民95%的收入来自苹果产业。一些油茶、核桃、枣等木本粮油生产的山区大县,农民来自优势特色经济林的收入达60%以上。经济林已成为农民永久增收,推动地方经济发展的大产业平台。

表1-1 全国部分地区经济林产品的产量和产值

省份	产地	年份	树种	产品种类	产量($\times 10^4$ t)	综合产值(亿元)
宁夏	宁夏	2018	枸杞	干果	14	130
陕西	韩城市	2019	花椒	干果	2.6	36*
山东	烟台栖霞市	2019	苹果	鲜果	220	160*
陕西	商洛市	2019	核桃	干果	16.5	50
湖北	罗田县	2019	板栗	干果	6	15
新疆	库尔勒市	2019	库尔勒香梨	鲜果	29	23*
陕西	富平	2019	柿	鲜柿 柿饼	6 1.3	130

注:表中综合产值指直接产品及其加工品;"*"指鲜果单项产值。

(3)经济林产品是我国进行国际贸易的重要物资

许多经济林产品是重要的出口商品,在国际市场上享有很高声誉。据我国海关统计,2017—2019年,水果类(柑橘属、苹果、葡萄)年均出口量214.8×10^4 t,年均出口额32.4亿美元;坚果类(核桃、松子仁)年均出口量2.6×10^4 t,年均出口额3.2亿美元;干果类(红枣、葡萄干)年均出口量3.8×10^4 t,出口额2.5亿美元,年均出口额0.8亿美元;果汁类(苹果汁)出口总量48.0×10^4 t,年均出口额5.9亿美元。各类产品年均出口总额达42.4亿美元。

另外,板栗、梨、杏仁、柿饼、生漆、桐油、山苍子油、八角、茶叶、银杏、杜仲等各种干鲜果品、饮料、调料、工业原料及木本药材等,是中国传统的出口商品;五倍子、虫蜡、香榧、桂皮、山茱萸等,每年也有一定量出口。经济林产品具有较高的国际贸易价值,对我国经济建设具有重要意义。

1.2.2.3 经济林的生态效益

经济林大部分为生态、经济兼容性树种。尤其是一些生态经济树种(如核桃、板栗、柿、杏、银杏、杜仲等),根深叶茂,树冠高大,适合在山区、丘陵和干旱贫瘠的荒漠化地区生长,在绿化荒山、防风固沙、保持水土、涵养水源、固碳释氧、维护生物多样性等方面效果显著。据中国林业科学研究院的研究显示，经济林涵养水源的价值占生态系统服务总价值的58.59%，固碳制氧、生物多样性保护、保育土壤、净化环境和营养积累的价值分别占16.29%、15.59%、5.54%、4.01%和1.98%。目前，我国各地已经形成了一些经济林树种的生态栽培模式，发挥出了巨大的生态效益。

1.2.2.4 经济林的社会效益

经济林不仅具有较高的经济效益、生态效益，而且也有可观的社会效益。经济林不仅可以为人们生活大量提供第一产业产品，而且在第二、第三产业的生态观光、文化旅游、康养产业、人员就业等方面发挥了重要作用。

经济林是集森林生态景观、赏花采摘、文化传承等多功能于一体的特色产业。在城市郊区、新农村建设以生态旅游观光为主的特色经济林，人们可以在节假、闲暇之余，观花赏叶、休闲采摘和品尝绿色果品的同时，还可以愉悦心情、净化和放松身心。而且经济林作为绿色植物，可以吸纳浊气、噪声、粉尘，增加空气中的O_2及空气负离子含量，为人类创造清新洁净、安静舒适的生活环境，通过森林生态旅游达到休闲保健的目的。

以经济林为主的观光旅游业，可以拉动相关产业链发展，振兴地方经济。2018年，全国林业旅游与休闲产业达36.6亿人次，比2017年增加5.6亿人次。其中生态旅游人数达16亿人次，同比增长15%。综合产值达15 000亿元。

经济林产业链长，包括栽培、加工、贮藏、流通等各个环节，是就业热点产业。据调查统计，我国从事经济林种植的农业人口约为1.8亿，其中从事优势特色经济林种植的农业人口约1亿。因地制宜地发展优势特色经济林产业，可向社会民众提供更多就业机会和生态致富门路。

1.3 经济林生产概况

1.3.1 世界经济林生产概况

近年来，世界大宗水果、坚果、干果、橡胶等主要经济林的产量、出口量保持稳中有增态势，生产规模不断扩大，对世界经济的发展做出了重要贡献。

据美国农业部海外农业服务局的统计结果显示（表1-2），2018—2019年全球苹果产量$6864.5×10^4$ t，主产国（地区）有中国、欧盟、美国、土耳其、伊朗等，其产量分别占世界产量的45%、20%、7%、4%、4%。主要出口国（地区）有欧盟、中国、美国、智利等，其出口量分别占世界出口量的23%、17%、14%、12%。全球梨产量$1942.1×10^4$ t，主产国（地区）有中国、欧盟、美国、阿根廷等，分别占世界产量的67%、13%、3%、3%；主要出口国（地区）有中国、欧盟、阿根廷、南非等，分别占世界出口量的24%、21%、18%、13%。

全球葡萄产量$2215.1×10^4$ t，主产国（地区）有中国、印度、土耳其、乌兹别克斯坦等，分别占世界产量的43%、12%、9%、7%；主要出口国（地区）有智利、秘鲁、美国、南非等，分别占世界出口量的24%、12%、11%、10%。

全球柑橘产量$3200×10^4$ t，主产国（地区）有中国、欧盟、土耳其、摩洛哥、美国等，分别占世界产量的69%、10%、5%、4%、3%；主要出口国（地区）有土耳其、中国、摩洛哥、南非、欧盟等，分别占世界出口量的26%、26%、22%、11%、9%。

表1-2 2018—2019年全球主要水果产量、出口量和主产国（地区） 单位：×10⁴ t

水果种类	国家或地区	产量	占世界总产量（%）	国家或地区	出口量	占世界出口量（%）
苹果	中国	3100.0	45	欧盟	137.0	23
	欧盟	1400.9	20	中国	105.0	17
	美国	504.8	7	美国	85.0	14
	土耳其	300.0	4	智利	72.0	12
	伊朗	279.9	4	南非	55.0	9
	印度	230.0	3	新西兰	39.0	6
梨	中国	1310.0	67	中国	43.0	24
	欧盟	252.5	13	欧盟	36.5	21
	美国	66.7	3	阿根廷	33.0	18
	阿根廷	58.0	3	南非	24.0	13
	土耳其	45.0	2	智利	12.5	7
	南非	42.0	2	美国	12.5	7
葡萄	中国	945.0	43	智利	72.0	24
	印度	270.0	12	秘鲁	36.0	12
	土耳其	190.0	9	美国	34.0	11
	乌兹别克斯坦	158.0	7	南非	30.0	10
	欧盟	155.7	7	土耳其	23.5	8
	美国	101.5	5	中国	22.0	7
柑橘	中国	2200.0	69	土耳其	71.2	26
	欧盟	321.1	10	中国	70.6	26
	土耳其	165.0	5	摩洛哥	59.9	22
	摩洛哥	137.5	4	南非	29.6	11
	美国	100.4	3	欧盟	24.6	9

资料来源：美国农业部海外农业服务局。

2017—2018年坚果和干果统计年鉴数据显示（表1-3），2017—2018年度世界主要干果核桃、扁桃、腰果、榛子产量为871.8×10⁴ t、124.0×10⁴ t、78.9×10⁴ t、49.0×10⁴ t，分别比2007—2008年提高44%、24%、32%、16%。中国和美国是世界最大的核桃生产国，分别占全球核桃产量42%和29%，主要出口国是美国，2012—2016年平均出口量占世界出口量49%，其次是乌克兰，占11%。美国是扁桃生产和出口大国，分别占世界份额的81%和72%。腰果生产大国（地区）为西非和印度，分别占世界产量43%、25%，主要出口国为越南和印度。土耳其是世界榛子最大的生产国和出口国，分别占世界份额的73%和67%。

表 1-3　世界主要干果生产、出口情况　　　　单位：×10⁴ t

坚果种类	国家或地区	仁产量	占世界产量（%）	国家或地区	平均出口量（带壳）	占世界出口量（%）
核桃	中国	36.9	42	美国	9.6	49
	美国	25.0	29	乌克兰	2.1	11
	智利	6.5	7	智利	1.6	8
	乌克兰	5.2	6	摩尔多瓦	1.2	3
	伊朗	3.8	4	中国	0.6	3
扁桃	美国	100.0	81	美国	58.1	72
	澳大利亚	8.1	7	西班牙	7.1	9
	西班牙	5.1	4	澳大利亚	4.4	5
	伊朗	1.5	2	中国	3.0	4
腰果	西非	33.6	43	越南	26.5	56
	印度	19.4	25	印度	10.7	23
	东非	9.6	12	荷兰	2.5	5
	越南	7.1	9	巴西	1.8	4
榛子	土耳其	36.0	73	土耳其	14.8	67
	意大利	4.2	9	格鲁吉亚	2.1	9
	阿塞拜疆	2.5	5	意大利	1.8	8
	格鲁吉亚	1.5	3	阿塞拜疆	1.1	5

注：①资料来源于《2017—2018 坚果和干果统计年鉴》；②仁产量指 2017—2018 年度产量；③平均出口量指 2012~2016 年平均出口量。

世界橡胶产量也在稳定增长，橡胶产业势头良好。据联合国粮食及农业组织（FAO）统计，2017 年世界橡胶总产量 1425×10⁴ t，比 2010 年提高 34%，主产国有泰国、印度尼西亚和越南，占世界橡胶总产量 65%，中国仅占世界份额 6%。

国外在经济林栽培技术上有三大特点：一是非常重视良种选育和推广，以提高产品的生产率和商品率，争夺国际市场；二是采用先进的栽培模式，矮化密植、篱壁式整形等技术，不仅充分提高了光能利用率，且产品数量与质量大幅度提高；三是利用机械化提高生产效率。

1.3.2　我国经济林生产概况

经济林产业因其具有显著的经济效益、可观的生态效益和社会效益而被国家重视和社会关注。全国经济林栽培面积、产量、产值显著增加，经济林良种化、基地化及优势经济林迅速发展，区域特色产品的产业链已经形成。

据国家林业局（现国家林业和草原局）统计数据显示，2017 年，全国各类经济林产品总产量为 1.87×10⁸ t，其中水果产量 15 738×10⁴ t，干果产量 1116×10⁴ t，花椒、八角等林产调料产品 78×10⁴ t，银杏、杜仲、枸杞等木本药材 320×10⁴ t，核桃、油茶等木本油料 697×10⁴ t，松脂、油桐等林产工业原料 195×10⁴ t，林产饮料 254×10⁴ t（表 1-4）。木本油料产品增长较快，其中核桃干果产量 416×10⁴ t，种植面积 795×10⁴ hm²；油茶籽产量 243×10⁴ t，种植面积达 407×10⁴ hm²。全国经济林产品种植与采集总产值 13 923 亿元。

表 1-4　2017 年全国主要经济林产品产量　　　　　　　　单位：×10⁴ t

产品类别	产品名称	产量	产品总量	产品类别	产品名称	产量	产品总量
水果类	苹果	4082	15738	药材类	银杏	19	320
	柑橘	3316			苦杏仁	8	
	梨	1898			杜仲	22	
	葡萄	1433			厚朴	23	
	桃	1531			枸杞	41	
	龙眼	186			沙棘	6	
	猕猴桃	201		木本油料类	油茶子	243	697
干果类	板栗	236	1116		核桃	416	
	枣(干重)	562			油橄榄	6	
	柿(干重)	105			油用牡丹子	4	
	仁用杏(仁重)	12		工业原料类	生漆	2	195
	榛子	13			油桐子	37	
	松子	12			乌桕子	3	
调料类(干重)	花椒	44	78		松脂	144	
	八角	17		饮料类(干重)	毛茶	227	254
	桂皮	10			其他饮料	27	

注：①数据来源于中国林业统计年鉴(2017)；②产品总量指同类所有产品产量之和(除饮料类外)，表中只列出了部分产品。

至 2019 年年末，全国经济林栽培面积达 4000×10⁴ hm²，各类经济林产品总产量 1.95×10⁸ t，经济林第一产业年总产值 1.51 万亿元，与"十二五"末相比，经济林总产量、第一产业年产值分别增加了 10.8% 和 20.7%。全国林下经济年产值约 8155 亿元，浙江、江西、广西等多个省份产值在 100 亿元以上。经济林和林下经济产业已成为山区经济发展的优势产业和种植业结构调整的特色产业。

目前，全国栽培的经济林树种有 1000 多个，其中大量栽植的木本粮油、特色鲜果、木本药材、木本调料 4 大类产业中，优势特色经济林树种有 30 多个。核桃、油茶、红枣、沙棘等已经基本实现了品种化栽培和基地化发展，形成了具有独特优势的木本粮油集中产区和鲜明区域特色产品的产业带。

虽然我国经济林产业发展迅速，取得了显著成效，但与发达国家相比，我国经济林单产低、产品质量差、出口量小，产品成本高、生产效率低等，究其原因主要有以下几个方面：

①产业布局结构不合理，盲目发展。经济林发展整体上缺乏科学规划布局，结构性矛盾突出，特色优势不明显；部分地区没有贯彻适地适树原则，盲目引种，"一窝蜂"发展，呈现趋同化态势；产品结构相对单一，难以满足市场多样化需求。

②品种混杂，缺乏优良主栽品种。品种混乱，良种使用率不高，部分良种存在超适生区栽培推广现象，导致无市场竞争力而沦为低质低效林，缺乏规格的商品果，为后续加工

和销售不畅留下隐患。

③加工贮藏能力较低。成规模、上档次的经济林果加工企业少，多数为小作坊水平，难以满足大规模产业发展需求。多数产品仍停留在初加工利用水平（简单地烘干、脱皮），导致产品附加值低。加之贮藏保鲜设施落后，能力较低，严重制约了经济林果产业的整体效益。

④栽培管理不科学，单产低、质量差。我国经济林种植面积发展较快，总产量高，但单位面积产量低，果品质量差，低质低产林占经济林总面积的70%以上。如我国目前核桃林面积超过 $800×10^4\ hm^2$，年产核桃 $380×10^4\ t$，平均亩*产只有 30 kg，仅为美国的 1/6；出口量仅占总产量的 10%，而美国约占 45%；油茶林面积有 $453×10^4\ hm^2$，但年产茶油只有 $63×10^4\ t$，亩产茶油不到 5 kg；文冠果面积约 $20×10^4\ hm^2$，人工林亩产种子仅 10~30 kg。其主要原因是缺乏科学栽培管理（种植密度大、整形修剪、病虫害防治、土肥水管理等），管理技术研究成果很多，但推广利用率极低。

⑤机械化和智能化水平低。我国农村人口众多，长期以来对经济林机械化管理重视不够，经济林园机械化（不足30%）水平和智能化管理水平低，加之个体经营规模所占比重大（82.41%），限制了机械化、智能化发展，故我国经济林园机械化、智能化水平明显低于发达国家，导致产品成本居高不下。

⑥科技支撑力度不够。经济林果的标准化和规范化种植经营技术短缺，良种繁育、抚育管护、品种改良、整形修剪、病虫害防治等关键环节的第一线专业技术人才不足，是经济林果产业发展中存在的突出问题。

1.3.3 国内外经济林发展趋势

由于经济林产业带来了显著的经济效益、生态效益和社会效益，因而得到迅速发展。近年来，世界各国尤其是发展中国家（如亚洲和非洲国家）对非木质林产品的生产和科研非常重视，相继成立了相关的研究单位、管理部门，各国之间的学术交流也日趋活跃，进一步促进了经济林产业的发展。目前，国内外经济林发展呈现出以下趋势：

(1) 经济林生产可持续化和绿色经营

绿色经营是实现经济林产业可持续发展的前提和保证。发展经济林产业要以资源保护和可再生资源培育为基础，在取得经济效益的同时，要兼顾生态和社会效益，达到经济、社会、生态效益的有机统一，与自然环境协调发展。这就要求经营者提高科技水平，在产品生产的全过程，按照绿色产品的经营理念及操作规范进行生产，严格把控产品生产的各个环节，禁止使用化肥、化学农药等产品和污染环境的生产资料，生产出符合人体健康需要的绿色产品，使经济林产业走上可持续发展和绿色经营之路。

(2) 经济林经营规模化和产业化

分散的、个体的经营模式很难适应大市场的产业化环境，难以保证稳定的经济效益。经济林生产一定要从过去的个体小面积经营、野生半野生资源开发利用经营模式，转化到利用各地优良品种，根据各地自然资源特点进行统一布局规划，因地制宜发展优势特色经

注：*1 亩 = $1/15\ hm^2$，下同。

济林树种、品种，打造地方名牌产品，深化加工层次，完善市场营销服务机制，建立生产、加工、销售一条龙的产业服务体系，形成规模效应和更大经济效益，逐步与国际市场需求接轨。

(3) 经济林生产集约化和标准化

按照进出口国的国家标准和国际标准进行集约化生产，是现在及将来经济林生产的目标和发展方向。在产品生产的各个环节（包括种子选择、品种选择、育苗、园地选择到栽培管理、产品采收等），采用标准化的栽培方式，规范生产加工行为，合理配置人力、物力、财力等生产要素，以"优质、高效、高产出、低投入"为经营目标，以"节俭、约束、高效"为价值取向，生产符合国内及国际标准的绿色产品，提高产品在国际市场上的竞争力，以更高的贸易额来推进世界经济发展。

(4) 经济林生产多元化和特色化

人类的消费习惯和消费层次决定了经济林产品生产需要向种类、品种多元化的方向发展。在产品结构上，注重由生产初级产品为主向深加工、多功能、特色化方向转变。延长产业链，增加附加值，推进经济林由过去的第一产业向第二、第三产业联动发展。在发展大宗果品的同时，积极发展特色杂果，重点开发涉及国家粮油安全、保障基本供应的优势产品，市场对路且发展潜力大的名特优产品，以及依托特色经济林资源开展的生态观光、康养结合和乡村旅游度假等，丰富市场的多样化需求。

(5) 经济林产品绿色化和有机化

经济林产品的质量安全问题是全人类目前关注的重要问题和热点问题。绿色和有机产品已成为人们追求的目标和消费主流，这种消费需求迫使经济林由常规和无公害生产向绿色和有机产品生产方向发展。这就要求经营者按照绿色和有机产品的规范标准，生产符合人民健康需要的安全产品。绿色和有机产品是未来国内外消费者的主要产品，已成为现在及将来经济林产品发展的必然趋势。

(6) 经济林栽培智能化、机械化和轻简化

随着信息技术的快速发展，物联网技术将在经济林栽培中得到广泛应用。物联网是基于大数据的新型智慧林业模式，通过大数据及5G平台完全可以实现经济林生产的数字化、精准化和智能化。目前，物联网技术主要应用于经济林设施栽培及大田种植的各个环节。物联网技术应用于经济林栽培管理，建立起实时、高效、共享的信息化管理系统，实现栽培管理的现代化和智能化。机械化和轻简化是实现经济林高效栽培的前提。在育苗、建园、树体管理、果实采收等环节大力推广机械化、轻简化作业，可以大幅度降低生产成本，提高生产效率，实现节本增效。

1.4 "经济林栽培学"课程的目的与要求

通过该课程学习，使学生能综合运用经济林栽培学的基本知识、基本理论和基本技术，分析和解决经济林生产中的实际问题；掌握现代苗木繁育技术；能利用经济林生物学、生态学原理进行经济林建园规划设计；利用科学先进的栽培技术综合管理经济林，获得符合人们需要的健康、绿色、安全产品。

经济林栽培学是一门研究经济林栽培理论和技术的综合性应用科学，多学科相互交叉、相互渗透。首先要求学生要有树木学、植物学、植物生理学、气象学、森林培育学、森林生态学、林木遗传育种学、土壤学、土壤肥料学、环境监测、计算机等学科的扎实的基本理论知识和基本技能，这是学好经济林栽培学课程的基础和前提。其次，经济林栽培学实践性、技术性很强，要求学生在学习过程中必须注重理论与生产实际紧密结合，培养自己综合分析问题、解决问题的能力，熟练掌握实践操作技能。同时要有吃苦耐劳、不畏艰辛、勇于实践、勤于思考的优秀品质。虚心向前辈、内行学习，经常查阅国内外相关研究文献，及时吸纳、补充、完善新的理论和技术，提高自身的知识水平和业务素养，成为一名优秀的林业科技工作者，能更好地为经济林这一大产业的建设和发展贡献自己的才智和力量。

本章小结

经济林是以生产果品、食用油料、饮料、调料、工业原料和药材等为主要目的的林木，可为人类提供各种大量的生活必需品。经济林是森林5大林种之一，是经济效益、生态效益和社会效益结合最好的林种，在振兴地方经济、林业产业和农业产业结构调整、新农村建设及生态环境改善等方面具有重要的地位和作用。我国经济林是世界经济林的重要组成部分，未来发展趋势受世界经济林发展趋势的影响。未来世界及我国经济林发展将在可持续和绿色经营、规模化和产业化、集约化和标准化、多元化和特色化、产品绿色化和有机化、栽培智能化、机械化和轻简化等方面取得重大突破，生产更多符合人们健康需要的绿色产品。经济林必将对人类生活、世界及我国经济产生更深刻、更重要的影响。

思考题

1. 什么是经济林？经济林栽培学的研究内容包括哪些方面？
2. 简述经济林的地位和作用？
3. 简述国内外经济林发展趋势？
4. 经济林栽培的目标是什么？为何要学习经济林栽培学？

第 2 章

我国经济林分类、分布与栽培区划

我国幅员辽阔，气候多样，加之四大高原对海拔的影响与地理阻隔，形成了复杂多变的气候环境条件，也孕育了丰富的经济林资源。了解经济林的分类和分布，对认知经济林树种的特性，有效开发利用经济林资源，科学栽培经济林有重要的指导作用。

经济林栽培区划是经济林建园前必须进行的一项先导性和基础性工作。栽培区划可为经济林寻求最适宜的栽培生态区域，更好地做到适地适树；也可为经济林引种、育种和匹配科学的栽培技术提供理论依据。经济林栽培区划合理与否，事关经济林经营成败和经济林产业能否持续发展。

2.1 经济林分类

经济林分类的方法有系统发育分类法和人为分类法 2 种。系统发育分类法是经济林树种分类的主要方法之一，这种分类方法对了解经济林树种的亲缘关系和进化历程，进行经济林野生资源开发利用或品种选育具有重要的指导意义。人为分类法是按经济林产品的类别和用途、经济林栽培特性、生态特性进行归类，将特性相近的经济林树种归为一类，这在经济林栽培和产品利用中具有很高的实用价值。

从 20 世纪初开始，大量相关著作对经济林树种进行了分类，或提出了有益的建议和方法，使经济林分类方法日臻完善。在经济林分类工作中，一般以产品类别和经济用途、栽培学特性、生态学特性作为分类依据。例如，20 世纪 30 年代奚铭的《工业树种种植法》、50 年代陈植的《特用经济林树种》、60 年代中国科学院植物研究所的《中国经济植物志》、80 年代中南林学院的《经济林栽培学》、柳鎏和孙醉君的《中国重要经济树种》、90 年代出版的各类《植物资源学》等。

国外虽无经济林这一术语，但从原料类别上也对经济林树种进行了详尽细致的分类，其结果与我国学者的分类结果大致相同。

本书主要参考谭晓风的《经济林栽培学（第 4 版）》、张玉星的《果树栽培学总论（第 4 版）》和《全国优势特色经济林发展布局规划（2013—2020）》中提出的分类系统，综合其他分类工作进展，将经济林从产品类别和用途、栽培学、生态学 3 个方面进行分类。

2.1.1 按产品类别和用途分类

经济林树种种类繁多，用途多样。为了方便研究和利用，按照产品类别和用途将我国经济林树种分为8大类。

(1) 木本果品类

木本果品类主要指采摘后无须加工或经去壳、晾干等简单处理就可以直接食用的木本水果和木本干果。

木本水果的食用部分为肉质果皮及其附属物、假种皮等，水分含量较高，如苹果、梨、杏、猕猴桃、柑橘、蓝莓、杨梅等。木本干果是一个商业概念，主要包括坚果和干制果：坚果食用部分为种子(种仁)，主要有板栗、核桃、仁用杏、银杏、榛子、阿月浑子、巴旦杏、香榧、腰果、澳洲坚果、松子等；而干制果食用部位主要为干燥的果皮或假种皮，产品有干枣、柿饼、葡萄干、杏干、桂圆干、无花果干等。

多数干果可代替粮食直接食用，或经加工后可以食用，所以也被称作木本粮食(woody grain)，栗、枣、柿曾经被称为我国三大木本粮食和"铁杆庄稼"。

(2) 木本油料类

种子或果实等器官可用于提制油脂的木本植物称为木本油料(woody oil-bearing)，主要包含食用木本油料和工业木本油料。食用木本油料树种主要有油茶、文冠果、油橄榄、长柄扁桃、油用牡丹等，工业木本油料树种主要有油桐、山桐子、乌桕、元宝枫和接骨木等。

我国已经发现的木本油料树种主要来自豆科、山茶科、胡桃科、无患子科、松科等20个富油科属，其含油率大多为20%以上。采用压榨、有机溶剂萃取或超临界 CO_2 流体萃取(supercritical fluid extraction, SFE)等方法可制取木本油料油脂。绝大多数木本油料制取的油脂不饱和脂肪酸含量高，在常温下呈液体状态，如茶油、橄榄油、核桃油等；但也有部分油脂饱和脂肪酸含量较高，在常温条件下呈固态，如棕榈油。

木本油料树种具有适应性强、油脂品质好、一年种植多连年收获、不占用农耕地等优点，在我国耕地短缺和食用植物油供给依靠进口的现状下，利用丘陵山地发展木本油料是国家重要的战略选择。

(3) 木本药材类

许多木本经济林树种的器官含有各种药用成分，其直接产品或经加工提取的间接产品可成为各类药材。因此，可以直接入中药或作为制作西药和中成药原料的经济林树种归为木本药材(woody medicinal materials)类。

我国利用中药资源历史悠久，药用植物资源极其丰富，达5000种以上，其中木本药材植物占10%，约有500种。著名的木本药材树种如：枸杞、银杏、杜仲、厚朴、黄檗、喜树、红豆杉等。杜仲、厚朴和黄檗曾被称为我国三大木本药材。木本药材化学成分众多，如多糖类、苷类(如连翘苷)、生物碱类、挥发油类、单宁类、树脂类、有机酸类(如齐墩果酸、余甘子酸)、油脂与脂类(如吴茱萸内酯)、蛋白质类、无机成分类等。

(4) 木本饮料类

木本饮料(woody drinks)是指木本经济林树种的幼叶、果实、种子或树液经加工、调配后供饮用，如茶、沙棘、咖啡、白桦(树液)等。

世界上最有名的软饮料如茶、咖啡等，均出自木本饮料类经济林树种。我国是茶饮料的发源地、最大产茶国和最大消费国，茶叶种类很多，栽培范围很广；茶含有丰富的茶多酚，具有抗氧化、抗衰老、降血脂等作用。咖啡原产非洲，在我国南方热带地区有部分栽培；其种子含咖啡因，有提神功效。沙棘作为我国北方重要的生态经济林树种，主要在我国西北、华北地区栽植，其果汁含有丰富的维生素 C，常被加工成饮料。

我国果汁类饮料最初起源于 20 世纪 70 年代，在 90 年代进入快速发展时期。发展至今，果汁类饮料需求呈现多元化，种类非常丰富。原产我国的猕猴桃、刺梨、杨梅、蓝莓、桑葚等，或从国外引进的葡萄、树莓等常被加工为各种果汁饮料。

(5) 木本香料与调料类

木本香料与调料(woody perfume and condiment)类包含香辛料和芳香油料。

木本香料是指含有芳香成分的木本植物器官，如花、叶、枝、干及其分泌物，也包括从这些组织中加工提取出来的含有芳香成分的物质。我国木本香料资源丰富，其中樟科、柏科、芸香科、松科、桃金娘科、蔷薇科等科中包含大量木本香料与调料类经济林树种。该类经济林树种含香部位不尽相同，八角、肉桂、胡椒、花椒、木姜子等树种的芳香油主要集中于果实；柑橘类树种主要集中于果皮；桂花、蔷薇等主要集中在花的表皮细胞；桉树等主要集中于叶片；柏木、樟树、松、杉等树种主要集中于木材。

木本调料主要指木本香辛料，是指在食品调味或调香中使用的源自木本芳香植物的产品；有的香料可用于调味料，如花椒、胡椒、八角、肉桂和木姜子等；有的可用于制作香精和各种化妆用品，如紫罗兰酮、鸢尾酮等；有的可作为各种食品、药品的添加剂和防腐剂，如香樟油。

(6) 木本工业原料类

可用于各种工业用途的木本植物称为木本工业原料(woody industry raw materials)，根据其为工业提供原料的主要化学成分、性质和用途又可分为纤维类、树脂树胶类、鞣料染料类、农药类等。

纤维类主要利用的化学成分为纤维素，通常利用经济林树种的木质部和韧皮部纤维制成各种工业、农业用产品。例如，柳树、胡枝子和竹的主干或枝条可用于编织各种用具，杨树、冷杉等的纤维常用于造纸，南蛇藤的纤维可用于纺织，棕榈、椴树、栓翅卫矛等的纤维可用于制造绳索。

树脂、树胶类化学成分比较复杂，通常利用树干流出的树液、树胶、树脂和其他液体物质来制造各种工业产品。例如，杜仲、橡胶树割取的树汁可以用于生产胶料，漆树割取的树汁可用于生产漆料，鱼鳞云杉、马尾松等各种松树可割取松脂，糖槭、糖棕等可割取糖料。

鞣料、染料类主要化学成分为单宁物质，通常利用树皮、果壳、叶、根和寄生在经济林树种上的虫瘿等原料制取各种工业用品。例如，栎类的树皮和壳斗、黑荆、化香树、桃金娘可作为鞣料使用，山槐、黄栌、黄连木可以作为染料使用。

含有对真菌、细菌和昆虫等有害生物具有抑制或杀灭作用的化合物的经济林树种被归入农药类。该类经济林树种的叶、果、种子、树皮、根等器官的直接产品或经加工后的间接产品，可用于各类病虫害防治，如无患子、印楝、苦楝和马桑果实或种子。

(7) 木本菜用类

芽、叶、花等器官可以作为蔬菜食用的树种归为木本菜用(woody vegetables)类，例如：香椿、楤木、竹的芽和嫩叶，榆树、刺槐、木槿、栀子和玉兰的花可菜用。

木本菜用类经济林树种的营养成分主要为维生素、蛋白质、膳食纤维等。木本菜用类经济林树种具有一年种植多年收获的特点，深受种植者喜爱。

(8) 其他类

经济林树种繁多，有些不便归类，如蜜源树种、饲料树种等以及上述类别未包含的经济林树种均可列入其他类。刺槐、椴树、桉树、黄荆、柑橘、枣、荔枝、龙眼和枇杷等是我国主要的蜜源树种，桃、梨、苹果、山楂等树种是辅助蜜源树种。紫穗槐、胡枝子、构树等，由于幼嫩枝叶蛋白含量较高、适口性较好，是重要的饲料树种。

2.1.2 按栽培学分类

以生物学特性及栽培技术两方面的相似性，对经济林进行分类的方法称为栽培学分类。栽培学分类可从冬季叶幕特性、植株的形态特征和果实构造3个方面进行分类，这种分类方法对经济林栽培和研究具有重要的指导意义。

(1) 根据冬季叶幕特性分类

根据经济林木冬季是否落叶，将其分为落叶经济林和常绿经济林。

①落叶经济林。落叶经济林指秋末落叶、翌年春季萌发的经济林树种，能耐冬季低温，适应性强，分布较广。如核桃、猕猴桃、枣、枸杞、苹果、梨、桃、葡萄、柿等。

②常绿经济林。常绿经济林指叶片寿命较长，当年不脱落的经济林树种。如柚、柑橘、荔枝、龙眼、枇杷、杧果、杨梅等，主要分布在热带和亚热带。

(2) 根据植株形态特征分类

根据经济林木植株形态特征，将其分为乔木经济林、灌木经济林和藤本经济林。

①乔木经济林。乔木经济林指树体较高大，有明显主干的经济林树种。如苹果、梨、银杏、板栗、橄榄、荔枝、龙眼、杧果等。

②灌木经济林。灌木经济林指树体比较矮小，主干不明显，常在基部萌发出多个分枝的经济林树种。如树莓、醋栗、蓝莓、刺梨、番荔枝、余甘子、神秘果等。

③藤本经济林。藤本经济林指茎长但不能直立，倚附他物攀缘生长的经济林树种。如葡萄、猕猴桃、金银花、油渣果、西番莲等。

(3) 根据果实构造分类

果实是植物分类的重要依据，通常根据果实是否由1朵花的单个雌蕊、多个雌蕊或花序发育而来，可将其分为单果、聚合果和聚花果3类。单果是单心皮雌蕊和合生心皮雌蕊所形成的果实，根据果皮及附属部分成熟时的质地和结构可分为肉果和干果；肉果又分为浆果、瓠果、柑果、梨果和核果；干果分为闭果和裂果，闭果包括荚果、蓇葖果、角果和蒴果4类，裂果包括瘦果、颖果、坚果、翅果、分果和胞果6类。聚合果是由1朵花中多数离生雌蕊发育而成的果实。聚花果是由整个花序形成的果实。在经济林栽培分类中，以收获果实(种子)为栽培目的的经济林,根据果实构造主要分为以下8类。

①仁果类。植物学上称为梨果类。单果,是子房和花筒一起发育成的假果,其共同特征是子房下位,花筒形成的果壁、外果皮和中果皮均肉质化,形成果肉,是主要的食用部位,内果皮为软骨状薄膜,形成果心。2~5个心皮构成,每室有1~2粒种子,种皮黑褐色或棕色,子叶白色。以蔷薇科的苹果属、山楂属、梨属、木瓜属、榅桲属、枇杷属6个属为主。

②核果类。单果,由一至多心皮组成的雌蕊发育而来,种子常1粒,其共同特征是果实子房上位,外果皮薄、光滑、被有柔毛,中果皮发育为柔软多汁的果肉,为主要食用部分,内果皮为木质化的厚壁细胞构成的硬核,包于种子外。包括蔷薇科的桃属、杏属、樱桃属、稠李属,鼠李科枣属,漆树科杧果属、人面子属、黄连木属。

③浆果类。单果,由1朵花中一至多心皮组成的雌蕊发育而来,内含一至多粒种子,外果皮膜质或革质,中、内果皮柔软多汁,为主要食用部分;有些浆果胎座非常发达,也可食用。该类果实一般不耐贮藏,适于做加工和酿造工业的原料。包括猕猴桃科的猕猴桃属,虎耳草科的茶藨子属,柿科的柿属,杜鹃花科的越橘属,石榴科的石榴属,山榄科的人心果、鸡蛋果、神秘果,番木瓜科的番木瓜。

④坚果类。单果,果皮坚硬,为木质或革质,成熟时干燥不裂开,含水分较少,食用部分多为种子,富含淀粉、油脂或蛋白质。如胡桃科的胡桃属、山核桃属,壳斗科的栗属、栎属,桦木科的榛属,胡颓子科的沙棘属。

⑤柑果类。单果,由多心皮雌蕊具有中轴胎座的子房发育而成,外果皮革质,有油细胞,中果皮髓质疏松,分布有维管束,中间隔成瓣的部分是内果皮,果实成熟时,细胞间隔壁消失,向内突出形成的长形丝状、肉质多浆的汁囊细胞,是主要的食用部分。包括芸香科的柑橘属、金橘属和枳属,树种有:橘、橙、柚、柠檬、葡萄柚等。

⑥荚果类。单果,由单心皮雌蕊或离心多心皮雌蕊发育而成的果实,成熟时果皮沿腹缝线或背缝线裂成2片,但也有不开裂类型,种子排成一列。如豆科的酸豆、角豆树、皂角、胡枝子等。

⑦聚合果类。聚合果是由1朵花中多数离生雌蕊发育而成的果实,每1个雌蕊形成1个独立的小果,集生在花托上。如木兰科的八角、五味子,蔷薇科的悬钩子。

⑧聚花果类。也称复果,果实大多以花序或花轴发育而成,食用部分主要是小花花被基部、子房和花轴。有的聚花果食用部位由花序上小花的子房或子房壁发育而来,如葡萄科的葡萄;但有的由柔荑花序发育而来,如桑科的桑、波罗蜜;还有的是由花轴与轴上的花形成,如桑科的无花果。

2.1.3 按生态学分类

由于对某一特定的综合环境条件的长期适应,不同植物在形状、大小、分枝等方面都表现出相似的特征。把这些具有相似外貌特征的不同种植物,称为一个生活型。根据植物的生活型与生态习性进行的分类称为生态学分类。

经济林的生态学分类是根据经济林树种的原始分布区和对温度的适应能力,将其分为寒带经济林、温带经济林、亚热带经济林和热带经济林4类。

①寒带经济林。寒带经济林指能抵抗-30 ℃以下低温的经济林木,如山葡萄、山荆

子、秋子梨、醋栗等。

②温带经济林。温带经济林指原产于温带地区，在温带地区露地栽培条件下能顺利越冬的经济林木。如苹果、梨、山楂、桃、李、梅、杏、樱桃、板栗、枣、核桃、柿、葡萄等。

③亚热带经济林。亚热带经济林指原产于亚热带地区，通常需要短时间（1~2个月）的冷凉气候（气温10~13℃），以促进开花结果的经济林木。亚热带常绿经济林木如柑橘、荔枝、龙眼、杨梅、枇杷、橄榄、苹婆等；亚热带落叶经济林木如猕猴桃、石榴、余甘子等。

④热带经济林。热带经济林指原产于热带地区的经济林木，为常绿树种。如可可、番荔枝、人心果、番木瓜、榴莲、山竹子、面包果等。

2.2 经济林分布

2.2.1 影响经济林分布的生态因子

2.2.1.1 生态因子

对生物有机体起直接和间接作用的环境因子称为生态因子（ecological factor），可分为自然生态因子和人工生态因子。自然生态因子（natural ecological factor）通常包括气候（光、温、水、气等）、土壤（土壤的物理、化学性质，土壤生物与微生物等）、地形地貌（地球表面的起伏，如山岳、高原、平原、低地、海拔、坡向、坡度等）和生物因子（动物、植物和微生物）。人工生态因子（artificial ecological factor）主要是指人类对生物资源和环境的利用改造、栽培和破坏等诸多因子，其中也包含环境污染等因子。

随着科技的进步和生产力的发展，人工生态因子的作用日益加强，但它不能代替自然生态因子。人类只能在现有社会经济条件下，改造或模拟自然生态因子对经济林的作用，采取一些仿生措施，以取得更高的生产效率。

2.2.1.2 生态因子作用的基本定律

（1）限制因子

经济林生存和繁殖依赖于各种生态因子的综合作用，其中限制经济林木生存和繁殖的关键性因子即为限制因子。任何一种生态因子只要接近或超过某一经济林树种的忍耐范围，就会成为这一树种生活的限制因子，如气候、土壤、地形地貌和生物因子等因子都有可能成为经济林生存的限制因子。如蓝莓、板栗和油茶等树种喜酸性土壤，若栽种到碱性土壤中，pH值过高，常引起黄化、生长不良甚至死亡。在这种情况下，土壤pH值就成为这些树种生长和分布的限制因子。

（2）李比希最小因子定律

德国化学家李比希（Liebig，1840）分析了土壤与植物生长的关系，认为每一种植物都需要一定种类和一定数量的营养元素，在植物生长发育所必需的元素中，供给量最少（与需要量相差最大）的营养元素决定着植物的生长发育及产量。例如，土壤中的氮可支持经济林木最高产量的80%，磷可支持90%，而最后实际产量是最高产量的72%。

(3) 谢尔福德耐性定律

该定律是由美国生态学家谢尔福德(Shelford)于1913年提出的，他认为植物的存在与繁殖，依赖于某种综合环境因子的存在，其中每种因子都存在着一个生物学上限和下限，它们之间的幅度就是这种植物对这一生态因子的忍耐范围。植物的耐受范围会因生长状况、发育时期、季节、环境条件的不同而变化，当树木生长健壮时，可能增加对一些生态因子的忍耐范围；相反，生长发育瘦弱时，会降低对其他因子的忍受范围。

(4) 最适量定律和生态幅

任何生态因子对经济林木生理过程的影响，在一定条件下都有最大、最适和最小3个基点。只有在最适量附近时，经济林木才有最高生产能力，即最适量定律。超出最大、最小量范围都会对经济林木的生存产生不良影响。

由于长期自然选择，每个经济林树种对生态因子都有其特定的适应范围，适应范围的大小即生态幅(ecological amplitude)。例如，窄温性和广温性经济林树种的生态幅相比较，窄温性经济林树种的温度三基点紧靠在一起，而广温性经济林树种的温度三基点范围宽得多；对广温性经济林树种影响很小的温度变化，往往对窄温性经济林树种会有致命伤害。

2.2.2 我国经济林的分布

树种的分布受内因和外因共同影响和制约。树种一旦生存，即形成了自己相对稳定的生物学和生态学特性。树种的这一特性决定了其繁殖传播能力和对外界环境的适应能力，这是影响树木分布的内因。同时，树种的生存与分布受到环境的限制，即外因。现存树种是环境长期自然选择的幸存者，其地理分布是树种长期适应自然环境的结果。

经济林与人类生活的关系十分密切，其分布受生物因子(尤其是人类)的影响更大，树种开发利用愈久，则这种影响愈大。人类活动常导致经济林分布水平范围扩大或缩小，垂直分布高度降低。如野生银杏仅见于我国浙江西天目山，但人为栽培使其分布已远达亚洲、欧洲、南北美洲各国；腰果原产巴西东北部，但在我国华南部分地区已有50余年的栽培历史。

我国幅员辽阔，南北跨热带、亚热带、温带等气候带；东西又分为湿润、半湿润、半干旱和干旱区；地形复杂，经济林树种繁多，地域性强。而经济林的天然分布区域反映了其分布的自然规律，找出天然分布区域的环境参数范围，可预测潜在的适生地域，确定经济林树种的可栽培范围，筛选最佳栽培地点，以指导引种驯化、种源调拨等工作，避免盲目行为所造成的人力、物力、财力浪费。

由于经济林的分布与气候因子密切相关，并受大型地貌阻隔和影响，现以气候带和大型地貌将我国经济林分布划分为8大区域，现分述如下。

(1) 东北区

位于我国东北部，东起长白山，西至呼伦贝尔草原、科尔沁沙地，南接燕山山脉，北以大小兴安岭为界。区内以东北平原和蒙古高原为主体，山地、沙地、林地资源丰富。行政区域包括黑龙江、吉林、辽宁及内蒙古北部地区。地处北温带至中温带，是由海洋性湿润带向内陆干燥带的过渡地带，年平均气温为2~8℃，极端高温40℃，极端低温-49℃。年降水量农业区300~500 mm，林区500~1000 mm。适宜栽培的经济林树种主要有：果用红松、仁用杏（山杏、大杏扁）、沙棘、榛子、秋子梨、树莓、蓝莓、山葡萄、文冠果、东北红豆杉、北五味子、刺五加、猕猴桃、山楂、苹果等。

（2）内蒙古区

位于我国北部，包括呼伦贝尔草原、科尔沁沙地以西、腾格里沙漠和巴丹吉林沙漠以东、长城以北的广大区域。气候区划属北温带和中温带，大陆性气候，以干旱、半干旱荒漠和草原为主。行政区域包括内蒙古中部、山西北部、陕西北部和宁夏北部等。年平均气温一般3~9℃，1月平均气温-28~-6℃，7月平均气温20~24℃，年降水量200~400（500）mm。适宜栽培的经济林树种主要有：枣、枸杞、葡萄、梨、仁用杏（山杏、大杏扁）、苹果、杏、文冠果、沙棘、沙枣等。

（3）西北区

位于我国西北部，东起腾格里沙漠、巴丹吉林沙漠，西至中国与吉尔吉斯斯坦、哈萨克斯坦的国境线，南到西昆仑山、阿尔金山、祁连山脉，北与俄罗斯、蒙古接壤。行政区域包括新疆、内蒙古西部，甘肃河西走廊等。本区地貌格局复杂，以山地、盆地、丘陵、平原和风沙地貌相间分布，沙漠、戈壁沙地所占比重大。地处北温带至中温带，为典型的大陆性气候。依靠高山雪水和内陆河水灌溉，形成荒漠中分散的绿洲农业。年平均气温3~11℃，年降水量一般在250 mm以下，最低仅16 mm，很少达到400 mm。适宜栽培的经济林树种主要有：核桃、枣、仁用杏（山杏、大杏扁）、扁桃、文冠果、葡萄、梨、苹果、杏、欧洲李、无花果、枸杞、沙棘、沙枣等。

（4）华北区

位于我国北部，包括秦岭—淮河以北，祁连山东段以南，青藏高原以东的广大区域，属南温带气候。行政区域包括甘肃中东部，陕西、河南中部，山西中、南部，河北、北京、山东全部，安徽、江苏北部。年平均气温8~15℃，极端低温-35~-20℃，7月平均22~28℃，年降水量500~1000 mm。适宜栽培的主要经济林树种有：核桃、枣、板栗、仁用杏（山杏、大杏扁）、柿、银杏、榛子、苹果、梨、桃、葡萄、猕猴桃、樱桃、石榴、山楂、桑、无花果、花椒、杜仲、金银花、灯台树、长柄扁桃、油用牡丹、白檀、麻栎、文冠果等。

（5）华中区

位于我国中东部，包括秦岭—淮河以南，大巴山、巫山以东，粤北、桂北山地及其以北的广大区域。气候区划上属中亚热带和北亚热带气候区。行政区域包括陕西、河南、安徽、江苏的南部，四川东部，重庆、湖北、贵州、湖南、江西、浙江的全部，广西、广东、福建的北部。年平均气温4~8℃，1月平均气温在0℃以下，年降水量500~1000 mm。主要经济林树种有：油茶、油桐、油橄榄、漆树、杜仲、马尾松、山核桃、乌桕、板栗、栎类、木姜子、白蜡树、香榧、银杏、柑橘、杨梅、枇杷、砂梨、厚朴、黄檗、香樟、茶、刺梨、五倍子、板栗、枣、柿、猕猴桃、桃、李、梅、花椒等。

(6) 西南区

位于我国西南部,包括青藏高原以南、巫山和雪峰山以西的广大区域。气候区划上属北亚热带和南亚热带。行政区域包括云南的东部、北部和中部,四川中部和西部,贵州中部和西部。该区气候条件复杂,且受印度洋季风气候影响,可明显划分为雨季和旱季。受高原地形和海拔高差的影响,气候垂直变化明显,类型多样。气候属亚热带季风气候,年平均气温 12~18 ℃,年降水量 400~1100 mm,水热资源丰富。主要经济林树种有:核桃、板栗、紫胶、油茶、油桐、油橄榄、花椒、木姜子、茶、云南松、华山松、栓皮栎、云南山楂、滇榛、山桐子、印楝、辣木、草果、红豆杉、灯台树、黄檀等。

(7) 华南区

位于我国南部,包括云贵高原以东、南岭山脉以南的地区及云南南部地区。行政区域包括云南、广西、广东、福建的南部,台湾和海南的全部,大部分在北回归线以南。气候区划上属南亚热带和热带。该区域年平均气温一般在 20 ℃ 以上,年降水量 1500 mm 以上。该区是常绿经济林树种(果品类、油料类、香料类、饮料类等)的核心产区,如果品类的橄榄、番石榴、木瓜、杧果、椰子、龙眼、荔枝、腰果,油料类的油棕,香料类的胡椒、八角、肉桂,饮料类的咖啡,工业原料的橡胶树、蒲葵等。

(8) 青藏区

即青藏高原区,包括整个青藏高原,属高原气候区。行政区域包括青海和西藏的绝大部、四川的西北部、新疆的南部和西南部高海拔地区。该区域由于平均海拔很高,水热资源不如其他地区充足,经济林树种分布和栽培相对较少。主要经济林树种有:松类、枸杞、核桃、漆、桑、花椒等。

2.3 我国经济林栽培区划

2.3.1 经济林栽培区划的意义

经济林栽培区划是根据经济林树种或品种的生态要求,评价不同地区对经济林树种或品种的生态适宜度,反映生态适宜度的地区差异,按其地区差异划分生态适宜度的区域或类型,为经济林区域生产中引种、育种、树种规划提供科学依据,具有重要的理论和实践意义。

2.3.2 经济林栽培区划的原则

(1) 主导因子与辅助因子相结合原则

在经济林栽培区划的生态指标中,一般以温度、水分为主导因子,结合地形、土壤等辅助因子制定划分的指标体系;但有时也以海拔、地形等为主导因子,特别是在高原地区,如云贵高原、青藏高原等。

(2) 区内相似性和区间差异性原则

将现有经济林木分布或发展生态条件相对一致的区域划为同一带(区),地域差异性是相似性与差异性的根源,区划时必须全面分析区域生态特征与各自然因子的差异性。

(3) 区划相对连片性原则

在同一区划内，地域上一般要相对连片，以便生产规划发展和管理。但因我国地形气候复杂多变，又不能单纯保证连片。

2.3.3 经济林栽培区划的主要依据

经济林栽培区划的依据主要有 2 个方面：一是依据自然地理因素，包括气候、地形、地貌、土壤、水文及生物等。以气候因子为例，在热量足够的情况下，水分是主要的考虑因素；而在水分足够的情况下，热量又是主要的考虑因素。地貌条件的变化又可对水热条件进行重新分配。二是依据经济条件和经营条件。前者包括人口、劳力、耕地、交通及工农业发展情况；后者包括经济林的经营方针、发展方向和生产条件等。

一般来说，各地经济林栽培区划多是以气候、地貌、土壤及经营特点等主要因素为依据的。

2.3.4 经济林栽培区划方法

按照上述区划原则和依据，在经济林栽培区划时，具体方法和步骤一般是：

(1) 确定生态适宜度

按照需要区划的经济林树种、品种的生态适宜度，一般划分为 4 级：最适区、适宜区、次适宜区、可适区(或不适区)。

(2) 确定区划的空间范围

一般划分为 4 级：国家级、省(市)级、县级和生产单位级。

(3) 确定区划的指标体系

对经济林进行分级区划时，采用的具体方法和指标体系通常有以下 4 种：

①单因子法。根据主导生态因子的相似性进行划分。

②主、辅因子结合法。根据影响该经济林树种(品种)生长发育、产量和品质的主导生态因子与辅助生态因子相结合的方法，制定出区划的生态指标体系。

③多因子综合评分法。将影响经济林树种(品种)生长发育、产量和品质的主要生态因子分别进行评分，先确定其适宜程度，再确定每个因子的权重，最后根据各区域所得总分进行划分。

④多因子叠置法。先将影响经济林树种(品种)生长发育、产量和品质的主要生态因子绘制成空间分布图，再将每张图叠置在一起，分析其相对一致的程度，确定区域的适宜程度。

以上方法各有优缺点，可根据区划区域的大小和研究的深入程度加以选用。目前各地以主、辅因子结合法划分应用较多。通过以上步骤，结合生态适宜度和区划空间范围，可以获得该经济林树种(品种)在一定区域范围内的最适区、适宜区、次适宜区、可适区(或不适区)。现以苹果为例说明其生态适宜性区划方法、区划步骤及区划结果(码 2-1)。

码 2-1 苹果生态适宜性和区划

2.4 我国主要和引进的经济林树种

我国经济林树种的利用和栽培历史悠久,经过长期的引种驯化、选育和精心栽培,筛选培育出数量众多的优良种类与品种,并形成了许多产量高、品质好、在我国及国际市场上享有盛名的优良品系。同时,为丰富我国经济林树种种类,满足消费者物质、文化、生活的需求,先后自发、有组织地从国外引进大量优良经济林树种或品种,栽培于全国各地,如腰果、扁桃、阿月浑子、油橄榄、糖槭等。

现将我国主要栽培和引进的近 160 种经济林树种搜集整理于表 2-1 中,并将其中最为常见的部分经济林树种,整理为电子文档,以供查询(码 2-2)。

码 2-2 我国常见经济林树种形态

表 2-1 我国主要和引进的经济林树种

序号	中文名	学名	科	主要用途	主要分布、栽培区
1	乌桕	*Sapium sebiferum*	大戟科	油料	湖北、四川、浙江、贵州等
2	油桐	*Vernicia fordii*	大戟科	油料	四川、湖南、湖北、贵州等
3	油渣果	*Hodgsonia macrocarpa*	葫芦科	油料	广东、云南南部、西藏东南部和广西
4	油橄榄	*Olea europaea*	木樨科	油料	四川、湖北、陕西等
5	油茶	*Camellia oleifera*	山茶科	油料	江西、湖南、广东、广西、浙江、福建
6	油棕	*Elaeis quineensis*	棕榈科	油料	台湾、海南、云南等
7	棕榈	*Trachycarpus fortunei*	棕榈科	油料	湖南、湖北、四川、云贵、陕南等
8	翅果油树	*Elaeagnus mollis*	胡颓子科	油料	山西、陕西
9	毛梾	*Cornus walteri*	山茱萸科	油料	山东、山西、陕西、河南
10	文冠果	*Xanthoceras sorbifolium*	无患子科	油料	内蒙古、陕西、甘肃
11	油梨	*Persea Americana*	樟科	油料、果品	台湾、海南、广东、福建、四川、浙江等
12	椰子	*Cocos nuciferus*	棕榈科	油料、饮料	海南
13	方榄	*Canarium bengalense*	橄榄科	油料、果品	广西、云南
14	牡丹	*Paeonia suffruticosa*	毛茛科	油料	山东、河南、甘肃、陕西
15	元宝槭	*Acer truncatum*	槭树科	油料	华北、西北均有分布
16	接骨木	*Sambucus williamsii*	忍冬科	油料	除海南、台湾外均有分布
17	锡兰榄	*Elaeocarpus serratus*	杜英科	果品	广东、广西、云南、海南等
18	番荔枝	*Annona squamosa*	番荔枝科	果品	浙江、台湾、福建、广东、广西、海南和云南等
19	番木瓜	*Carica Papaya*	番木瓜科	果品	广东、海南、广西、云南、福建、台湾等
20	橄榄	*Canarium album*	橄榄科	果品	福建、台湾、广东、广西、云南
21	榴莲	*Durio zibethinus*	木棉科	果品	广东、海南

(续)

序号	中文名	学名	科	主要用途	主要分布、栽培区
22	马拉巴栗	Pachira glabra	木棉科	果品	华南、西南
23	阿月浑子	Pistacia vera	漆树科	果品	新疆喀什
24	杧果	Mangifera indica	漆树科	果品	云南、广西、广东、四川、福建、台湾
25	花红	Malus asiatica	蔷薇科	果品	湖南、四川、贵州、云南
26	梅	Armeniaca mume	蔷薇科	果品	长江流域以南
27	欧洲甜樱桃	Cerasus avium	蔷薇科	果品	东北、华北等地引种栽培
28	枇杷	Eriobotrya japonica	蔷薇科	果品	湖南、四川、云南、贵州、广西、广东、福建、台湾
29	沙梨	Pyrus pyrifolia	蔷薇科	果品	江苏、浙江、上海、安徽、江西、湖北
30	西洋梨	Pyrus communis	蔷薇科	果品	山东
31	欧洲李	Prunus domestica	蔷薇科	果品	新疆
32	树番茄	Cyphomandra betacea	茄科	果品	云南和西藏南部
33	面包果	Artocarpus communis	桑科	果品	台湾、海南
34	无花果	Ficus carica	桑科	果品	长江流域以南和新疆南部
35	人心果	Manilkara zapota	山榄科	果品	云南、广东、广西、福建、海南、台湾等
36	神秘果	Synsepalum dulcificum	山榄科	果品	海南、云南、广西
37	澳洲坚果	Macadamia integrifolia	山龙眼科	果品	云南、广东、台湾
38	番石榴	Psidium guajava	桃金娘科	果品	台湾、海南、广东、广西、福建
39	蒲桃	Syzygium jambos	桃金娘科	果品	台湾、福建、广东、广西、贵州、云南、海南等
40	莲雾	Syzygium samarangense	桃金娘科	果品	广东、福建、台湾、广西、云南
41	荔枝	Litchi chinensis	无患子科	果品	华南、西南、台湾、海南
42	龙眼	Dimocarpus longan	无患子科	果品	福建、台湾、海南、广东、广西、云南、贵州、四川等
43	南酸枣	Choerospondias axillaris	无患子科	果品	湖南、广东、广西、贵州、江苏、云南、福建、江西、浙江
44	韶子	Nephelium lappaceum	无患子科	果品	台湾、海南
45	鸡蛋果	Passiflora edulis	西番莲科	果品	广东、海南、福建、云南、台湾
46	杨梅	Myrica rubra	杨梅科	果品	江苏、浙江、福建
47	黄皮	Clausena lansium	芸香科	果品	台湾、福建、广东、广西、海南
48	金柑	Citrus japonica	芸香科	果品	台湾、福建、广东、广西
49	柠檬	Citrus limon	芸香科	果品	台湾、福建、广东、广西
50	柚	Citrus maxima	芸香科	果品	南方地区
51	欧榛	Corylus avellana	桦木科	果品	辽宁、山西、陕西等

(续)

序号	中文名	学名	科	主要用途	主要分布、栽培区
52	榛	*Corylus mandshurica*	桦木科	果品	黑龙江、吉林、辽宁、河北、山西、山东、陕西、甘肃东部
53	阳桃	*Averrhoa carambola*	酢浆草科	果品	广东、广西、福建、台湾、云南
54	笃斯越橘	*Vaccinium uliginosum*	杜鹃花科	果品	大兴安岭北部、吉林长白山
55	越橘	*Vaccinium vitis-idaea*	杜鹃花科	果品	东北、内蒙古
56	沙枣	*Elaeagnus angustifolia*	胡颓子科	果品	西北各地和内蒙古西部
57	东北茶藨子	*Ribes mandshuricum*	虎耳草科	果品	东北、华北、西北
58	黑茶藨子	*Ribes nigrum*	虎耳草科	果品	黑龙江、吉林
59	板栗	*Castanea mollissima*	壳斗科	果品	黄河中下游、长江中下游各地区
60	狗枣猕猴桃	*Actinidia kolomikta*	猕猴桃科	果品	黑龙江、吉林、辽宁、河北、四川、云南等
61	软枣猕猴桃	*Actinidia arguta*	猕猴桃科	果品	东北、华北、西北
62	中华猕猴桃	*Actinidia chinensis*	猕猴桃科	果品	河南、陕西、湖南、四川等
63	葡萄	*Vitis vinifera*	葡萄科	果品	东北、西北、华北
64	山葡萄	*Vitis amurensis*	葡萄科	果品	东北、华北
65	白梨	*Pyrus bretschneideri*	蔷薇科	果品	华北、东北南部
66	海棠	*Malus prunifolia*	蔷薇科	果品	东北、华北、西北至长江流域
67	李	*Prunus salicina*	蔷薇科	果品	东北、华北、西北
68	毛樱桃	*Prunus tomentosa*	蔷薇科	果品	东北、华北、西北部分地区
69	树莓	*Rubus idaeus*	蔷薇科	果品	全国均有分布
70	苹果	*Malus pumila*	蔷薇科	果品	东北、华北、西北
71	秋子梨	*Pyrus ussuriensis*	蔷薇科	果品	黑龙江、吉林、辽宁、内蒙古、河北、山东、山西、陕西、甘肃
72	山荆子	*Malus baccata*	蔷薇科	果品	辽宁、吉树木、黑龙江、内蒙古、河北、山西、山东、陕西、甘肃
73	山楂	*Crataegus pinnatifida*	蔷薇科	果品	华北、东北、西北部分地区
74	桃	*Amygdalus persica*	蔷薇科	果品	东北南部、华北
75	新疆梨	*Pyrus sinkiangensis*	蔷薇科	果品	新疆、青海、甘肃
76	新疆野苹果	*Malus sieversii*	蔷薇科	果品	新疆、甘肃、陕西
77	杏	*Armeniaca vulgaris*	蔷薇科	果品	东北、华北、西北
78	樱桃	*Cerasus pseudocerasus*	蔷薇科	果品	除黑龙江、吉林、新疆、青海、西藏、海南外，均有分布
79	石榴	*Punica granatum*	石榴科	果品	陕西、甘肃、新疆
80	君迁子	*Diospyros lotus*	柿树科	果品	山东、辽宁、河南、河北、山西、陕西、甘肃
81	柿	*Diospyros kaki*	柿树科	果品	东北南部、华北、西北

(续)

序号	中文名	学名	科	主要用途	主要分布、栽培区
82	枣	*Zizyphus jujuba*	鼠李科	果品	河北、山东、甘肃、山西、陕西
83	红松	*Pinus koraiensis*	松科	果品	东北
84	腰果	*Anacardium occidentale*	漆树科	果品	福建、广东、广西、云南、台湾
85	银杏	*Ginkgo biloba*	银杏科	果品、药材	江苏、安徽、浙江、广西等
86	猴面包树	*Adansonia digitata*	木棉科	果品、饮料	福建、广东、云南
87	香榧	*Torreya grandis*	红豆杉科	果品、油料	浙江、安徽等
88	美国山核桃	*Carya illinoensis*	胡桃科	果品、油料	江苏、浙江等
89	山核桃	*Carya cathayensis*	胡桃科	果品、油料	浙江、安徽
90	扁桃	*Amygdalus communis*	蔷薇科	果品、油料	新疆、甘肃、四川等
91	核桃	*Juglans regia*	胡桃科	果品、油料	陕西、河北、新疆、甘肃
92	四照花	*Cornus kousa* subsp. *Chinensis*	山茱萸科	果品、油料	内蒙古、山西、陕西、甘肃、江苏、安徽、浙江
93	可可	*Theobroma cacao*	梧桐科	果品	海南、云南南部
94	乌榄	*Canarium pimela*	橄榄科	药材	广东、广西、海南、云南
95	山竹	*Garcinia mangostana*	藤黄科	药材	云南、广西、广东、海南、福建
96	佛手	*Citrus medica* 'Fingered'	芸香科	药材	浙江、广西、安徽、云南、福建
97	杜仲	*Eucommia ulmoides*	杜仲科	药材	山东、河南、陕西、甘肃
98	紫杉	*Taxus cuspidata*	红豆杉科	药材	东北
99	枫杨	*Pterocarya stenoptera*	胡桃科	药材	华北、东北、西北部分地区
100	草麻黄	*Ephedra sinica*	麻黄科	药材	东北、华北
101	五味子	*Schizandra chinensis*	木兰科	药材	东北、华北
102	花曲柳	*Fraxinus chinensis* subsp. *rhynchophylla*	木樨科	药材	东北、华北
103	黄连木	*Pistacia chinensis*	漆树科	药材	河北、河南、山西、陕西
104	榅桲	*Cydonia oblonga*	蔷薇科	药材	新疆、陕西
105	宁夏枸杞	*Lycium barbarum*	茄科	药材	西北、华北
106	刺楸	*Kalopanax septemlobus*	五加科	药材	东北、华北、西北部分地区
107	刺参	*Oplopanax elatus*	五加科	药材	吉林
108	刺五加	*Eleutherococcus senticosus*	五加科	药材	东北、华北
109	短梗五加	*Eleutherococcus sessiliflorus*	五加科	药材	东北、华北
110	大叶小檗	*Berberis ferdinandi-coburgii*	小檗科	药材	云南
111	黄檗	*Phellodendron amurense*	芸香科	药材	东北、华北
112	厚朴	*Houpoea officinalis*	木兰科	药材	长江流域及陕西、甘肃南部
113	山茱萸	*Cornus officinalis*	山茱萸科	药材	山西、陕西、甘肃、山东、江苏、浙江、安徽、江西、河南、湖南等

(续)

序号	中文名	学名	科	主要用途	主要分布、栽培区
114	金银花	Lonicera japonica	忍冬科	药材	除黑龙江、内蒙古、宁夏、青海、新疆、海南和西藏外，全国各省份均有分布
115	樟	Cinnamomum camphora	樟科	药材、香料	江西、台湾等
116	八角	Illicium verum	五味子科	调料香料	广东、广西、云南、贵州、福建、湖南、浙江
117	花椒	Zanthoxylum bungeanum	芸香科	调料香料	华北
118	胡椒	Piper nigrum	胡椒科	调料香料	台湾、福建、广东、广西、云南
119	肉桂	Cinnamomum cassia	樟科	调料香料	广东、广西交界的两江流域等
120	木姜子	Litsea pungens	樟科	调料香料	长江流域以南
121	小粒咖啡	Coffea arabica	茜草科	饮料	福建、台湾、广东、海南、广西、四川、贵州和云南均有栽培
122	沙棘	Hippophae rhamnoides	胡颓子科	饮料	华北、西北
123	白桦	Betula platyphylla	桦木科	饮料	东北、华北、西北
124	刺梨	Rosa roxburghii	蔷薇科	饮料、果品	广西、湖南、四川、云南、贵州、福建、浙江、安徽
125	茶	Camellia sinensis	山茶科	饮料	长江以南地区
126	长角豆	Ceratonia siliqua	豆科	工业原料	广东
127	南烛	Vaccinium bracteatum	杜鹃花科	工业原料	台湾、华东、华中、华南至西南
128	黑荆树	Acacia mearnsii	含羞草科	工业原料	四川、福建、台湾
129	淡竹	Phyllostachys glauca	禾本科	工业原料	黄河流域至长江流域各地区
130	糖槭	Acer saccharum	槭树科	工业原料	湖北、湖南、江苏、辽宁
131	钝叶黄檀	Dalbergia obtusifolia	蔷薇科	工业原料	云南、广东、广西、福建、四川、贵州、湖南等
132	马尾松	Pinus massoniana	松科	工业原料	秦岭—淮河以南
133	蒲葵	Livistona chinensis	棕榈科	工业原料	广东、广西、福建、台湾等
134	胡桃楸	Juglans mandshurica	胡桃科	工业原料	东北、华北
135	槲树	Quercus dentata	壳斗科	工业原料	华北、东北南部
136	麻栎	Quercus acutissima	壳斗科	工业原料	华北、西北部分地区
137	蒙古栎	Quercus mongolica	壳斗科	工业原料	东北、华北
138	栓皮栎	Quercus variabilis	壳斗科	工业原料	辽宁、河北、山西、陕西、甘肃
139	黄栌	Cotinus coggygria	漆树科	工业原料	华北
140	盐肤木	Rhus chinensis	漆树科	工业原料	华北、东北南部、西北东部
141	南蛇藤	Celastrus orbiculatus	卫矛科	工业原料	东北、华北东部
142	栾树	Koelreuteria paniculata	无患子科	工业原料	东北、华北、西北
143	橡胶树	Hevea brasiliensis	大戟科	工业原料	广东、广西、云南、海南、台湾

(续)

序号	中文名	学名	科	主要用途	主要分布、栽培区
144	漆	*Toxicodendron vernicifluum*	漆树科	工业原料	云贵、陕西、四川、湖北等
145	糖棕	*Borassus flabellifer*	棕榈科	工业原料	云南西双版纳
146	印楝	*Azadirachta indica*	楝科	工业原料	南方有引种
147	苦楝	*Melia azedarach*	楝科	工业原料	黄河以南各地区
148	无患子	*Sapindus saponaria*	无患子科	工业原料	华东、华南至西南
149	山槐	*Albizia kalkora*	豆科	工业原料	华北、西北、华东、华南至西南部各地区
150	香椿	*Toona sinensis*	楝科	菜用	华北、华东、华中、华南、西南
151	黄毛楤木	*Aralia chinensis*	五加科	菜用	甘肃南部、陕西南部、山西南部、河北中部
152	毛竹	*Phyllostachys edulis*	禾本科	菜用、工业原料	秦岭、汉水至长流流域以南
153	紫穗槐	*Amorpha fruticosa*	豆科	其他	遍布全国
154	白蜡	*Fraxinus chinensis*	木樨科	其他	长江、黄河流域各地区
155	桑	*Morus alba*	桑科	其他	东北、华北、西北
156	刺槐	*Robinia pseudoacacia*	豆科	其他	遍布全国
157	紫椴	*Tilia amurensis*	椴树科	其他	黑龙江、吉林及辽宁
158	胡枝子	*Lespedeza bicolor*	豆科	其他	除海南外均有分布
159	构树	*Broussonetia papyrifera*	桑科	其他	遍布全国

本章小结

本章主要讲述了经济林分类、分布与栽培区划。经济林可从产品类别和用途、栽培学和生态学3个方面进行分类。以产品类别和用途将经济林分为8大类：木本果品类、木本油料类、木本药材类、木本饮料类、木本香料与调料类、木本工业原料类、木本菜用类、其他类；栽培学上从冬季叶幕特性、植株的形态特征和果实构造对经济林进行分类；根据经济林冬季叶幕特性，将其分为落叶经济林和常绿经济林；根据经济林木植株形态特征，将其分为乔木经济林、灌木经济林和藤本经济林；以果实构造将常见的经济林树种分类为仁果类、核果类、浆果类、坚果类、柑果类、荚果类、聚合果类和聚花果类8类；按照生态适应性将经济林分为寒带经济林、温带经济林、亚热带经济林和热带经济林。影响经济林分布的因子包括自然生态因子和人工生态因子2类，并介绍了限制因子定律、李比希最小因子定律、谢尔福德耐性定律、最适量定律和生态幅。按照气候带和大型地貌将我国经济林划分为东北区、内蒙古区、西北区、华北区、华中区、西南区、华南区、青藏区8大区域。按照经济林栽培区划原则、依据和方法，将经济林树种、品种的生态适宜度划分为4级：最适区、适宜区、次适宜区、可适区。学习经济林分类、分布与栽培区划，对认识和了解经济林、合理区划经济林、科学栽培经济林具有重要意义。

思考题

1. 按照产品类别和用途将我国经济林树种分为哪些类别？每个类别代表的树种有哪些？
2. 简述影响经济林树种分布的生态因子？其作用定律有哪些？
3. 按照气候带和大型地貌将我国经济林分为哪些区域？每个区域代表树种有哪些？
4. 经济林栽培区划的意义是什么？
5. 经济林栽培区划的方法有哪些？试从表 2-1 中挑选 1 个经济林树种进行区划。

第 3 章

经济林木生长发育规律

生长和发育是生物生命活动中特有的现象。生长是植物的组织、器官及整体由于细胞的分裂和增大,在体积和重量上所发生的不可逆的量变过程。从细胞水平看,生长是通过原生质的增加,细胞分裂、伸长和扩大来实现的。分化是指来自同一合子或遗传上同质的细胞转变为形态、机能和化学构成上异质的细胞的过程。生长是分化的基础,分化是通过生长而表现出来的。发育是指植物生长和分化的总和,是植物生长、分化的动态过程。在发育的基础上通过细胞分化而形成不同的组织和器官,表现出形态建成的过程。从细胞水平看,发育是细胞机能的转化过程。

经济林木的生长发育可分为营养生长和生殖生长。营养器官(根、茎、叶)的生长称为营养生长,生殖器官(花、果实、种子)的生长称为生殖生长。经济林木的生长发育取决于其自身遗传特性和生态环境2个方面。只有深刻认识其生长发育规律,采用科学、有效的农业技术措施(施肥、灌水、整形修剪等),才能使经济林木发挥最大的生产潜力,达到早产、丰产、优质、高效、低耗的栽培目标。

3.1 经济林木的生命周期和年生长周期

3.1.1 经济林木的生命周期

经济林木从繁殖开始到衰老死亡,一生经历萌芽、生长、结实、衰老和死亡的过程,称为生命周期(也称年龄时期)。因繁殖方式不同,将经济林木生命周期分为2类:实生树的生命周期和营养繁殖树的生命周期。以有性繁殖(播种)方式获得的实生树,其生命周期可划分为童期(幼年期)、成年期和衰老期3个阶段。以无性繁殖(嫁接、扦插、压条、组织培养等)方式获得的营养繁殖树,其生命周期可划分为幼树期、初产期、盛产期、盛产后期和衰老期5个阶段。

了解2类树生命周期中各阶段的特点和生理实质,研究其整个生命过程的生长发育规律,对于采用合理科学的栽培技术措施,调控经济林木生长发育进程(缩短幼年期和幼树期,延长成年期,推迟衰老期),达到早结果,稳产、高产、优质和长寿的目标,具有重要的理论意义和生产实践指导作用。

3.1.1.1 实生树的生命周期及其调控

(1) 实生树生命周期的特点

一般用播种繁殖的经济林木,其年龄时期可划分为 2 个明显的年龄阶段,即幼年阶段和成年阶段。幼年阶段是从种子播种萌发起,历经一定发育时期,到具有开花潜能前的一段时间,称为童期(幼年期)。处于童期的实生苗,使用任何人为措施都不能使之开花。实生树只有通过一定的发育时期,达到某一生理状态之后,才能获得形成花芽(性器官)的能力,达到性成熟阶段(成年阶段),这一动态进程称为性成熟进程。不同的树种达到性成熟阶段所需时间长短不一,如早实核桃需 2~3 年,晚实核桃 6~10 年,甜橙约 9 年以上。

童期的结束一般以开花为标志。实生树从幼年阶段到开花(转入成年阶段)期间有一个过渡阶段。通常过渡阶段不易从幼年阶段中区分出来,只能借助开花来判定幼年阶段的结束。

(2) 童期及其调控

童期树与成年期树相比,在形态特征、解剖特点和生理生化等方面有明显差异。实生苗在童期芽小,枝密多针刺,接近野生状态。叶片小而薄,栅栏组织和叶脉不发达,叶片表皮细胞大,单位面积内气孔少。枝条内还原糖、淀粉、蛋白质、果胶物质少,过氧化物酶同工酶和多酚氧化酶同工酶活性低,叶片中 RNA 含量低,与开花有关的基因不能转录、翻译和表达,枝条顶尖内含有较多的赤霉素(GA),有利于生长而不利于成花。此外,童期树还表现出耐阴的特点,可适应林下阴湿的生态环境。

缩短童期,使实生树早日进入成年阶段并开花结果,是栽培的重要任务之一。目前有关缩短童期的研究较多,但普遍认为加强培育管理,促进营养积累并使之合理分配,是缩短童期最有效的办法。具体措施有:深翻断根,冬季轻剪长放和加强枝组培养,夏季环剥、拉枝、扭枝等,应用多效唑(PP_{333})、比久(B_9)、矮壮素(CCC)、乙烯利等生长调节剂和化学药剂(K_2MnO_4),低温层积处理种子等,均可缩短童期,提早开花结果。这些措施加速开花的机理,主要是影响相关内源激素的平衡,改变某些遗传物质的含量,促进营养物质的积累,使树木生长发育加快,从而促进性成熟进程。

3.1.1.2 营养繁殖树的生命周期及其调控

(1) 营养繁殖树生命周期的特点

采用嫁接、扦插等营养繁殖方式培育苗木,所用接穗和插条一般取自成年树成龄阶段的枝条,已通过幼年阶段和性成熟过程,其内部各种生理过程具有成年阶段的特点,只要生长正常,条件合适,随时可以开花结果。与实生树生命周期相比,营养繁殖树只有成年期和衰老期,没有童期。从栽植开始,就具有开花的潜能。但营养繁殖树先要经历一个以营养生长为主的发育阶段(幼树期)才能进入到开花结果期。

(2) 营养繁殖树衰老的原因

营养繁殖树没有性成熟过程,只有老化过程(或衰老进程)。树体老化的原因主要有以下 3 个方面:

①器官间的养分竞争。树体老化的主要原因之一,是新梢生长、根系生长、开花结果及花芽分化之间存在养分竞争。大量结果的树,果实和种子生长发育消耗了大量的营养物

质,从而使新梢生长、根系发育受阻,根系的吸收作用和叶片的光合作用减弱,树体光合物质不足,贮藏物质耗竭,以致部分组织和器官(小枝、侧根等)趋于衰老和死亡。将过多的花果疏除,合理而充足地供应肥水,可减缓老化过程。但最重要的是保证根系和新梢2种营养器官的生长势,因为根系和新梢(叶片)是全树营养物质的合成基地,是生长结果和长寿的基础和必要条件。

②内源激素含量变化。在经济林木衰老的过程中,各种内源激素所发挥的作用不同。生长素(IAA)、赤霉素(GA)、细胞分裂素(CTK)具有促进生长、延缓衰老的功能。衰老过程往往表现为代谢强度的衰退和蛋白质合成速率的降低。IAA有诱导蛋白质合成,刺激生长点和形成层细胞分裂及输导组织分化,加速节间伸长和营养物质调动等作用,IAA与GA一起促进营养生长。GA还可解除脱落酸(ABA)的抑制作用,促进芽萌发。此外,GA能增加植物的核酸和蛋白质含量,诱导和促进多种酶合成,显著促进茎和细胞延长。CTK可维持蛋白质和核酸的合成,调节蛋白质和可溶性氮素物质的平衡,促进细胞分裂和细胞延长,对根和茎的发生和生长以及打破休眠等有作用。因此,IAA、GA、CTK被认为是促进生长、更新复壮、延缓衰老的内在因素之一。栽培措施中重剪、重施氮肥等都与提高这些激素的含量有关。ABA具有拮抗GA、抑制茎生长和诱导芽休眠的作用,其含量提高被认为是衰老的因素之一。乙烯对茎、芽和根的伸长都有一定的抑制作用,通常表现为促进衰老。

③栽培环境及不合理的管理技术。各种外部因素也可促进衰老过程。不良的栽培环境,不合理的农业技术措施及病虫危害可破坏植物组织,促进细胞蛋白质水解,削弱树木的生长势,使各营养器官渐趋衰老。

(3) 各年龄阶段的特点及其调控途径

根据经济林木的栽培目的、收获产品类别(如果实、种子、树皮、树液、纤维等)及营养繁殖树各年龄阶段的特点,采取相应的管理技术措施,以控制或促进其生长发育进程,达到早、丰、稳、优的栽培目的。

①幼树期。从苗木定植到开始有收获产品之前的这段时期为幼树期。

特点:树冠和根系离心生长旺盛,光合和吸收面积迅速扩大;新梢生长量大,枝条较直立;树冠往往呈圆锥形或长圆形;年生长期长,停止生长较晚;组织不充实,越冬能力差。

栽培管理任务:此期主要表现为营养生长。栽培管理的主要任务是,加强营养生长,尽快扩大根系的吸收面积和叶片的光合面积;形成树冠骨架结构,以便有效地利用各种空间资源,提高营养物质积累水平,为花芽分化和早期结果打下基础。在"整体促进"营养生长的同时,应"局部控制"非骨干性枝条的生长,采用各种措施缓和生长势,以减少消耗,增加积累,促其早形成花芽,达到早结果的目的。

调控途径:扩穴深翻,充分供应肥水;轻剪多留枝,促进骨干枝的形成和生长,以便早期形成预定树形,扩大光合面积;对辅养枝要及时控制,采用夏季摘心、环剥、扭梢、拿枝、开张角度等办法缓和枝势,促进花芽形成;对生长过旺树,在花芽生理分化期采取喷施生长延缓剂PBO、调环酸钙等措施,促使花芽形成。

另外,选用健壮的苗木,注意定植后的管理和树体防寒保护(埋土防寒、喷布防寒剂等），防治病虫和防止冻害，对保证幼树正常生长和提早结果都有重要作用。此期长短因树种、品种、栽培方式及技术等不同而有明显差异，一般早实核桃 2~3 年，晚实核桃 5~6 年；苹果、梨矮化树 2~3 年，乔化树 5~6 年；桃、枣、葡萄等 1~3 年；樱桃、李 2~4 年，扁桃 2~3 年，文冠果 3~4 年。

②初产期。从开始有收获产品到大量收获之前为初产期。

特点：树冠和根系继续迅速扩大，可能达到或接近最大的营养面积，是离心生长最快的时期；枝类比发生变化，长枝减少，中、短枝增加；随结果量的增加，树冠逐渐开张，骨干枝离心生长减缓；初期营养生长仍占有优势，后期逐渐与生殖生长趋于平衡；叶果比大，花芽容易形成，产量逐年上升；所结果实大，果味较酸，耐贮性较差；随结果量的增加，果实品质表现出品种的固有特性。

栽培管理任务：此期栽培管理任务是完成树体整形，加强结果枝组培养，在保证树体健壮生长的基础上，迅速提高产量，夺取早期丰产。

调控途径：轻剪和重肥是主要措施，栽培目标是使树冠尽可能快地达到最大的营养面积。缓和树势，使花芽形成量达到适度比例；对生长过旺树，要控制肥水，少施氮肥，多施磷钾肥；必要时应喷布生长调节剂；也可采用以果压树，以果压枝的方法控制生长。同时采用辅助授粉，花期喷硼，夏季摘心，环剥及叶面喷肥等措施进行保花保果。

③盛产期。该时期是经济林木大量收获、产量相对稳定的时期。

特点：离心生长逐渐减弱直至停止，树冠达到最大体积；新梢生长缓和，全树形成大量花芽；中、短果枝比例大，长枝少；果实品质好，产量高；骨干枝开张角度大，下垂枝多；同时背上直立枝增多；由于树冠内膛光照不良，致使枝条枯死，结果部位外移；随着结果枝组的衰老死亡，树冠内膛出现光秃现象。

栽培管理任务：盛产期是经济林木一生中经济收益最高的时期。因此，栽培管理的任务是，使经济林木早日进入盛产期，并尽可能地延长盛产期，防止树体早衰。

调控途径：充分供应肥水是这一时期的关键措施之一。要求基肥要早（秋季采果前后施），追肥要巧（分期多次追肥），并配施叶面喷肥，保持树势健壮；落头开心，解决光照；注意结果枝组更新与复壮，对结果枝组进行细致修剪，均衡配备营养枝、结果枝和结果预备枝（如苹果 3 套枝修剪法，1 套结果，1 套育花，1 套长枝），使生长、结果和花芽形成达到平衡状态。同时要精细花果管理，加强病虫害防治。

④盛产后期。从高产稳产到产品的产量和品质逐渐下降的阶段。以果实（种子）为收获目的的经济林木开始出现大小年。

特点：大枝末端枝条和根系大量枯死，结果枝大量衰老死亡，产量递减；根与叶的距离缩短，有利于提高吸收、运转、合成的代谢速度；新生枝数量显著减少，新梢生长量小；树冠体积缩小，内膛发生大量徒长枝，向心更新明显；果实变小，品质降低；输导组织相应衰老，树体抗逆能力显著减弱，病虫多；土壤肥力片面消耗，根系附近土壤中有毒物质积累，多种因素促进衰老。

栽培管理任务：经济林木在整个生命过程中，各个器官在不同时期都进行周期性更新，如根系的"自疏作用"。地上部枝条也在不断更新，一般小枝更新周期短，骨干枝更新周期较长。经济林木经过更新，仍能形成一定产量。一些树种更新在生命周期中可发生数次，但生活力则逐渐降低。不同树种更新能力也不相同。因此，此期栽培管理的主要任务是，在加强土肥水管理和树体保护的基础上，加大更新力度，形成新的树冠，恢复树势，保证有一定产量。

调控途径：深翻改土、增施肥水；适当重剪回缩和利用更新枝条结果，大年疏花疏果，小年促进新梢生长和控制花芽形成，以延缓衰老。

⑤衰老期。从产量明显降低到几无经济收益，大部分植株死亡为止。其特点是：骨干枝、骨干根大量死亡，树冠残缺不全；新梢生长量极小，几乎不发生健壮营养枝；结果小枝越来越少，产量急剧下降；落花落果严重；更新复壮的可能性很小，也无经济价值。应砍伐清园，另建新园（全园更新）。

应当指出的是，一般在盛产后期产量开始明显下降，投入与产出比升高，经营效益大幅度下降时，经营者可考虑进行全园更新。

3.1.2 经济林木的年生长周期

经济林木在一年中的生命活动，随着四季气候的变化，在形态上和生理机能上相应的发生一系列规律性变化，称为年生长周期。这种与季节性气候变化相适应的树木器官的动态时期，称为生物气候学时期（简称物候期）。

落叶经济林木的年生长周期可明显分为生长期和休眠期。经济林木生长期是指从春季萌芽开始到落叶前这一整个生长发育阶段。表现为营养生长和生殖生长 2 个方面。冬季为适应低温和不利的环境条件，树木落叶处于休眠状态，为休眠期。在生长期和休眠期相互转换之间，各有 1 个过渡期。

3.1.2.1 经济林木的生长期及其调控

(1) 经济林木的生长期

经济林木随着季节的变化，从春季开始进入生命活动的活跃时期，有规律地进行着萌芽、展叶、抽梢、开花、结果及根系生长等一系列生长发育活动。由于各个树种的生长结果习性不同，其器官物候动态表现各异。蔓性落叶经济树种如葡萄、猕猴桃等，在萌芽期前还有一个伤流期。为便于生产管理和科学研究，常将各个物候期细分为若干物候分期，如开花期又分为初花期、盛花期和末花期；新梢生长期分为开始生长期、旺盛生长期、缓慢生长和停止生长期；果实生长发育分为开始生长期、迅速生长期、缓慢及停止生长期、果实转色期和成熟期（如苹果）。经济林木的物候期具有以下共同特点：

①物候期的进行有一定的顺序性。每一物候期都是在前一个物候期通过的基础上进行的，同时又为下一个物候期奠定基础。如萌芽是在芽分化的基础上发生，又为展叶、抽枝、开花打好基础。不同树种，其物候期的顺序性有所不同。如核果类的桃、杏等，春季先开花后展叶；仁果类梨、苹果则展叶后开花。一般经济树种的花期在春季，而北方的枣在夏季，枇杷的花期则在冬季。同一树种不同品种，其物候顺序也有差异，如早熟桃在夏季枝梢旺盛生长时成熟，晚熟冬桃则在秋末枝梢停止生长后成熟。

②经济林木的物候期在一定条件下具有重演性。由于人为原因或自然灾害造成器官发育中止，或外界环境条件适于某些器官的多次活动，使一些树种的某些物候期可能在 1 年中重复发生，如多次生长、多次开花结果等。

③物候期有交错性和重叠性。由于各个器官的生长发育特点不同，不同器官生长高峰期错峰出现。如根系和新梢的生长高峰常交错进行。另外，在同一株树上，同一时期会出现几个物候期，如新梢生长期常与果实发育期、花芽分化期交错并重叠；果实发育与开花物候重叠，出现花果同株(油茶)(码3-1)。

码3-1 油茶花果同株

经济林木物候期变化受树体内部生理机制的制约，同时也受外部环境条件的影响。如花芽分化的进行，必须有丰富的结构物质、能量物质、内源激素和遗传物质，同时又受光照、温度和水分的影响。生态因素的季节性变化与树体内部以生理活动为基础的发育阶段相契合，演化为各种物候表现。在各种生态因素中，温度是主导因素。不同树种物候开始进行所需的温度不同，如不同树种萌芽、开花物候的生物学零度不同。据报道，苹果的生物学零度为3℃，柑橘为12℃。深入了解各个物候期的特点及其正常进行的内、外部条件，是进行经济林区域化规划和制定科学管理措施的重要依据。

(2) 落叶经济林木的生长期及其调控

经济林木体内营养物质的制造、消耗和贮藏有一定的阶段性，同时也存在一定的依存关系。根据树体内营养物质的来源与使用，落叶经济林木的生长期又可分为贮藏营养消耗期、营养转换期、叶片同化营养期和营养贮藏期。

①贮藏营养消耗期。贮藏营养通常是指上年秋季树体贮藏于根、干、枝中的养分，主要包括糖类、蛋白质、氨基酸、维生素和激素等生理活性物质。春季落叶经济林木进入生长期后，萌芽、展叶、开花、坐果、根系及新梢生长等生命活动的进行，主要消耗上年贮藏营养。因此，上一年夏、秋季管理的好坏直接关系到树体贮藏营养水平的高低。贮藏营养水平高，根系活动早，芽分化完全，萌芽、开花整齐，利于授粉受精，坐果率高。贮藏营养还与果实的大小、树体当年营养器官建造及叶幕的形成密切相关。贮藏营养水平高，新梢生长迅速，枝条粗壮、叶片大而厚，当年营养器官建造快，叶幕形成早。这一时期的调控措施主要有：

a. 早春灌水。早春灌水对根系活动有好处。树木能利用根系吸收的水分，将贮藏营养如淀粉、蛋白质等物质由大分子转变为小分子，并运往树体各个器官，以促进萌芽、开花及新梢生长等。

b. 追施氮肥。适量追施氮肥，能有效提高营养器官的建造速度，叶幕形成早。

c. 除萌、抹芽和疏花疏果。及时进行此项工作，可减少营养无谓消耗。同时还应进行人工授粉。

d. 病虫害防治。加强对小叶病、黄化病等叶片生理性病害的防治，以免对后续物候期的顺利通过产生不利影响。

②营养转换期。随着新梢的生长，叶片数量增多，光合产物的量也增加。树体营养消耗逐渐由依靠上年贮藏营养为主转向以利用当年制造有机营养为主的过程叫营养转换期(也叫营养临界期)。此期树体各器官间，特别是新梢与幼果间的养分竞争最为激烈，许多树种(如核桃、桃、苹果等)出现生理落果、新生单叶面积明显减小的现象。这说明此时树体贮藏营养已趋耗尽，当年叶片制造的同化产物不能足以维持所有器官生命活动的需要。

如果贮藏养分充足，春季管理措施得当，树体当年营养器官建造快、叶幕形成早，叶片制造养分、外运养分获得的时间就早，叶片就能很快为树木各种生命活动提供有机营养，树体营养转换就能顺利进行。此期调控措施主要有：

a. 做好土肥水管理工作，保证水分与矿质营养的供应。

b. 继续疏果，确定负载量，减少养分无谓消耗。

c. 采取摘心、扭梢、环剥等措施调整营养物质流向，提高坐果率，促进幼果生长。

d. 进行病虫预测预报及综合防治，保护好叶片，使树体及早进入叶片同化营养期。

③叶片同化营养期。此期叶幕已基本形成，树体各器官生命活动的进行以利用当年叶片同化的有机营养为主。此期绝大部分叶片已经形成且同化功能强，中、短枝相继停止生长，并形成顶芽，进入花芽分化阶段；果实也迅速膨大、转色，直至成熟。此期管理水平高低直接影响当年果品的质量和产量，以及花芽分化的数量与质量。此期调控措施主要有：

a. 加强土肥水管理，保证水分与矿质营养的供应，促进果实膨大；追肥以磷钾为主，氮肥为辅。适度控水，保证花芽分化正常进行。多雨时应注意排涝，中耕除草，以增加土壤的通透性，促进微生物活动、土壤有机质分解。

b. 做好夏季整形修剪工作，改善树体通风透光条件，保持合理的叶幕结构及适宜的叶面积指数。

c. 控制新梢秋季旺长，以节省养分，提高花芽分化率及晚熟果实质量，促进枝条充实、健壮，增强树木越冬性能，提高贮藏营养水平。

d. 采用摘叶、转果、树下铺反光膜等措施，促进果实着色。

e. 重视夏秋季病虫害防治，保护好叶片，维持其高光合能力，增加同化产物积累，为进入营养贮藏期打好基础。

④营养贮藏期。营养贮藏期又称营养积累期。这一时期大体是从果实成熟、采收至落叶。此时地上部各器官生长已接近停止，但根系正处于秋季生长高峰，叶片的同化产物一方面用于根系生长、枝、芽发育和果实成熟等，另一方面随叶片衰老回流于根、树干和枝条中，直到落叶后结束。贮藏营养对树体越冬及下年春季的萌芽、开花、展叶、抽梢、坐果和果实形成等有重要影响，充分提高树体营养贮藏水平是经济林丰产、优质、稳产的重要保证。此期主要调控措施有：

a. 秋施基肥结合深翻，提高树体贮藏营养水平。

b. 适时采收，保证果品质量。

c. 控制病虫危害，防止早期落叶。

d. 土壤封冻前灌水，保护根系越冬。

3.1.2.2 经济林木的休眠期及其调控

(1) 休眠及休眠期的概念

休眠是经济林木在其系统发育过程中形成的为适应环境条件和季节性变化，所表现的一种特性。树木的芽或其他器官生长暂时停顿，仅维持微弱生命活动的时期称为休眠期，通常是指树木从秋季正常落叶到翌年春季萌芽前为止的这一段时间。

落叶是进入休眠的标志。落叶前在叶片内已进行了一系列变化，如叶绿素降解，光合作用及呼吸作用减弱，一部分氮磷钾转入枝条中，最后叶柄形成离层脱落。常绿树没有集中的落叶期，也无休眠期，叶片脱落是在春季新叶抽出前后。这种落叶并不是对外界条件的适应，而是叶片老化、失去正常生理功能的一种新老交替的生理现象。

(2) 休眠期的特点

落叶树木在休眠期，树体外部表现为叶片脱落，枝条变色成熟，冬芽形成老化，没有任何生长发育的表现。但树体内部仍然进行着各种生理活动，如呼吸作用、蒸腾作用、根的吸收、合成、芽的进一步分化以及树体内养分的转化等。在休眠期的初期、落叶前后，树体内淀粉开始积累，组织成熟。此后，淀粉水解转化为糖，细胞内脂肪和单宁物质增加，细胞液浓度和原生质黏性提高，原生质膨胀度及透性降低，新陈代谢强度降低。此时温度逐渐降低，对通过这一阶段有利。因此，及时停止生长、秋季充足的光照及温度逐渐下降等，皆有利于树木抗御冻害和安全越冬。

根据休眠期的生态表现和生理活动特性，可将经济林木休眠分为自然休眠和被迫休眠2个阶段。自然休眠是树木自身固有的生物学特性，它要求在一定的低温条件下才能顺利通过。在自然休眠期，即使给予适于树木生长的环境条件，芽也不能萌发生长。许多树木的冬芽，一般当年不萌发，需要通过冬季休眠至翌春才能萌芽生长。树木通过自然休眠期后，外界环境条件仍不适宜萌芽生长而被迫进入休眠，称为被迫休眠。

一般落叶树种的自然休眠期在12月至翌年1~2月。各种树木进入自然休眠期的时间不同，且休眠深度各异。通常枣、柿、栗和葡萄进入休眠较早，于10月前后即可开始，桃略迟。其次为梨、苹果。柿、栗、葡萄开始休眠后即转入自然休眠，梨、桃较晚进入深度自然休眠，梨、苹果自然休眠程度浅。

(3) 休眠的生理基础

落叶树木在秋冬季低温条件下，内部生理活动发生一系列的变化：一方面呼吸、蒸腾及根系的吸收作用减弱；另一方面新陈代谢强度降低，树体内进行着一系列物质转化。组织内的酸碱值增加，增强了脂肪分解酶的活性，有利于蛋白质转化为氨基酸、淀粉转化为糖，从而提高了细胞液的浓度。随着细胞渗透压的提高，使根压加大，促进了萌芽。同时，渗透压升高也可防止细胞失水和提高树体抗寒力。

关于休眠的机理，近年来有关激素平衡的报道很多。研究认为，脱落酸(ABA)、赤霉素(GA)、生长素(IAA)和细胞分裂素(CTK)与休眠有关。ABA可以导致植物休眠，GA与CTK可打破休眠，诱导芽萌发。在树体进入休眠期前，随叶片及芽鳞片的老化，ABA显著增加，并与深休眠期密切相关，而GA、IAA与CTK逐渐减少；反之，自然休眠在通过低温后的解除过程中，ABA则逐渐减少，GA、IAA和CTK逐渐增加。GA比CTK对打破休眠有更强烈的影响，它可以抵消ABA的效应；GA增加，ABA往往减少。有些树种，如桃、李、梅等产生的氰酸与苦杏仁苷，柑橘、葡萄形成的有机酸和生物碱等物质，对ABA有增效作用，有利于树体进入休眠。

总之，生长促进剂和抑制剂二者之间的平衡关系是导致休眠与萌发的重要原因。不同树种的休眠皆是由生长促进剂和生长抑制剂的比例关系变化来控制的。

(4) 影响休眠的因素

休眠是树木为适应不良环境条件而进行的一系列生理活动过程。导致休眠的因素有内因和外因2个方面。

①内因。树木的休眠期与原产地有关。原产于温带温暖地区的树种,自然休眠要求的温度较高,时间较短;原产于温带寒冷地区的树种,则要求的温度低,时间长。这是树木长期适应当地气候环境所获得的一种生态特性。一般休眠期因树种品种、树龄、器官发育状况等而有所不同。如枣、柿比梨、苹果进入休眠早;早实核桃辽核系列品种比强特勒(Chandler)、维纳(Vina)进入休眠早。幼树比成年树进入休眠期较晚,解除休眠也迟。同一株树上,一般花芽比叶芽进入休眠期早,小枝、细弱枝较大枝、骨干枝早。根颈进入休眠期最晚,而解除休眠最早。

②外因。短日照、低温、干旱是导致休眠的主要环境因子。

长日照促进生长,短日照抑制生长诱导进入休眠。根据对短日照的敏感程度不同,可将经济林木分为3类:反应敏感型、反应中等型和反应迟钝型。反应敏感型,即20 d以内的短日照可促进休眠的开始,如樱桃、李、枇杷和木瓜等;反应中等型,即35 d以内的短日照可促进休眠的开始,如'Limonchella'苹果,反应迟钝型,即35 d以上的短日照可使休眠开始,如桃、枳、长山核桃等。

低温可促进经济林木进入休眠。Nigond(1967)对加利酿葡萄的试验表明,在自然条件下,20 ℃比24 ℃早进入休眠,12~18 ℃最适合进入休眠。一般温带树木正常落叶的日平均气温是在15 ℃以下、日照时数小于12 h的条件下开始的。不同树种休眠对低温的要求不同,因而进入休眠期的早晚不同。枣对落叶期的温度最为敏感,进入休眠较早,其次为桃、梨、苹果。落叶树种进入自然休眠期后,需要一定的低温期和低温量才能解除休眠。其低温期一般在12月至翌年2月,平均温度为0.6~4.4 ℃,翌年方可正常发芽。其低温量在0~7.2 ℃下经200~1500 h,方可解除休眠。如低温量不足,则影响其生长发育。如将北方品种群的桃移栽到南方地区,因冬季温度较高,不能满足其自然休眠所需的低温量,导致花芽发育不良,春季萌芽后不能正常开花结果。不同树种打破休眠所需低温量不同,如苹果在温度低于7.2 ℃下经1200~1500 h可解除休眠,桃需50~1200 h,杏需700~1000 h,巴旦杏需200~500 h。

大气干旱和土壤缺水,导致组织缺水,细胞生理代谢活动减弱,枝条停长早,提早进入休眠。反之,在生长后期,供氮供水过多,造成枝条旺长,停长晚,进入休眠晚,易受冻。

(5)控制休眠的措施

在经济林生产实践中,常常需要依据树木生长发育及物候期的特点,控制其休眠期的长短。如杏在陕西关中地区3月下旬萌芽开花,此时天气状况很不稳定,常有北方寒流侵袭,致花器冻害,产量下降。采用涂白、喷青鲜素(MH)等可推迟其花期,避免花期冻害。在北方寒冷地区栽植苹果、梨等,幼树常遭冻害。乃因幼树生长旺,秋季结束生长晚,进入休眠较晚。若能使幼树及时停止生长,适时落叶休眠,则可减少或避免冬季冻害。

控制经济林木的休眠期,根据生产需要可以从2方面考虑:一是秋冬季提早或推迟进入休眠;二是春季提早或延迟解除休眠。控制休眠的主要措施有:

①提早进入休眠。在生长后期限制灌水,少施氮肥,疏除徒长枝、过密枝,喷布生长延缓剂或抑制剂,如多效唑(PP_{333})、MH等,可提早进入休眠,提高树体抗寒力,减少初冬冻害。

②推迟进入休眠。夏季重修剪、多施氮肥和灌水等,可推迟进入休眠,延迟翌年萌芽,减少早春低温或晚霜危害。

③延长休眠期。树干涂白、早春灌水,可使地温及树体温度上升缓慢,延迟萌芽开花。秋季使用青鲜素(MH)、多效唑(PP_{333})、赤霉素(GA),均可延迟休眠,推迟花期。葡萄在休眠期喷硫酸亚铁($FeSO_4$),也可延长休眠期。另外,选择适宜的品种、砧木,也可延迟萌芽开花期,从而避免早春晚霜危害。如强特勒核桃萌芽比辽核系列、香玲等品种晚,嫁接于山荆子砧上的苹果比嫁接于海棠砧上的苹果推迟花期约1周。

④打破休眠。在设施栽培中常用。打破休眠的目的是促进提早萌芽、开花结实,使果实提早上市。常使用物理措施如升温、变温处理和化学措施,如喷布生长调节剂GA_3、6-苄氨基嘌呤(6-BA)等打破休眠。另有试验表明,石灰氮($CaCN_2$)在多种经济林木(桃、葡萄、苹果等)上使用,均有提早萌芽的作用。

3.2 经济林木器官的生长发育

3.2.1 根系生长

根系是经济林木的重要器官之一,具有固定、吸收、运输、贮藏、合成等功能。根系的生长状况直接影响到地上部分的生长发育。生产上对经济林木进行的土肥水管理,皆是为了给根系生长提供一个良好的生长环境和营养供给,使其健壮生长,从而促进地上部器官生长发育。根系生长状况是决定经济林木是否优质、稳产、高效的关键。因此,了解根系生长规律及其影响因子,对于制订合理的根系管理措施有重要意义。

3.2.1.1 根系的结构

根系由主根、侧根和须根组成。由种子胚根发育而成的根称为主根,在主根上着生的粗大分根称为侧根。主根和侧根构成根系的骨架称为骨干根,其主要功能是支持、固定、输导、贮藏。主、侧根生长过程中,由侧根上产生次级侧根,侧根与主根一起形成庞大的根系,此类根系称为直根系。侧根上形成的细小根(一般直径<2.5 mm)称为须根(图3-1)。须根是根系中最活跃的部分,是根系功能的主要部位。须根按功能与结构分为4类:生长根,其主要功能是促进根系向根区外扩展,扩大根系分布范围,并发生侧生根,也具有吸收功能;吸收根,主要功能是吸收,以及将吸收的物质转化为有机物或运输到地上部;过渡根,由生长根经一定时间生长后转化而来,其内部形成次生结构,成为输导根;输导根,主要作用是运送各种营养物质和输导水分。

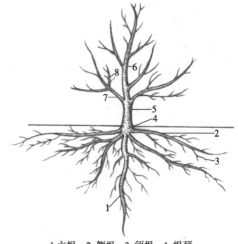

1.主根;2.侧根;3.须根;4.根颈;
5.主干;6.中心干;7.主枝;8.侧枝。

图3-1 经济林木的树体结构

3.2.1.2 根系的类型

经济林木的根系按发生与来源可分为3类:

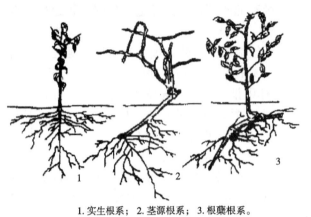

1. 实生根系；2. 茎源根系；3. 根蘖根系。

图 3-2 经济林根系类型

实生根系、茎源根系和根蘖根系（图3-2）。用播种繁殖和用实生砧嫁接的经济林木的根系均为实生根系，其主要特点是主根发达，根系较深，生理年龄较轻，生活力强，对外界环境的适应能力强，个体间的差异比无性繁殖的根系大。用扦插、压条法繁殖的个体，其根系为茎源根系，如葡萄、无花果扦插苗的根系。用根蘖分株法繁殖的个体，其根系为根蘖根系，如枣、石榴根蘖苗的根系。茎源根系与根蘖根系的特点相似：主根不明显，根系较浅，生理年龄较老，生活力相对弱，但个体间比较一致。经济林生产上，除葡萄、无花果等少数树种外，大多数树种的根系为实生根系。

3.2.1.3 根系的分布

经济林木骨干根大致可分为垂直根和水平根。垂直根是大体与土表垂直方向生长的根，水平根为大体沿土表平行方向生长的根。根据其在土壤中的分布状况可分为垂直分布和水平分布。

(1) 垂直分布

垂直根的分布深度一般小于树冠高度，垂直分布范围主要是在 20～100 cm 土层内。垂直根分布的深度除与树种本身的遗传特性（树种、品种、砧木等）有关外，还受土壤条件、栽培技术措施及树龄等因素的影响。常见的经济树种中，核桃、板栗、柿根系最深，为深根性树种；其次为梨、苹果、枣、葡萄；桃、李、石榴等，根系分布较浅，为浅根性树种。晚实核桃品种比早实核桃品种的根系分布深，普通型品种比短枝型品种的根系分布深。乔砧树根系分布较深，矮砧树根系分布较浅。一般深根性树种、品种，因能吸收土壤中更多的养分和水分，生长旺盛，表现出较强的抗性和适应性，但开花结实晚。在土壤深厚、通气良好的情况下，根系发达，分布较深；相反，土层浅薄、土壤板结、通气不良，根系分布较浅。成年期树，根系分布范围较广，幼树、老年树根系分布范围较小。在栽培管理上，通过深翻改土，深施肥灌水，均可诱导根系向土层深处生长（因根系的趋肥、趋水性），防止根系"上浮"。

(2) 水平分布

水平根分布的深度与广度依土壤、树种、品种、砧木不同而异。一般垂直根入土深的树种、品种、砧木、土质，水平根分布深。在土壤条件较好的园地，水平根的横向分布范围较小，但须根较多。在土壤条件较差的园地，根系可伸展到很远的地方，但须根稀少。水平根分布范围一般为树冠冠幅的 1.5～3 倍（甚至更大）。约有 60% 的根系分布在树冠垂直投影之内。据观察，'赤阳'苹果的根幅可达冠幅的 4.7 倍。根系与地上部干重的比值称为根冠比，一般土壤越瘠薄，根冠比就越大。

土壤生态条件(水、肥、气、热等)适合根系生长的最佳层次,根系生长最好,分布密度大,这个层次为根系集中分布层。一般经济林木根系集中分布在地表以下 20~40 cm 的土层范围内。

3.2.1.4 根颈与菌根

(1)根颈

根与茎的交界处称为根颈。实生树的根颈是由胚轴发育而成,称真根颈。茎源根系和根蘖根系没有真根颈,其相应部分称为假根颈。根颈的特点是,对温度及通气状况等环境条件变化较敏感,一般不宜深埋或全部裸露。根颈位于地上部器官与地下部器官的交界处,秋季进入休眠最迟,春季解除休眠最早,容易发生冻害,在生产中应注意保护。

(2)菌根

土壤中某些真菌与植物根的共生体称为菌根。菌根的着生方式有3种类型:外生菌根,是指菌丝体不侵入细胞内,只在皮层细胞间隙中的菌根,如沙棘、核桃、板栗等树种的根有外生菌根;内生菌根,指菌丝侵入细胞内部的菌根,如柿、枣、桑等树种的根有内生菌根;介于两者之间的菌根为内外生菌根,如山楂的根有内外生菌根。

菌根的主要作用是扩大了根系的吸收面积,增加对原根毛吸收范围外元素(特别是磷)的吸收能力。菌根真菌的菌丝体既向根周土壤扩展,又与寄主植物组织相通,一方面从寄主植物中吸收糖类等有机物质作为自己的营养;另一方面又从土壤中吸收养分、水分供给植物利用。某些菌根还具有合成生物活性物质的能力(如合成维生素、赤霉素、细胞分裂素、植物生长激素、酶类以及抗生素等),不仅能促进植物良好生长,而且能提高植物的抗病能力。

菌根真菌的菌丝体能在土壤含水量低于萎蔫系数时从土壤中吸收水分,扩大了根系的吸收范围,增强了根系吸收养分的能力,从而促进了地上部光合作用和生理生化代谢的进行,并能分解腐殖质、分泌激素和酶等,这对在土壤贫瘠或干旱地区,维持经济林木正常的水分代谢和养分吸收,提高经济林木的抗逆性具有重要作用。

3.2.1.5 根系生长动态

经济林木根系生长具有明显的周期性,其主要表现为:年生长周期性、生命周期性和昼夜周期性。在不同生长周期中,除了根系体积或质量的消长外,还有根系功能和再生能力等方面的变化。根系生长的周期性因树种、品种不同,同时受环境条件及栽培技术等因素的影响较大。

(1)年生长周期

在全年各生长季,由于经济林木不同器官旺盛生长发育期不同,养分分配中心不同,因而出现高峰和低谷的时期也不同,常表现为错峰、重叠生长。这种周期性变化与不同经济林木自身特点及环境条件(特别是温度)变化密切相关。根系在年周期中的生长动态具有以下特点:

①没有自然休眠现象。只要满足其生长所需条件(主要是地温和水分),根系随时由停止状态进入生长状态,全年可不断生长。

②出现生长高峰与低潮交替的周期性变化。许多树种,如苹果、梨、桃、柑橘,在1

年中出现2~3次生长高峰。'金冠'苹果1年内有3次生长高峰,第1次高峰出现在春季萌芽前后(约3月上旬~4月中旬)。第2次高峰出现在夏季新梢缓慢及停止生长到果实迅速生长和花芽分化开始前(约在6月底~7月初),此次高峰发根多,时期持续长,是全年发根最多的时期。第3次高峰出现在秋季果实采收后(约9月上旬~11月下旬)(图3-3)。

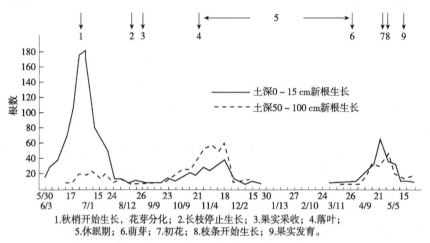

图3-3 '金冠'苹果根系周年生长动态
(引自张玉星,2011)

③根系生长与地上部器官生长有一定的相关性。对落叶经济林木来说,发根高峰多在枝叶由旺盛生长转入缓慢生长时出现。这是由于树体内营养物质调节与平衡的结果,因为此期有足量的光合产物运送到地下部分。另外,根系与果实发育的高峰也是相反的,这与营养竞争有关。由于结果消耗了大量养分,流向根系的养分明显减少,影响根系生长。但在某些情况下,由于其他条件的变化也可能不出现交替生长的现象。总之,地下部根系的生长节律性变化与地上部器官生长动态密切相关,是地上部和地下部器官生长综合平衡的结果。

④在不同季节不同深度土层中,根系生长也有交替现象。这与土壤温度、湿度、通气条件等有关。土壤条件适宜,发根数明显增多。

⑤根系进行营养物质的合成、运转、积累、消耗的周期性变化。在休眠期,根系贮藏大量的营养物质,并进行物质的合成与转化;春季开始生长后逐渐消耗,向上运输给地上部器官(芽、枝叶、花)生长发育;秋季营养物质回流到根系开始积累,到落叶前积累达最高峰。

(2) 生命周期

与地上部生长特点相似,经济林木在幼树阶段,根系主要表现为离心生长旺盛,不断发生新根形成骨干根。进入结果期后,这一趋势减缓。在结果盛期前,根系的加粗生长最为强烈。从结果后起,小骨干根开始死亡。至衰老期,各级骨干都有死亡现象。

据观察,梨树在定植后2年,垂直根发育较快,4~5年生树,根系垂直深度可达最大。此后主要是水平根迅速扩展。树龄20年后,水平根延伸减慢并逐渐停止。40~50年生树,幼年期形成的垂直根已枯死,由水平根向下发生垂直根向深土层伸展。

(3) 昼夜周期

根系在一昼夜内的生长动态,据观察夜间的生长量和发根数多于白天。这与夜间由地上部转移至地下部的光合产物多有关。在经济林木允许的昼夜温差范围内，提高昼夜温差，降低夜间呼吸消耗，能有效地促进根系生长。

3.2.1.6 影响根系生长的因子

(1) 树体有机养分

根系的生长有赖于地上部碳水化合物的充分供应。当结果过多，或叶片受到损伤时，有机营养供应不足，根系的生长会受到抑制。此时如采用疏果、保叶及改善叶片机能的措施，可明显促进根系生长发育，这种效果不是施肥所能代替的。

(2) 土壤温度

根系的活动与温度密切相关。一般原产温带寒地的落叶树木需要的温度低，而热带、亚热带树种所需的温度较高。根系生长有下限温度、最适温度和上限温度。多数经济林木根系生长适宜温度为15~25℃，但不同树种根系对土壤温度要求不同。如苹果根系在土温0.5~1℃时开始活动，7℃以上生长加快，最适温度为20~24℃，30℃为根系生长的上限。柑橘则要求温度较高，根系在土温12℃时开始生长，23~26℃时生长最适宜，37℃以上停止生长。生产上采用积雪、地膜覆盖、增施有机质、灌水或排水等措施来调节土壤温度，促进根系生长。

(3) 土壤湿度与通气

根系生长最适宜的土壤湿度，一般为田间最大持水量的60%~80%。土壤水分过多，影响土壤通气，致使根系缺氧，削弱根系生长，甚至造成窒息死亡。土壤通气不良常会产生某些有害离子(如Fe^{2+}、Mn^{2+})，使根系受害。根系生长与土壤中O_2含量、CO_2含量及土壤孔隙度有关。通气良好的土壤，既可保证根系呼吸所需O_2，又可防止CO_2积累而使根系中毒。生产上通过灌水、排水、土壤深翻扩穴等方式来调控土壤水分，增加土壤孔隙度，改善土壤理化性能，以促进根系生长。

(4) 土壤养分

土壤养分不是限制根系生长乃至引起死亡的因子，但可以影响根系的分布和密度。根具趋肥性，总是向肥多的地方延伸生长。在肥沃的土壤或施肥条件下，根系发达，细根密，活动时间长。在瘠薄土壤中，根系生长瘦弱，细根稀少，生长时间较短。充足的有机肥有利于吸收根的发生。氮和磷能刺激根系生长，缺钾抑制根系生长，钙、镁缺乏也会使根系生长不良。施肥和改良土壤是促进根系生长发育的重要手段。

3.2.1.7 栽培管理措施

改善根系生长的环境条件，调控根系生长是栽培管理的重要任务之一。应根据一年中不同季节、生命周期中的不同阶段、土壤状况、树体生长状况等采取相应的管理措施。

(1) 观察根系分布特征

根系管理前，采用壕沟法、土钻法等方式观察根系分布的深度、广度及集中分布层，为施肥、灌水和其他管理提供依据。

(2) 不同季节根系的管理

春季利用地膜覆盖提高地温；夏季利用秸秆杂草等覆盖地面，以保墒、降低地温，增加有机质，为根系生长提供良好环境；秋季结合施基肥进行深翻，种植绿肥，改良土壤，增加有机质,促进根系生长,增加细根密度;上冻前浇封冻水,保证树体正常越冬。

(3)生命周期中根系的管理

在山地或滩地土层较薄地带栽植经济林木,要挖定植大穴,穴深度应在 1 m 以上,以利幼树迅速形成强大根系;幼树期进行土壤深耕、扩穴、增施有机肥料,尽快扩大根系生长范围,以促进根系和地上部生长;成年园应加深耕作层,基肥施于根系密集分布层稍下部,促进下层根发育;衰老期树多施粗有机质,增加土壤孔隙度,促进新根发生。

(4)根据树体生长状况管理

对于长势旺盛的乔化树,可采取弯根、垫根等方法抑制垂直根生长,用侧施、浅施肥的方法诱导水平根发育。因土层薄,根系发育不良的瘦弱树,应进行扩穴客土,采用深施、远施肥的方法,促进根系向深、向远的地方生长。

3.2.2 芽与枝叶生长

3.2.2.1 芽

芽是枝、叶、花等器官的原始体。经济林木的生长、结果及更新都从芽开始。芽具有与种子相似的特性,在繁殖条件下可以形成新的植物个体。

(1)芽的类型

依据芽在枝条上的着生位置分为顶芽、侧芽和不定芽;根据芽的性质和构造分为叶芽和花芽;根据一个节上着生的芽数,分为单芽和复芽;按芽在叶腋中的位置分为主芽和副芽;根据芽的活动情况分为活动芽和休眠芽。

①顶芽、侧芽和不定芽。着生在枝或茎顶端的芽称为顶芽;着生在叶腋处的芽称为侧芽或腋芽。顶芽和侧芽均着生在枝或茎的一定位置,称为定芽;从枝的节间、愈伤组织或从根及叶上发生的芽,因无固定位置称其为不定芽。

②叶芽和花芽。按照芽萌发后形成的器官不同分为叶芽和花芽。萌发后只长枝和叶的芽称为叶芽;萌发后形成花或花序的芽称为花芽。萌发后既开花又长枝叶的芽称为混合花芽,如苹果、梨、葡萄、柿及核桃的雌花芽等;萌发后只开花不长枝叶的芽称为纯花芽,如杏、李、樱桃、桃等(图3-4)。

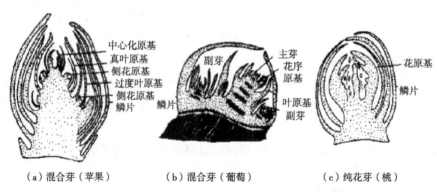

(a)混合芽(苹果)　　(b)混合芽(葡萄)　　(c)纯花芽(桃)

图 3-4　几种代表性经济林树种花芽解剖结构示意图

③单芽和复芽。在一节上只着生 1 个芽叫单芽,如苹果、梨、柿等树种为单芽。在一

个节上着生2个及其以上的芽叫复芽,如桃、杏、樱桃等核果类树种具有复芽。

④主芽和副芽。着生在叶腋正中央,位于叠生芽最下方或并列芽中间的芽称为主芽,一般当年不萌发;副芽着生于主芽两侧或上方,有的当年萌发。如枣具有主芽和副芽。一个叶腋内生有多个芽,彼此叠生或并列,成为叠生芽或并列芽。如核桃有叠生芽,桃、杏等具有并列芽。

⑤活动芽和休眠芽。芽形成后随即萌发,当年生长为枝条或花的芽称为活动芽。如葡萄的夏芽,桃的早熟性芽。芽形成后不萌发的芽称为休眠芽。休眠芽可能在休眠过后活动,也可能始终处于休眠状态或逐渐死亡。有的休眠芽多年不萌发,称为隐芽或潜伏芽。

(2) 芽的特性

①芽的异质性。在同一枝条上处于不同节位的芽,其饱满度、萌发力以及其后的生长势都存在差异,这种特性称为芽的异质性。造成芽异质性的根本原因是由于芽形成时枝条内部营养状况和外部环境条件不同所致。一般枝条基部的芽原基,发育期间气温较低,发育时间短,质量差,所在节位的叶片小,养分供应较差,芽瘦小,为瘪芽。位于枝条中下部的芽,随气温升高,叶片面积增大,光合能力逐渐增强,制造营养渐多,芽发育状况较好,为半饱满芽。位于枝条中上部的芽,发育状况进一步改善,叶片光合能力进一步增强,营养积累多,芽体充实,为饱满芽。此后,气温过高,营养中心转移,芽的质量又渐渐变差,在枝条上部出现半饱满芽。处于枝条最顶端的芽,如枝条能及时停长,其质量最好。具有春秋梢的树种(如苹果)春季生长一段时间后,夏季暂时停长,于秋季温、湿度适宜时,顶芽又萌发生长,形成秋梢。在春秋梢交接处不能形成芽体而出现盲节(图3-5)。秋梢因组织不充实,在北方较为寒冷的地区,冬季易受冻害。高质量的芽在相同条件下萌发早,抽生的新梢健壮,生长势强。芽的异质性与整形修剪、嫁接、扦插密切相关。

②芽的早熟性。有些经济林木新梢上的芽在形成的当年就萌发,能连续形成二次梢和三次梢(甚至四次梢),这种特性称为芽的早熟性,如桃、杏、葡萄的夏芽,枣的副芽等。另一些经济林木的芽在形成的当年一般不萌发,翌年萌发,称为芽的晚熟性,如核桃、板栗、柿等的芽。具有早熟性芽的树种和品种,树冠成形快,可以加速整形,进入结果期早,常具有早实的特点。芽的早熟性受树龄和栽培条件的影响较大。随树龄增大,早熟性芽减少;北方树种南移,发梢次数增多;猕猴桃、苹果、梨等树种的芽,一般情况下翌年萌发,若加强肥水管理或摘心、扭梢,也可迫使芽早熟,当年萌发。

③萌芽力与成枝力。1年生枝条上的

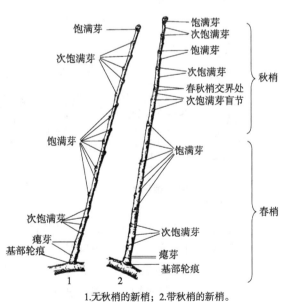

1.无秋梢的新梢;2.带秋梢的新梢。
图3-5 芽的异质性示意图
(张玉星,2011)

芽能萌发枝叶的能力称为萌芽力,以萌发芽数占总萌芽数的百分比表示。芽萌发后抽生长枝的能力称为成枝力,以长枝数占总萌芽数的百分率表示。不同经济林树种长枝的标准不同,苹果、梨、核桃等树种通常把>15 cm 的枝条作为长枝,桃、杏、李等树种的长枝则指>30 cm 的枝条。萌芽数多,则萌芽力强;抽生长枝多,则成枝力强。不同树种和品种,其萌芽力和成枝力有明显差异。一般萌芽力和成枝力均强的树种、品种,抽生长枝多,易于整形。但枝条过密,影响通风透光,修剪时应多疏少截。萌芽力强、成枝力弱的树种、品种,易形成中短枝,枝量少,应适当多短截,促其发枝。

④芽的潜伏力。生长枝上一部分芽,在正常情况下不能萌发,但受到刺激后仍可萌发,称为潜伏芽(或隐芽)。潜伏芽发生新梢的能力称芽的潜伏力。潜伏力包含潜伏芽的寿命长短和潜伏芽的萌芽力与成枝力两层意思。不同树种潜伏芽的寿命长短和萌发力各异,如核桃、柿等树种潜伏芽寿命长(核桃长达 100 年),树冠更新复壮容易,树体寿命长。反之,潜伏芽寿命短(如桃等核果类树种),树冠更新难,树体寿命也短。

3.2.2.2 枝

(1)枝条的类型

按枝条年龄、生长季节、枝条性质及生长状况等可将枝条划分为不同类型(图 3-6)。

①按枝条年龄。可分为新梢、1 年生枝、2 年生枝和多年生枝。由芽当年萌发形成的带叶枝梢叫新梢。新梢秋季落叶后至翌年芽萌发前称为 1 年生枝,着生 1 年生枝的枝条称为 2 年生枝,依次类推。枝龄 2 年以上的枝条叫多年生枝。

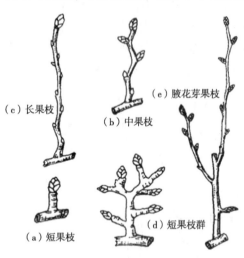

②按生长季节。可分为春梢和秋梢。大多数落叶经济林木以春梢为主,少数树种(如苹果)具秋梢。秋梢因发育时间短,组织不充实,质量不如春梢好。

③按枝条性质。可分为结果枝、结果母枝和营养枝。结果枝是着生花芽并开花结果的枝条,根据其长度可分为长果枝、中果枝、短果枝等(图 3-6)。结果母枝是指着生混合花芽的枝条。营养枝是只着生叶芽、生长枝叶的枝条,根据其生长状况可分为:发育枝、徒长枝、细弱枝和叶丛枝。

图 3-6 结果枝类型

a.发育枝。芽体饱满,生长健壮,组织充实,是构成树冠和发生结果枝的主要枝条,可作为骨干枝的延长枝。

b.徒长枝。芽体小,直立旺长,节间长,停长晚,组织不充实,常导致树冠郁闭,并消耗大量养分和水分,影响生长和结果。

c.细弱枝。枝条短而细,芽和叶少而小,组织不充实,多发生在树冠内部和下部。

d.叶丛枝。节间极短,许多叶丛生在一起,多发生在发育枝的中下部。叶丛枝因生长慢,停长早,营养积累多,若环境条件合适,易转化为结果枝。

(2) 枝条生长动态

叶芽萌发后,顶端分生组织进行细胞分裂和延长,雏梢开始伸长,各节叶片展开,新梢逐渐形成。新梢的生长表现为加长生长和加粗生长 2 个方面。

①加长生长。加长生长是通过顶端分生组织分裂和节间细胞伸长而实现的,可分为 3 个时期。

a. 开始生长期。从萌芽至第 1 片叶分离。此期枝条生长缓慢,所消耗的养分主要是树体上年积累的贮藏养分。此期长短主要取决于气温高低。温度高时持续时间短,低温、阴雨天气持续时间较长。

b. 旺盛生长期。此期枝条节间延长加速,生长明显加快,叶数及叶面积迅速增加,所消耗的养分主要是当年叶片制造的养分。旺盛生长期长短是决定枝条生长势强弱的关键。短枝和叶丛枝没有旺盛生长期。枝条旺盛生长期是需要养分、水分最多的时期,应加强肥水管理。

c. 缓慢及停止生长期。枝梢生长一定时期后,由于外界环境(温度、光照)条件的变化,芽、叶内生长抑制物质积累,顶端生长点细胞分裂减缓,顶芽形成,枝条转入成熟阶段。

枝条加长生长的次数和强度因树种和环境条件不同而异。大多数温带落叶经济林木 1 年中枝条只有 1 次生长,但苹果的长枝 1 年有 2 次生长,桃、葡萄、枣等树种 1 年能抽梢 2~4 次。亚热带常绿经济林木 1 年能抽梢 2~3 次,如柑橘等树种。树木在不同生长时期抽生的枝条,其质量不同。生长初期和后期抽生的枝,一般节间短,芽瘦小;速生期抽生的枝,长而粗壮,芽饱满,为扦插、嫁接繁殖的理想材料。

②加粗生长。加粗生长是由形成层细胞分裂、分化、增大所致。加粗生长比加长生长开始稍晚,其停止生长也稍晚,这是由于形成层细胞的分裂比顶生细胞分裂开始较晚,细胞停止分裂也较晚。当芽萌动后和加长生长时所发生的幼叶能产生生长素类物质,从而刺激形成层细胞分裂;当加长生长停止、叶片老化脱落,形成层活动也随之减弱乃至停止。加粗生长有赖于叶片制造的养分以及生长点和幼叶产生的生长素类物质。为促进加粗生长,必须在其上保留较多的梢叶。枝条的粗壮程度,是判断管理好坏和树体营养水平高低的重要标志之一。

(3) 枝条的特性

枝条的特性包括顶端优势、垂直优势、干性和层性。了解经济林木的枝条特性,对于采用合理树形、整形修剪、提高花果产量和质量有重要意义。

①顶端优势。指活跃的顶端分生组织、生长点或枝条对下部枝芽生长的抑制现象。表现在上部芽优先萌发并抽生强枝,越向下部生长势逐渐减弱,最下部的芽处于休眠状态而不能萌发;处于母枝顶端的枝条直立生长,分枝角较小,越向下枝条开张角度越大;如除去顶端生长点或枝条,留下的最上部枝、芽仍沿原枝轴方向生长(图3-7)。

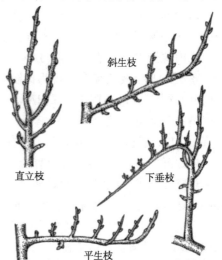

图 3-7 经济林木顶端优势及垂直优势现象
(杨建民等,2004)

②垂直优势。由于枝条和芽的着生方位不同而出现的生长势差异称为垂直优势。直立生长的枝条生长势最旺；斜生、平生枝生长势依次减弱；下垂生长的枝条则更弱；枝条弯曲部位的背上芽抽生的枝条，其长势强于背下芽或侧芽(图3-7)。根据这些特点，栽培上可通过改变枝条生长姿态来调控枝条的生长势。

③干性与层性。干性是指中心干生长势的强弱。中心干生长势强称为干性强，反之称为干性弱。层性指大枝在中心干上成层分布的现象，它是顶端优势和芽的异质性共同作用的结果。中心干上部的芽萌发为强枝，中部的芽抽生较弱枝，基部的芽多数不萌发而潜伏下来成为隐芽。经连续多年的强弱间隔生长形成树冠层性。不同树种、品种的干性、层性差异较大。在栽培上，对于干性、层性均强的树种应培养成有中心干的分层树形，如核桃、柿、苹果等；对于干性弱、树冠开张的树种，应培养成开心树形，如桃、杏、李等核果类树种。但具体采用哪种树形，还应结合栽培的具体环境来确定。

(4) 影响枝条生长的因素

枝条生长过程中的内部调节系统受遗传特性、营养、激素、环境、栽培措施等多种因素的影响，这些因素对枝条生长起直接或间接作用。

①品种与砧木。不同品种，因遗传基础不同，其生长表现也存在差别。如早实核桃枝条的生长势弱于晚实核桃；短枝型苹果新梢生长强度较小，枝粗而短。不同类型的砧木对枝梢生长有明显差异。如同一品种嫁接在乔化砧、半矮化砧、矮化砧上，枝梢生长势表现为：乔化砧>半矮化砧>矮化砧。矮化砧对树冠高度及枝条的生长有明显的抑制作用。

②有机养分。枝条生长需要有充足的有机养分供应。枝条开始生长时，主要依赖于上年秋季的贮藏养分，如贮藏养分不足，影响到顶端分生组织和形成层细胞的分裂和增大，枝条短小而纤弱。因此，加强秋季管理，提高树体贮藏养分水平，对于翌年春季枝梢生长有重要意义。新梢旺盛生长期主要借助于当年叶片制造的养分，若此时环境条件不良、病虫为害，或因结实过多，消耗养分过多，供应枝梢的养分总量不足，枝梢生长就会受到抑制，新梢的长度和粗度均比正常年份小。在这种情况下，保叶、促进光合作用，调整养分流转方向是保证枝梢正常生长的重要手段。

③内源激素。一般生长素(IAA)、赤霉素(GA)、细胞分裂素(CTK)多表现为促进生长，落酸(ABA)及乙烯多表现为抑制延伸生长。树体内的 IAA 一般以生长顶端(芽、根端及幼叶)含量最高。梢尖中，高 IAA 水平有利于调动营养物质向上运输。幼叶中形成的 GA 可使茎尖 IAA 含量增加，IAA 和 GA 一起可促进新梢节间伸长，并促进导管和筛管分化。老叶中 ABA 含量较高，ABA 对 GA 有拮抗作用(图3-8)，可抑制枝条生长。

内源激素含量受栽培技术措施和环境条件的影响较大。直接向植物喷布生长调节剂，或通过整形修剪、施肥、灌水等栽培技术措施，皆可对植物体内源激素的水平和平衡产生影响，达到促进或控制枝梢生长的目的。生产上应用的各种生长调节剂，如多效唑(PP_{333})、矮壮素(CCC)、青鲜素(MH)等，可以抑制枝梢加长生长。这与喷施抑制剂后枝条内 ABA 含量增多，IAA 和 GA 含量下降有关。

枝条拉平后生长势减弱，花芽容易形成，这与枝条内乙烯含量增加有关。缩小枝条角度，生长促进类激素含量增加，营养生长旺盛，抑制花芽形成。采用矮化栽培技术(如采

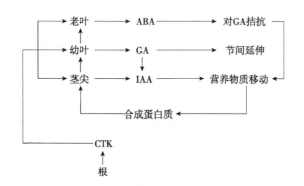

图 3-8　内源激素和新梢生长关系示意图
(Luckwill, 1970)

用矮化树形, 矮化修剪, 控制肥水等) 均可通过增加生长抑制物质含量, 抑制枝梢生长, 达到树体矮化的目的。

多种营养元素对枝条生长的影响也与内源激素水平变化有关。缺氮情况下, CTK 含量减少。缺锌影响 IAA 合成, 使新梢节间缩短。

高温、低温、干旱、水涝、强光照等环境条件的变化也可影响内源激素含量, 从而对枝梢生长产生影响。气温下降, 会导致根部 CTK 和 GA 含量下降, 使生长减缓。水分亏缺或水淹会使 ABA 含量升高, 气孔关闭, 生长停滞。紫外线可破坏 IAA, 所以高山上的植物生长较矮。

④枝芽着生位置与姿态。枝芽着生位置不同, 枝条生长势不同。一般来说, 生于母枝顶端的枝、芽, 因存在顶端优势, 枝条生长势强, 其下的枝芽生长势依次减弱; 着生在枝条中上部的芽抽生的枝条生长势最强, 上部和下部芽抽生的枝条次之, 因芽有异质性; 树冠外围的枝芽因通风透光良好, 其生长势强于内堂枝条。枝条姿态不同, 即开张角度不同, 其生长势也有差异。一般直立枝生长势最强, 依次为斜生枝、平生枝, 下垂枝最弱。因随枝条开张角度增大, 枝条内生长促进类物质含量依次降低, 生长抑制类物质含量依次升高。弯曲下垂的枝条, 于弯曲处发生强旺枝, 这种现象称为"背上优势"。生产上常利用枝条生长姿态来调节树势。

⑤各种器官的影响。各种器官对枝条生长的影响主要有以下几个方面:

a. 根系。庞大而健全的根系有利于地上部生长。因为根系可为枝梢生长供应充足的水分和无机养分, 还可合成 IAA 和 CTK 向地上部输送。山地和滩地经济林园常可见树木地上部生长发育不良。土层薄, 地下水位高, 根系发育不良是其中原因之一。

b. 叶。未成熟的幼叶可以产生生长素类物质, 促使新梢节间伸长, 除去幼叶会使新梢节间变短。成熟的叶片可制造有机养分, 与 IAA 一起引起叶和节的分化。摘除成熟叶片, 虽能促进新梢加长生长, 但叶数和节数不会增加。新梢的生长是成熟叶片和未成熟幼叶所合成的物质综合作用的结果。

c. 果实和种子。果实和种子的生长发育须消耗大量养分。大年树因大量结实, 树体养分总量中流向果实的偏多, 而流向枝叶的不足, 以致限制了枝条的生长。大小年现象的实质是养分失衡, 采用疏花疏果等措施可控制结果量, 促进枝梢生长。

⑥环境条件。主要包括温度、水分、光照、矿质元素等。

a. 温度。温度是控制枝梢生长的决定性因素。各种经济林木有其最适的温度范围，过高或过低都不利于枝梢生长。温度对枝梢生长的影响是通过改变树体内部各生理过程而实现的。

b. 水分。在生长季，水分的多少是影响枝梢的关键因素。雨量多少，有无灌溉皆对枝梢生长产生较大影响。一般把枝梢旺盛生长期称为需水临界期。此期水分供应不足，枝梢生长明显减弱，但水分过多也不利于枝梢生长。栽于滩地的树木，常因水多而营养不足，新梢生长弱且不充实。幼树遇秋季多雨贪长不停，不利于越冬。

c. 光照。光照充足时，枝叶生长健壮。光照不足，枝条细弱，生长发育不良。通过整形修剪，改善树体通风透光条件，是经济林栽培的一大重要任务。栽于高山上的树，树冠较矮小，乃因高海拔地区紫外线较强。紫外线可以分解和钝化IAA，抑制枝梢生长。

d. 矿质元素。各种矿质元素对枝梢生长的影响各不相同。氮素对枝梢发芽、伸长具有促进作用，磷、钾可促进枝条充实健壮。在生长季前期，合理施用氮肥可有效地促进枝梢伸长。在生长季中后期，使用磷、钾肥可促进枝条加粗、充实。但钾肥施用过多，对枝梢生长有抑制作用。

(5) 控制枝梢生长的技术措施

①选用矮化砧、矮化品种。我国经济林栽培的发展方向是园艺化、集约化。实行集约化的重要内容之一是由以前的大树稀植改为矮化密植。许多经济林树种，如核桃、板栗、柿等，树冠高大，不利于各种农业技术的施行。选用矮化砧、矮化品种是矮化密植栽培的主要途径，均能削弱枝梢的生长势，使树体矮化。

②选择适宜的园地。例如，陕西苹果向海拔较高的陕西渭北地区发展，利用这一地区良好的光照条件（光照充足、紫外线较强）控制枝梢生长，以利开花结实；南方温州、潮汕地区建水田橘园，利用较高的地下水位控制根系生长，以达到树冠矮化的目的。

③运用整形修剪技术。运用各种整形修剪技术可以达到限制枝条生长，达到控制树冠高度的目的。生产实践中常用的技术措施如下：

a. 选择合适树形。选择纺锤形或折叠式扇形等，运用整形技术控制树高及枝条生长。

b. 主干环剥（环割）。采用主干环剥（环割）技术，阻断有机养分向地下部输送，从而抑制根系生长，进而对地上部枝梢生长产生影响。

c. 拉枝、扭梢和拿枝。运用拉枝技术，将枝条拉成水平或下垂状，改变枝条的垂直优势，减弱其生长势。运用扭梢和拿枝技术，给枝条造成机械损伤，减缓枝条生长势。

d. 短截、疏剪。使用短截技术，在1年生枝条中上部饱满芽处短截，局部刺激抽生长枝；运用疏剪技术，去弱留强，去斜留直，促进生长，反之，削弱生长。疏剪可缓和整体和母枝的生长势。

e. 摘心。运用摘心技术，去除顶端生长点，使加长生长减缓并停止。

④应用生长调节剂。生长调节剂由于操作容易，省时省工且效果显著，被广泛应用于生产实践。在生长季，对生长过旺树喷布多效唑（PP_{333}）、比久（B_9）、矮壮素（CCC）等，可抑制枝梢生长，促进枝条加粗，有利于形成花芽和开花结果（表3-1）。

表 3-1 喷施 B_9 对苹果品种新梢长度及干周增粗的影响

品种	处理浓度（mg/L）	新梢长度（cm）	节间长度（cm）	干周增粗（cm）
红星	2000	16	1.2	7.4
	CK	45	2.1	7.2
红玉	2000	15	1.0	6.2
	CK	25	1.8	5.7
红矮生	2000	12	0.8	4.3
	CK	38	1.7	4.2
金冠	2000	10	0.9	8.2
	CK	40	2.0	7.3

⑤施肥与灌水。在生长前期，施用足量的氮肥并保证水分供应，以促进枝梢生长。生长后期，施磷、钾肥，控制水分，使幼树新梢及时停止生长，枝条充实。

⑥疏花疏果。疏花疏果是调节和维持树体内部营养平衡，消除因营养生长与生殖生长不均衡引起的大小年现象的重要措施，疏除部分花果，减少花果生长发育的养分消耗，使更多养分流向枝条，有利于枝条生长。

3.2.2.3 叶

绿色植物吸收太阳光能，制造有机养分，是通过叶片中的光合色素来完成的。植物体内 90% 左右的干物质是由叶片合成的。此外，叶片还执行着呼吸作用、蒸腾作用，并可通过气孔吸收水分、养分。常绿树木的叶片还有贮藏养分的功能。

(1) 单叶的生长发育

叶片的发育始自叶原基的出现。一般枝条基部的芽内，叶原基在冬季休眠前已开始形成，叶原基进一步分化形成叶片、叶柄和托叶。萌芽后，叶片展开，叶面积迅速增大，叶柄伸长。不同树种、品种和不同枝梢，叶片从展叶至叶面停止增大经历的时间都有差异。如猕猴桃叶片生长时间为 20~35 d；'巨峰'葡萄叶片生长时间为 15~32 d。'茌梨'长梢中下部叶片生长时间约为 18~27 d，中上部叶片生长期为 9~16 d；'鸭梨'中下部叶片生长期约为 18~23 d，中上部为 10~15 d。单叶的生长期一般为 10~30 d。通常叶片生长期长，叶面积较大，反之则小。

(2) 叶的形态与树体状况

叶片的大小、厚度及色泽，在一定程度上可以反映树体的发育状况。通过对叶片形态观察，可以判断树体的营养状况。如叶片颜色变黄，可能是缺氮或缺铁；叶片出现紫红色可能是缺磷；新梢顶部叶片狭小，密集丛生，可能是缺锌。生长发育良好的叶片，叶面积较大，叶片较厚，色泽较深，叶绿素含量高，叶片的光合速率几乎比色淡而薄的叶片高 3 倍。

(3) 叶片质量与光合效能

不同叶龄、不同部位的叶片，因其质量不同，光合效能差异较大。春季，枝梢处于开始生长阶段，基部叶生理功能形成较早，生理活性也较强。随着枝条生长，活跃中心向上转移,下部叶渐趋衰老。幼嫩的叶,叶绿素含量较低,光合效能较低。随着叶龄增大,叶面积扩大,光合色素增加,光合效能大大提高。此后,叶片渐趋衰老,光合效能下降。同一枝条中部叶片质量较下部、梢顶部好,树冠外围叶片质量好于树冠内膛,故光合效能也高。通常用树冠外围新梢中部的叶片作为该树的代表性叶片。叶片的质量决定叶片的光合能力,要达到丰产,栽培上必须培育大量高质量的叶片。

(4) 叶片管理措施

①加强肥水管理。一般叶片增长最快的时期是在枝梢旺盛生长之后,此时叶片的面积及质量是形成产量的基础。因此,在枝梢旺盛生长期加强肥水及其他各项管理至关重要。同时要重视秋季管理,由于叶原基的形成和分化在冬前芽内已开始进行,春季萌芽后幼叶生长主要依赖于上一年秋季树体贮藏的养分,因此,加强秋季管理,有利于芽内雏叶的形成和分化,也有利于翌年春季萌芽后的生长。在生产实践中,常见秋季果实采收后放任或疏忽管理,使叶片过早脱落,影响树体的营养贮藏水平和来年的枝叶生长。

②叶面喷肥。利用叶分析营养诊断法或缺素症观察法,可以判断叶片的营养状况。生产上在生长季各个时期对叶面喷肥,及时补充各种营养元素。结合叶面喷肥,进行病虫防治,促进叶片生长发育。

③整形修剪。应用整形修剪技术,改善叶片的通风透光条件,同时剪除细弱枝叶、病虫枝叶,减少营养物质无为消耗,有利于叶片生长和光合作用。

④疏花疏果。成年树利用疏花疏果调节养分供应,减少养分过度消耗,保证枝梢和叶片所需养分,调节叶片生长,已成为生产常态。

(5) 叶幕与叶面积指数

①叶幕及其形状:叶幕是指叶片在树冠内集中分布并具有一定形状和体积的群体,是树冠叶面积总量的反映。叶幕形成的速度与强度,因树种、品种、环境条件、栽培技术不同而有差异。一般长枝比例大,树势强的树种、品种,叶幕形成时间较长,叶幕出现高峰较晚。

叶幕形状依据整形方式可分为平面形、半圆形和扁形3种类型。生产上常用的棚架整形(如葡萄、猕猴桃)的叶幕形状为平面形;主干疏层形(如苹果、核桃)的叶幕和开心形(如桃、李)的叶幕为半圆形;篱壁形(葡萄)、扁纺锤形和折叠扇形(苹果)的叶幕为扁形。平面形叶幕层相对较薄,总叶面积较小,对光能的利用率较低,群体生产力水平较低。半圆形相对平面形是丰产树形,其叶幕层较厚,总叶面积较大,对光能的利用率较好。半圆形在大树稀植的情形下也表现出一定的缺点(图3-9),由于树冠内某些区域叶幕层过厚,阳光透过密集的叶片到达树冠内膛时,光照强度已低于叶片的光补偿点。此区域的叶片光合制造的产物不足以补偿叶片本身呼吸消耗的有机物,叶片净光合产量为负值,这种叶片称为无效叶,这一区域称为无效区。无效区域越大则树冠的生产能力就越差。此外,半圆形树

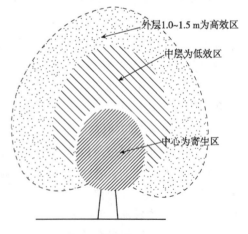

图3-9 半圆形叶幕区域

冠的个体前后左右虽受光较好，但群体的受光量较扁形树差，其群体叶幕层在田间各处分布不均衡，某些区域叶幕层过厚形成无效区，某些区域叶幕层相对较薄，对光能的利用不充分。扁形树叶幕层分布较均衡，树冠内很少出现无效区，对田间各处的光能利用率均较高，其群体生产力水平相对较高，在生产上已大量应用。

②叶面积指数与产量。叶面积指数（LAI）是衡量叶幕厚薄及树冠丰产性能的一个重要指标。通常是用总叶面积与单位土地面积的比值，或以单株叶面积与营养面积（株行距）的比值表示。叶面积指数过高或过低均不利于丰产。一般丰产树的叶面积指数为 4~6，叶面积指数低于 3 是低产指标。合适的叶面积指数，意味着单位土地面积上叶片数较多，叶幕较厚，叶片的光合面积大，对光能的利用率高，产量高、品质好。但叶面积指数过高，叶幕过厚，则树冠内膛通风透光不良，出现无效叶（寄生叶），不利于立体结果，不但不能增产，反而导致产量下降。叶面积指数过低，叶幕过薄，总叶面积较小，不能充分利用光能，造成光合产量低，结果少，产量低。生产实践中采用扁形树或小树冠整形，就是为了增加树冠有效光区，提高光能利用率，达到丰产的目的。

3.2.3 花芽分化

3.2.3.1 花芽分化的概念和意义

芽由叶芽状态开始转化为花芽状态的过程称为花芽分化。在花芽分化过程中，芽内逐步形成萼片、花瓣、雄蕊、雌蕊等原始体，萌芽后即开花结果。因此，花芽分化是开花结果的基础。花芽是经济林木由营养生长转入生殖生长的标志。花芽的数量、质量决定着经济林的产量和品质。

在生产实践中，为使幼树早结果而采取的各种农业技术措施，究其本质旨在促进幼树提早花芽分化，进入生殖生长。对于初产期树，栽培的目标是促其早丰产。花芽分化的强度及花芽数量决定花、果的数量，是影响产量的决定性因素之一。此期栽培的重要任务是，增加花芽分化的强度及数量，提早丰产。盛产期树，常出现大小年现象，调节花芽数量恢复营养生长和生殖生长的平衡，是解决大小年现象的重要途径之一。因此，研究花芽分化的过程及特点，对于采用合理的农业技术措施，有效地促进或控制花芽分化，维持生长和结果的平衡，使经济林达到早果、丰产、稳产、优质具有重要意义。

3.2.3.2 花芽分化过程

不同树种，其花芽的结构及形态特征各不相同。仁果类为混合花芽，核果类为纯花芽。核桃花芽分为雌花芽和雄花芽，雌花芽为混合花芽，雄花芽为纯花芽。不同特点的花芽，其分化过程及形态特征各不相同。花芽分化过程可划分为生理分化期，形态分化期和性细胞分化期。

(1) 生理分化期

由叶芽生理状态转向花芽生理状态的过程称为生理分化期，是决定花芽能否形成的关键时期。一般发生在花芽形态特征出现之前的 1~7 周，在芽的生长点细胞内发生了一系列复杂的生理生化变化，原生质处于不稳定状态，对内外因素影响有高度的敏感性，由于内外因素的综合作用而使代谢方向发生了改变。此期是控制花芽分化的关键时期，称为花芽分化临界期。

(2) 形态分化期

在生理分化期之后，即进入形态分化期。芽的内部形态持续而有序地发生一系列变化，出现各种花器官原始体。运用切片技术，对各种花芽的分化过程进行显微观察，描述各个时期的器官形态标志，是研究形态分化规律的重要内容之一。

①仁果类。花芽分化过程可分为7个时期(图3-10)。

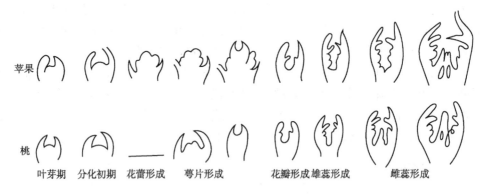

图3-10 花芽分化过程及其标志

a. 分化前期。其标志是生长点狭小，光滑、不突出，生长点内的细胞均为体积小、直径相等、形状相同和排列整齐的原分生组织细胞。

b. 分化初期。其标志是生长点肥大凸出，形似半球体，四周下陷。生长点内除原分生组织细胞外，尚有大而圆、排列疏松的初生髓(花序原始体)细胞出现。

c. 花蕾形成期。其标志是生长点变为顶部及四周有突起的形状。顶部突起为中心花蕾原始体，四周突起为侧花原始体。

d. 萼片形成期。其标志是，花原始体顶部变平坦，继而中心部四周产生突起，出现萼片原始体。

e. 花瓣形成期。其标志为，萼片原基伸长，在其内方基部发生突起体，为花瓣原始体。

f. 雄蕊形成期。其标志为，花瓣原始体内基部发生突起，排列为上下2层，为雄蕊原始体。

g. 雌蕊形成期。其标志为，在花原始体中心底部发生突起(通常为5个)，形成雌蕊原始体，雌蕊基部的子房深埋于花托组织中。

②核果类。其分化过程及标志与仁果类基本相似。但因其为纯花芽，芽内无叶原始体，紧抱生长点的是苞片原始体。桃花芽内只有1个花蕾原始体，樱桃、李等有2个以上花蕾原始体，每朵花只有1个雌蕊原始体突起，为单心室、子房上位。

(3) 性细胞形成期

花芽形态分化之后，性细胞进行分化，形成花粉、胚囊及雌、雄配子。花粉粒具有两重壁，通常具突起或花纹，其形态大小及表面突起花纹因树种、品种不同而异。花粉形成后继续发育，由1个核分裂成2个核，1个为营养核(管核)，另1个为生殖核。胚囊是由两层珠被所包被的珠心，珠心内孢原细胞形成胚囊母细胞，胚囊母细胞经减数分裂，形成四分体，其中最里面 1 个细胞发育成单核胚囊,此核连续分裂 3 次成 8 个核,至此胚囊成熟。

3.2.3.3 在年周期及生命周期中花芽分化的特点

(1) 年周期中花芽分化的特点

①花芽分化的长期性。许多经济林树种、品种的花芽是分期、分批、陆续分化形成的,花芽分化须持续一段较长的时间。如苹果花芽分化,开始于 5 月中下旬或 6 月上中旬,6~9 月为分化盛期,10 月以后分化缓慢。苹果品种中,'早生旭'在 12 月初有 10%~20%、'倭锦'甚至在翌年 2~3 月有 5%~45%的芽处于分化初期。这种分期、分批、交替进行分化的规律,与长、中、短梢分期分批陆续停止生长有关。葡萄、枣、四季橘及某些梨品种,1 年多次发枝,多次分化形成花芽,多次结果。花芽分化不是集中在短期内完成的,须持续一个较长时期,具有长期性。

②相对集中和相对稳定性。在年周期中,各经济树种花芽分化的开始期和分化盛期,在北半球不同年份差别不大,具有相对集中性和相对稳定性。如苹果和梨花芽分化大都集中在 6~9 月,桃 7~8 月,柑橘 12~2 月,葡萄 5~8 月。许多树种在新梢停长后和采果后各有 1 次分化高峰。某些树种在落叶后至萌芽前利用贮藏养分和适宜的气候条件进行分化,如栗和苹果。这种生物节律特点与稳定的气候条件及物候期有关,也与树体内部营养物质的调控和分配机制有一定的关系。

③花芽分化临界期。本阶段是控制花芽分化的关键时期。夏季修剪的一些措施(如开张枝条角度、环剥、环割、拿枝、扭梢等)均能促进花芽分化,在生产上已广泛应用。调控花芽分化的措施宜在此期施行。

④花芽形成时间。不同树种形成 1 个花芽所需的时间不同。苹果花芽从形态分化开始到雌蕊形成需 30 d 左右,芦柑为 15 d,枣约为 5~8 d。研究形成 1 个花芽所需的时间,可为制订控制花芽分化和调节开花期提供依据。如菠萝用乙烯处理后 7~9 d 花芽开始分化,20 d 左右分化完成。在不同时期对菠萝进行处理,可在预定的日期采收果实。

(2) 生命周期中花芽分化的特点

①幼树期。地下部与地上部的营养面积较小,营养物质的积累较差,花芽分化的条件不具备,表现为营养生长旺盛。随树龄增大,营养面积迅速增加,营养物质、内源激素达到某种水平,遗传物质活化,代谢方向发生改变,花芽生理分化开始。

②初产期。营养生长持续旺盛。树体养分大量流向枝叶及根部,营养面积不断扩大,树体养分积累水平不高,花芽形成数量有限。

③盛产期。树冠已达到最大的营养面积,树体营养水平大大提高,茎及根系营养器官生长减缓,养分总量中流向花果的份额明显增加,花芽容易形成,数量多。

④盛产后期。一部分根及枝条枯死,树体营养水平下降,枝叶与果实竞争养分的矛盾加剧。在养分充足的情况下,花芽分化强度大,数量多;反之,分化数量明显减少,大小年现象明显。

⑤衰老期。根及枝条大量枯死,树体营养状况进一步恶化,花芽形成困难,数量少,质量差。

3.2.3.4 影响花芽分化的因素

花芽分化是内外因素综合作用的结果。其中最主要的因素是花芽形成的物质基础,即营养物质的积累水平，各种器官的生长状况及其平衡决定了花芽形成的难易程度，其他因素则是花芽形成的重要条件。

(1) 花芽分化的物质基础

由叶芽状态转为花芽状态，是质的跃变。实现这一转化的物质基础，是大量的物质积累和能量积蓄。决定花芽能否形成的物质有4大类：结构物质、能量物质、遗传物质和平衡调节物质。

①结构物质和能量物质。结构物质包括光合产物、矿质盐类以及由这2类物质转化合成的各种碳水化合物、氨基酸和蛋白质等。能量物质包括淀粉、糖类及三磷酸腺苷（ATP）等。

高含量的光合产物及无机养分能促进花芽分化。有研究表明，在苹果、梨花芽生理分化期，成花短枝和叶片中淀粉积累快、含量高；而在形态分化过程中淀粉大量贮存（郭金丽等，2002）。李在花芽生理分化期积累可溶性糖，在形态分化时消耗大量糖（钟晓红等，1999）。可溶性糖和蔗糖含量升高（一定浓度范围内）有利于杨梅花芽生理分化（许伟东，2010）。张彦卿等（2011）的研究表明，在黄连木雌花芽形态分化始期，叶片氮、磷、钾含量均高于其他时期，说明在黄连木雌花芽未分化期，氮、磷、钾积累有利于形态分化的开始。

碳水化合物及碳氮比（C/N）在花芽分化中有重要作用。碳氮比是指有机物中碳的总含量与氮的总含量的比值。在花芽分化过程中，碳水化合物总量高、C/N较高有利于花芽分化。吴月燕等（2002）对葡萄叶片碳水化合物含量与花芽分化关系的研究表明，可溶性糖、蔗糖、果糖以及淀粉含量与花芽分化的进程呈极显著或显著正相关，蛋白质含量与花芽分化进程无明显的线性关系，过高或过低都不利于花芽分化。在花芽分化过程中，C/N升高且保持在较高的水平，有利于花芽形成（何文广等，2018）。

氨基酸和蛋白质大量积累是成花的重要物质基础。在桃花芽分化过程中，叶片中的可溶性蛋白质、氨基酸含量在不同分化阶段变化很大（孙旭武等，2004）。在生理分化期、花瓣分化期均具有较高水平；在雄蕊分化期含量下降，说明叶片中大量可溶性蛋白质、氨基酸被转运至花芽。叶片中可溶性蛋白下降与花芽形态分化紧密相关（李兴军等，2000；何文广等，2018）。此外，花芽分化数量还与氮化物的水平有关。分化数量多的结果枝，分化前积累蛋白质氮及全氮水平均较高。

以上研究均表明，只有树体内各种结构物质和能量物质达到一定水平，且处于某种平衡状态时，花芽分化才可能进行。因此，上述2类物质是花芽分化最重要的物质基础。

②内源激素。在花芽分化过程中，内源激素发挥着重要作用，诱导成花是各种内源激素水平及其平衡与其他因素综合作用的结果。

各种激素在花芽分化中的作用各不相同。大多数学者认为，细胞分裂素（CTK）对花芽孕育起促进作用。在花芽分化的各时期，均需要较高水平大量的CTK。有研究表明，荔枝花芽进入花序原基形成期及花序轴形成期，CTK含量增加，到花器官形成期含量最高（王锋，1990）；樊卫国等（2003）对刺梨的研究发现，整个花芽分化期间，花芽、叶芽中的玉米素核苷（ZR）含量均保持较高水平；李秉真等（1999）指出，苹果、梨花芽诱导期、生理分化期、花蕾分化期、花萼分化期，均需要大量的CTK。CTK可促进花芽分化、细胞分裂，影响蛋白质和核酸的合成。

脱落酸（ABA）来自成熟的叶片，是促进开花的重要激素。它可抑制茎的生长，有利于养分积累和花芽分化。一般高水平的 ABA 有利于成花诱导（郜爱玲等，2010；朱振家等，2015）。但目前对 ABA 在花芽分化中的作用说法不尽一致。

乙烯可促进花芽形成。乙烯可抑制生长素（IAA）的产生和转移，抑制新梢生长。有研究认为：曲枝、拉枝、扭梢、环剥等夏剪措施能促进花芽形成，可能与芽内乙烯含量显著升高有关。这些措施在生产上已广泛应用，促花效果良好。

赤霉素（GA）可显著促进新梢生长，对多数经济林木成花起抑制作用。但浓度不同，在不同树种上反应不一。有研究表明，低浓度的 GA_4 有利于铁核桃花芽分化诱导（李晶晶，2016），而高浓度的 GA_3 对油橄榄花芽形态分化具有抑制作用（朱振家，2015）。

IAA 在一定含量范围内可以促进细胞和器官伸长，超过一定含量，则可以抑制生长。多数研究认为，IAA 对多数经济林木起刺激生长作用，对花芽分化起抑制作用。但这种刺激与抑制作用在不同树种表现不同。处于形态分化期的花芽 IAA 浓度较低，低浓度的 IAA 与营养生长向生殖生长转变相关（李晶晶，2016）。但高水平的 IAA 有利于油橄榄成花诱导（朱振家，2015）。

一般来说，IAA 和 GA 处于高水平时，可促进新梢营养生长，抑制花芽分化。CTK、ABA 和乙烯处于较高水平时，有利于花芽分化。

内源激素诱导成花往往是多种因素相辅相成、相互制约、共同作用的结果。例如，开张枝梢角度乙烯含量增高，乙烯与 IAA 之间产生拮抗作用，抑制 IAA 产生和转移，削弱了新梢的营养生长，有利于营养物质的积累和花芽分化。摘除幼叶或嫩梢有利于花芽分化，乃因幼叶是 GA 的主要合成部位之一，GA 可刺激 IAA 活化。摘除幼叶，GA 含量降低，IAA 作用也下降，新梢生长减缓，花芽容易形成。

各种内源激素通过在时间和空间上相互平衡、相互制约、相互协调来综合控制植物的代谢，进而调控花芽分化。激素种类及其比例比单一激素对成花更有意义。较高的 CTK/GA、CTK/IAA、ABA/GA、ABA/IAA 有利于花芽形态分化的完成（曹尚银等，2003）。

③遗传物质。成花基因表达、核酸合成既是花芽分化的关键，又是由营养生长转化为生殖生长的重要途径。李智理等（2011）在对'巨峰'葡萄花芽分化的研究中发现，RNA 含量在'巨峰'花芽分化期间逐渐增加；杨晖等（2000）、李滁生等（1986）对'兰州大接杏'花芽分化的研究表明，在花蕾原始体出现以后，芽和叶片中核酸总量与 RNA、DNA 均有不同程度的上升，RNA/RNA 与 DNA 含量变化高峰期分别在生理分化后期和大部分雌蕊、雄蕊进入分化时期，类似的研究结果在'红富士'苹果、柑橘、苹果梨中均有报道（金亚征等，2013）。同时，在花芽分化过程中，随 RNA、DNA 含量与 RNA/DNA 比率变化，核糖核酸酶（RNase）活性也随之变化。一般认为，RNA 含量升高、DNA 含量降低、RNA/DNA 比率升高，RNase 活性降低有利于花芽分化。苹果梨树短、长枝叶片核糖核酸酶活性在生理分化之前活性逐渐升高，进入生理分化期则下降，表明苹果梨树在花芽分化临界期需大量的核糖核酸酶促使向形态分化方向代谢，核糖核酸酶活性增强为分化花芽奠定了基础（张建华等，1999）。

Kessler（1959）用 50 mg/kg 腺嘌呤、鸟嘌呤、黄嘌呤、尿嘧啶喷布油橄榄、葡萄、葡萄柚后，花数明显增加，RNA/DNA 比率升高。苏明华等（1992）的研究表明，用 6-苄氨基嘌呤(6-BA)处理水涨龙眼小年树,植株的花穗抽生率,随着处理浓度的增加而提高,高浓度(100 mg/kg)处理有明显的促花效应。

有关研究皆表明,在花芽分化过程中,遗传物质及相关酶的含量及活性发生相应变化,这些变化也是花芽分化所需的条件之一。遗传物质决定植物代谢的方向和进程,控制花芽分化的基因在受到某些刺激后,开始解除阻遏并表达,启动与花芽分化相关的生理过程的发生和进行。

以上4类物质(结构物质、能量物质、内源激素及酶、遗传物质)是决定花芽分化最重要的基础物质。在研究花芽分化的生理生化特点、采用各种农业技术措施促花控花的过程中,必须首先从物质、物质—能量转化的角度探讨其内在规律。表3-2反映了花芽分化与各种生理生化物质含量及生理活性的关系。

表3-2 经济林木花芽分化与生理生化指标的关系

生理生化指标	分化初期的花芽	叶芽
碳水化合物总量	高(苹果28%以上)	低(25%以下)
淀粉	很高(苹果3.16以上)	低或甚低(3.16以下)
全糖	较高(苹果1.14%以上)	低(1.14以下)
全氮	较高(苹果0.50%~0.87%)	很高或很低(1.2以上或0.5以下)
蛋白质态氮(占全氮%)	高(苹果70%以上)	低(70%以下)
氨基酸种类	苹果:精氨酸,天门冬氨酸,谷氨酸等较多;柑:天门冬酰胺,丙氨酸,丝氨酸,γ-氨基丁酸等	其他氨基酸较多
呼吸强度	大	小
RNA含量	高(油橄榄:4.0%以上)	低(4.0%以下)
RNA/DNA比	高(油橄榄:4.1以上)	低(4.1以下)
tRNA含量	高	低
RNase活性	低	高
生长素(IAA)含量	较低	较高、很高或很低
赤霉素(GA)含量	较低	高、很高或很低
乙烯含量	较高或中等	较低
脱落酸(ABA)含量	较高或中等	很低或很高
根皮苷(素)含量	较高或中等	低
细胞分裂素(CTK)含量	高或较高	低
磷酸含量	较高(苹果叶:0.25%以上)	低(0.15%以下)
钾含量	较高	低
锌含量	较高	较高
细胞液浓度	较高(苹果:0.6 mol/L以上)	低(0.6 mol/L以下)

注:引自张康健等,1997。

(2) 花芽分化与其他器官的关系

①根系生长与花芽分化。根系不仅能够吸收和输送各种无机盐,还可以合成细胞分裂素及蛋白质,为花芽分化提供某些必要的物质条件。因此在一定情形下,根系的生长与花芽分化呈明显的正相关。在这种情形下,促进经济林木形成强大、健壮的根系,有利于花芽分化。

有关研究表明(许明宪,1955),施用硫酸铵并结合灌水,既可促进吸收根生长,又可提高花芽分化率。国外的研究(Bould et al.,1973)也发现,把叶内磷酸含量(7月间)从0.15%提高到0.25%,花芽的数目增加1倍以上。

在强大的根系已经形成,地上部分枝叶生长过旺的情形下,采用移植、断根或环剥等措施延缓根系生长,阻止碳水化合物向下输送,进而抑制地上部枝叶生长,有利于花芽分化。应当指出的是,这种抑根成花和上述促根成花的措施的前提条件有着本质不同。对于生长较弱的幼树,不应采用主干环剥或断根的办法促进成花。在采用主干环剥方法时,还应注意环剥的力度,以免过度削弱营养生长,对花芽发育造成不利影响。

②枝叶生长与花芽分化。良好的枝叶生长是花芽分化的基础。花芽分化所必需的结构物质、能量物质、激素及遗传物质,是在光合作用及相应的代谢活动中产生的。国内外的研究证明,健旺生长的果苗比弱小的果苗在定植后可以早开花结果。这是因为良好的营养生长为幼树转向生殖生长奠定了物质基础。

绝大多数经济林木的花芽分化是在新梢生长减缓或停止之后开始的,此时树体内的代谢方式出现明显转折,即由消耗占优势转为积累占优势。良好的枝叶生长,可以保证一定的光合面积、光合强度,制造大量有机养分,有利于花芽分化。

一般将枝叶生长分为3种情形:枝叶生长过弱、生长健壮(适度或中庸)和生长过旺。营养生长过弱表现为枝条细而短,叶较小,树冠矮小,枝叶稀疏。在这种情形下,由于树冠的光合面积及叶片的光合能力较差,光合作用制造的有机养分总量不足,幼树不易形成花芽。营养生长过旺表现为新梢生长过长,枝叶生长量大,营养生长消耗的养分过多导致养分积累水平下降,花芽难以形成。在生产中,常可见由于水多,氮肥过多,修剪过重,以致幼树徒长,多年不结果的现象。营养器官生长过旺对生殖器官的生长发育产生不利影响,在这种情形下,适当抑制营养器官生长,有利于花芽分化。

新梢顶部生长点及顶端附近的幼叶是生长素(IAA)和赤霉素(GA)的主要合成部位。IAA和GA共同促进新梢节间伸长。在一定条件下,应用摘心和剪梢可抑制新梢生长,促进花芽分化。开张幼树枝条角度,可使枝内乙烯含量增加,有利于花芽分化。这是因为枝叶的生长状况影响内源激素的水平和平衡,从而对花芽分化产生作用。

③开花结果与花芽分化。开花结果须消耗大量贮藏养分。花果量越大,养分消耗越多,影响了根系和枝叶的生长,间接地影响新梢停长后的花芽分化数量。结果后期的大年树花芽分化数量不足,来年形成小年,主要是养分供应失衡。应用疏花疏果技术,调节树木结实量,可以有效提高树体养分积累水平,保证花芽分化的强度和数量。此外,果实中种胚发育会产生大量的IAA和GA,使幼果具有很大的竞争养分能力,抑制了果实附近新梢上花芽分化进程。在果实临近采收时期,种胚停止发育,IAA和GA水平降低,乙烯增多,花芽分化出现高峰。

各种器官生长与花芽分化的关系如图 3-11 所示。健壮的根系、枝叶生长，合适的花果负载量有利于花芽分化，营养生长过旺或过弱均不利于养分积累和花芽分化。在实际生产中，应注意培育健壮树，平衡营养生长和生殖生长关系，既有利于花芽分化与结果，又不影响树体生长。

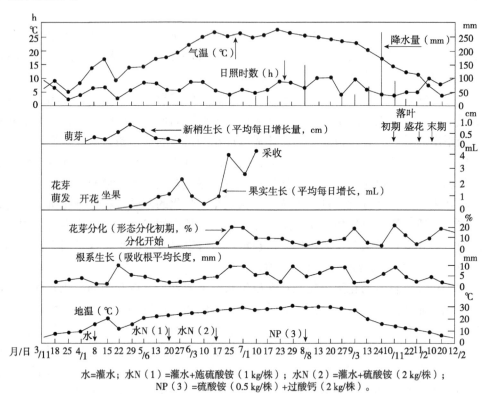

图 3-11 '早生旭'苹果花芽分化与其他器官的动态关系

(张康健等，1997)

(3) 花芽分化的外部条件

①光照。光是花芽形成的必需条件。光对经济林木花芽分化的影响主要为两个方面：光周期和光照强度。光周期对植物成花的影响多见于草本植物。经济林木中，北方暖温带树种(如巴旦杏、文冠果、核桃等)，每日光照时数超过 12 h 有利于形成花芽，南方亚热带树种如油茶、油桐，每日光照在 12 h 以下，对花芽分化有利。

光照强度对花芽分化的影响表现在 2 个方面：光照较弱和光照较强。光照较弱可抑制花芽形成。如稀植园树冠高大，树冠内膛光照较弱，叶片光合功能较差，有机养分积累不足，花芽分化数量少。光照较强，光合产物积累多，有利于花芽形成。如高海拔地区栽植的苹果结果早，乃因高海拔地区光照较强，紫外线较多。强光及紫外线可抑制生长素(IAA)合成，有利于花芽分化。

②温度。温度在营养生长和生殖生长相互转化中起着重要作用，进而影响花芽分化进程。在适宜温度下，花芽分化多，但不同树种花芽分化的最适温度各不相同。通常苹果花芽分化的最适温度为 20 ℃(15~28 ℃)，20 ℃以下分化缓慢；盛花后 4~5 周(花芽生理分化

期),保持20~24℃有利于花芽分化。柑橘花芽分化的适宜温度为13℃以下(12月至翌年1月)。兰兹(1969)的试验证明,脐橙在昼夜温度为15℃/10℃时可进行花芽分化,30℃以上,花芽分化不能进行。

某些树种(如桃),冬季要求在一定低温下持续一定的时间,方能完成花芽分化过程(称为需冷量)。否则会出现花器败育或形成不健全花,通常桃树的需冷量是在7.2℃以下持续600~1200 h。广东新会栽植的'上海水蜜'桃,因冬季低温不足,会出现诸如花芽不能膨大即行脱落、虽开放而不整齐、畸形花等异常现象。北方树种引种栽植到南方时,应考虑需冷量问题。

③水分。在枝叶生长正常的情况下,在花芽分化临界期之前,适当控水可使细胞液浓度提高,有助于苹果花芽分化。柑橘在适当低温和干旱交替条件下,能诱导花芽形成。水分过多,氮素过量时,新梢生长期延迟,不利于花芽分化。在花芽分化临界期之前,短期适度控制水分(田间最大持水量的60%左右),会增加树体内的氨基酸和脱落酸(ABA)含量,抑制生长素(IAA)和赤霉素(GA)合成,并抑制淀粉酶产生,促进淀粉积累,有利于花芽分化。但过度干旱会导致各个器官生长发育不良,不利于花芽分化。

3.2.3.5 花芽形成的机制

花芽分化是有花植物发育中最为关键的阶段,是复杂的形态建成和生理生化过程,是植物体内外各种因素共同作用、相互协调的结果,各种因子组成一个复杂的网络系统对成花进行调控。

经济林木从叶芽转入成花过程包含基因、激素、载体、受体、细胞膜系统、促进或抑制因子等多因素的相互作用。目前有关经济林木成花的研究主要集中在成花诱导及其关键酶基因、分化过程及其生态特征、成花生理(包括矿质元素、细胞液浓度、糖类、核酸及蛋白质、酚类物质、多胺、生长激素等)及生态(光照、温度、水分、栽培措施)、成花过程相关基因研究,对诱导成花的机制研究尚未有重大进展。

经济林木花芽分化的研究已有上百年的历史,提出了不少假说,但迄今关于花芽分化的机制仍知之较少。有关经济林木的花芽分化过程大体是:生长点是由原分生组织的同质细胞群构成,所有细胞都具有遗传的全能性,但是所有的基因不是在细胞的任何时期都能表现出活性。只有在内部因素(如结构和能量物质的累积、遗传物质、激素的比例变化)和外界条件(如日照、温度、水分等)的共同作用下,产生1种或多种物质(成花激素),启动细胞中的成花基因,并将信息转移出来引起酶活性和激素水平的变化,并高强度地吸收养分,最终导致花芽形态分化开始,完成各种花器官(萼片、花瓣、雄蕊、雌蕊)的分化,最终形成花芽。

3.2.3.6 花芽分化的调控途径

(1)园地选择

在纬度及海拔较高的地方建园,有利于成花诱导。陕西苹果基地从纬度34°附近的周至、眉县一带,向北推移至35°~36°的白水、洛川一带。随纬度增大,海拔升高,光照增强,有利于花芽分化和果实品质提高。一般背风向阳坡,光照条件较好,有利于花芽分化。

(2) 砧木与品种选择

矮化密植栽培是国内外经济林发展的重要方向之一。选用矮化砧和矮化品种是实现经济林矮化栽培的重要途径。应用各种矮化砧,如苹果矮化砧 M_9、M_{26} 和 M_{27} 等,梨矮化砧楹桲 A、楹桲 C 等,樱桃矮化砧马哈利 CDR-1、CDR-2、吉塞拉 6 号(Gisela 6)等;矮化品种,如苹果的'新红星''首红''惠民短富''烟富 6 号'等,可控制树体营养生长,有利于花芽分化和开花结果。

(3) 繁殖方法选择

与实生繁殖相比,采用嫁接、扦插、压条等营养繁殖方法,可提早形成花芽。因营养繁殖树没有童期。这在经济林生产中已普遍应用。

(4) 土肥水管理

通过土壤深翻扩穴,改善土壤的理化性状,使根系生长有一个良好的土壤环境,最大限度地发挥其吸收功能,使树体生长健壮,叶片功能增强,进而提高花芽质量。在花芽分化临界期,施用铵态氮肥和磷、钾肥,在花芽分化临界期前,短期适度控水,在花芽分化盛期保持适当的水分(土壤持水量的 60%~70%),均有利于花芽分化。

(5) 整形修剪

采用矮化树形,控制地上部营养生长,缩短地上部与地下部距离,有利于花芽分化和开花结果。采用适宜的修剪手法,如拉枝、环剥、环割、倒贴皮、摘心、扭梢、剪嫩梢、拿枝等方法,均可在一定程度上减缓营养生长,促发短枝,有利于花芽形成。

(6) 控制负载

通过疏花疏果控制结果量,避免结果过多而消耗过量养分,使营养生长和生殖生长处于平衡,有利于花芽分化。对于盛产期以后的大年树,疏花疏果是生产管理中的一个重要环节。

(7) 使用生长调节剂

在苹果、梨、樱桃、柑橘生产中,对生长旺盛的幼树,于花芽分化临界期喷施 1~3 次比久(B_9)(2000~3000 μL/L),有明显的促花作用。此外,喷施多效唑(PP_{333})、三碘苯甲酸(TIBA)、乙烯利等生长抑制剂,皆有良好的促花效果。

3.2.4 开花坐果

3.2.4.1 开花

一个正常的花芽,当雄蕊中的花粉粒和雌蕊子房中的胚囊发育成熟后,花萼和花冠即行开放,露出雌蕊和雄蕊的现象称为开花。花的开放是一种不均衡的运动,多数树种的花瓣基部有 1 条生长带,当它的内侧伸长速率大于外侧时,花就开放。某些植物的花瓣开闭是由细胞膨压变化引起的。温度与光照是影响花器开放的关键环境因子。晴朗和高温时开花早,开放整齐,花期短;阴雨低温开花迟,花期长,花朵开放参差不齐。研究表明,1 天中,花的开放时间多在 10:00~14:00,而枣的部分品种在夜间开放。不少植物花开放要求有一定时间的日照,但大多数经济林木花朵开放与日照长短关系不大。

年周期中花开放要求一定的积温。同一树种或品种的开花期受当年气候条件影响很大,所以不同地点、不同年份的开花日期差异较大,但所要求的温度值基本相同(表3-3)。

表 3-3 主要经济林树种开花温度与开花期

种类	平均气温(℃)	开花期	资料来源
苹果	14.5	4月中旬	陕西杨凌
	16	4月中旬	河北保定
杏	8	3月下旬	河北保定
樱桃	10.3	3月下旬	陕西杨凌
李	11	4月上旬	河北保定
梨	11	4月上旬	河北保定
柿	18.4~20.9	5月上中旬	河北保定
枣	23.4~25.1	6月上中旬	河北保定
葡萄	22.4	5月中下旬	河北保定
核桃	15.3	4月上中旬	陕西杨凌

注:改引自曲泽洲等,1988。

花期是重要的物候期之一,对许多经济林木丰产至关重要。目前应用相关分析研究花期预报已获进展。同一年内,同一树种不同品种的花期不尽一致,这种特性在生产中有重要意义。

3.2.4.2 授粉与受精

授粉是指花粉由雄蕊的花药传到雌蕊柱头上的过程。仁果类、核果类花粉粒大,有黏性,主要靠昆虫传授花粉,属于虫媒花;坚果类一般雌花柱头较大,花粉小而轻,数量多,外壁光滑,便于随风传播,属于风媒花。栗的花粉常以数十粒到数百粒成团随风漂移,单粒花粉可飞至150 m远,但大多数不超过20 m。花粉粒在柱头上萌发长出花粉管到达胚囊内,花粉管内的雄配子与胚囊内的雌配子融合,产生1个新个体细胞(合子),完成受精过程。

(1)授粉方式

①自花授粉。同一品种内授粉称为自花授粉。具有自花亲和性的品种,自花授粉后,能结实,并能满足生产要求的产量和质量,称为自花结实(不论其果实有无种子)。许多经济树种的品种(如桃、杏、李的一些品种),可以自花结实,能自花结实的品种经异花授粉后,产量会更高。自花结实,且能产生具生活力的种子,称为自花能孕,若不能产生具生活力的种子,称为自花不孕。葡萄在花冠脱落以前,即在花内完成了授粉,称为闭花授粉。

②异花授粉。不同品种间授粉称为异花授粉。许多品种,自花坐果率低,必须与不同品种进行异花授粉,才能丰产。那些供给花粉的品种,称为授粉品种。这些品种的植株称为"授粉树"。在异花授粉中,如果雄配子和雌配子都具有生活力,但授粉后不能结实或结实很少,这种特性称为异花不亲和性,这种结实状态称为异花不结实。如果异花授粉后能

结实,且能达到生产上要求的产量,就称为有异花亲和性,能异花结实。异花授粉后既能结实又能产生有生活力的种子,称为异花能孕,反之称为异花不孕。

③雌雄异熟、雌雄异株及雌雄不等长。雌雄同株或雌雄异株的树种,雌蕊和雄蕊往往不在同一时期成熟的特性,称为雌雄异熟。雌花先开的称为雌先型,雄花先开的称为雄先型。板栗和核桃是雌雄同株异熟树种,在仅有1株树的情况下,往往授粉不良、产量低。

雌花和雄花不在同一植株上,称为雌雄异株。如猕猴桃、杜仲、阿月浑子、银杏,栽培时必须将雌株与雄株按一定比例配置,以保证授粉结实。

某些杏和李的品种,雌雄同花,雌雄同熟但雌雄不等长(图3-12)。一般雌蕊比雄蕊高,其坐果率高,雌蕊比雄蕊低或等高,坐果率低。

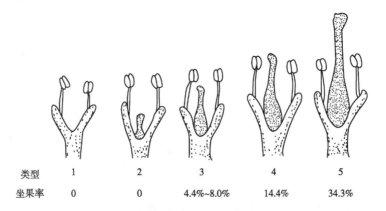

图3-12 雌雄不等长与坐果的关系
(引自 Nyeki,1980)

④单性结实。未经过受精而形成果实的现象,称为单性结实。单性结实可分为自然单性结实、刺激性单性结实和诱导单性结实3种类型。自然单性结实,是不予授粉或其他任何刺激,子房及其附属部分可自然发育形成果实。如香蕉、柿、无花果、柑橘和葡萄的无核品种等。刺激性单性结实,是在授以不亲和或没有发芽力花粉的情形下,虽未受精,但经花粉刺激后能形成无籽果实,如洋梨和葡萄的某些品种。苹果和梨的一些品种,经一定时间低温刺激,可产生少量单性结实的果实。诱导单性结实,是采用化学药剂如赤霉素(GA)、生长素(IAA)和细胞分裂素(CTK)处理花,可诱导其进行单性结实。

⑤无融合生殖。不经受精也可以产生有发芽力的种子(胚)的现象,称为无融合生殖。核桃孤雌生殖形成的种子,就是一种无融合生殖,在遗传基因上没有经过雌、雄两性配子的结合,仍然是母本基因型,遗传性状稳定,能基本上保持母本固有性状,是有性生殖的特殊类型。柑橘不经受精,近胚囊的珠心细胞也能发育成胚(珠心胚),1个种子中常可形成几个到十几个胚,这种现象称为多胚现象。珠心胚是由胚囊外的珠心细胞或珠被细胞(体细胞)发育而成,是无融合生殖的另一种方式,为体细胞营养生殖。

具有无融合生殖特性的树种有核桃、花椒、柑橘等。生产上可以通过栽培技术提高无融合生殖率。据西北农林科技大学研究发现,用失活核桃花粉蒙导核桃雌花可明显提高核桃无融合生殖率(由对照的8.92%提高到55.00%),并获得了完整的无融合生殖果实(刘杜玲等，1999）。这对核桃进行无性繁殖具有重要意义。

无融合生殖因不发生两性染色体的结合，能最大限度地保持其单源亲系的基本性状。所以，无融合生殖的实生后代和无性繁殖系一样，其遗传基础与亲本一致，但与营养系繁殖（嫁接、扦插、压条）的苗木不同，它是由种子开始而进行的阶段发育，具有幼年阶段（童期）。由珠心细胞发育成的珠心苗一般无病毒。因此无融合生殖特性在无性系砧木和无病毒苗生产中具有重要意义。

(2) 影响授粉受精的因素

①内在因素。授粉受精除与树体遗传特性有关外，还与雌、雄配子的亲和性、树体营养状况及花本身的状况等有关。

a. 亲和性。具有生活力的雌、雄配子授粉后不能完成正常的受精过程，表现出不亲和性。不亲和的花粉在授粉后，可观察到如下现象：花粉在柱头上不发芽，或发芽而花粉管短，扭曲呈双杈，不能进入柱头；花粉管能正常发芽并进入柱头，生长不长，大多被胼胝质包覆；花粉管到达花柱基部，不能进入心室；花粉管进入心室，不能进入胚珠；或虽能进入胚珠，但不能受精。

East(1916)认为，不亲和性是由基因决定的，不亲和的基因（用 S 表示），形成一种复等位基因系：S_1，S_2，S_3…。它们与其他等位基因一样，每种植物只具有其中的任意两个。如果花粉具有的不亲和基因与被授粉植株所具有的 2 个基因中任何 1 个相同，则授粉后花粉管不能在花柱内生长。例如，1 株具有 S_1 和 S_2 的植株，以具有 S_1 或 S_2 的花粉授粉，就不能受精，因同一基因相互排斥。如果以具有 S_3 或 S_4 的花粉授粉则可以受精（图 3-13）。如果这种不亲和主要是由配子体的基因型决定的，这种现象称为配子体不亲和。

也有人提出，不亲和是因为雌蕊花柱或子房中有抑制花粉管生长的物质，据推测为酚类物质及脱落酸（ABA）等，可能起作用的是抑制物与促进物之间的平衡，这些有待深入研究。

在生产实践中，配置授粉品种时，必须考虑到不同品种间授粉的亲和性。如以'苹果梨'为母体，用'京白梨''谢花甜''安梨''大香水''尖把梨'的花粉授粉，其花序坐果率分别为 100%、95%、11%、0%、0%。显然，'安梨''大香水'和'尖把梨'不适宜作苹果梨的授粉树。

b. 营养状况。授粉受精过程，要消耗一定的养分和能量。若母树的营养状况良好，则花粉发育良好，花粉管生长快，胚囊发育好，寿命长，柱头接受花粉的时间也长。不仅受精过程可顺利完成，且可延长有效授粉期。北方温带落叶树种的花期多在春季，其授粉受精过程所需养分主要为上一年秋季树体贮藏的养分。因此，应加强生长季后期管理，提高树体贮藏养分水平。

c. 矿质营养。矿质元素对授粉受精也非常重要。氮影响花粉管的生长和胚囊发育，

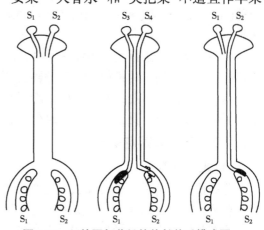

图 3-13　S 基因与花粉管伸长关系模式图

(Brieger, 1930)

对衰弱树花期喷施尿素可提高坐果率。硼对花粉萌发和受精有良好作用，花期喷硼可提高坐果率。增施磷肥也可提高坐果率，缺磷的'红玉'苹果幼树，发芽迟、花序出现迟（泰勒，1975），降低了异花授粉的概率。钙、钴等元素，可以促进枇杷、柿等未成熟的花粉发芽。

②外在因素。主要有温度、湿度、风等环境因素及喷肥、修剪、喷生长调节剂等栽培技术措施。温度是影响授粉受精的重要因素，主要影响花粉发芽、花粉管生长及花粉管通过花柱的时间。不同树种品种授粉受精要求的最适温度不同。苹果花粉发芽的最适温度为 $10\sim20$ ℃，花粉管生长的最适温度为 $15\sim25$ ℃；李、杏花粉在 $9\sim13$ ℃可发芽，葡萄为 $20\sim28$ ℃。温度也影响花粉管通过花柱的时间。苹果花粉管在常温下需经 $48\sim72$ h，多至 120 h 通过花柱，高温时只需 24 h。花粉和胚囊对低温反应敏感。花期温度过低，导致花粉和胚囊受到伤害。杏花期早，花期如遇 $-3\sim-2$ ℃ 的低温，花器会受冻害。阴雨潮湿，不利传粉，花粉很快失去活力。大风、低温不利于昆虫活动，影响传粉，使柱头干燥，不利花粉发芽。空气污染会影响花粉发芽和花粉管生长。

花前或花期喷施氮、硼、锌、氨基酸等营养物质，有利于受精。过重修剪、施肥、灌水过多，土壤干旱均不利于受精与结实。花期喷赤霉素（GA）可加速花粉管生长，使自花不结实的品种提高坐果率。另外，柱头上花粉的密度、数量大，有利于花粉的萌发和生长。这是因为花粉量大，花粉本身所含的刺激物增多，有利于花粉发芽。

(3) 促进授粉受精的措施

①配置授粉树。对于以果实为主要栽培目的，具有异花授粉、异花结实特性的经济树种和品种，在建园时，必须选择与主栽品种最适宜的授粉树，以提高坐果率，这是经济林丰产的前提之一。

②营养上调节。有机养分、无机养分是授粉受精必需的物质条件。因此，要重视上一年的夏秋管理，合理施肥、灌水，防治病虫害和防止早期落片，提高树体有机营养贮藏水平，使花芽健壮饱满。另外，在花前、花期土壤施氮肥，花期喷尿素、硼砂、锰等无机养分均能促进授粉受精，提高坐果率。

③人工授粉。人工授粉能保证雌蕊充分授粉，尤其是一些雌雄异株、雌雄异熟的经济树种（如核桃、板栗、银杏、猕猴桃等）必须进行人工辅助授粉，才能保证充分授粉受精和坐果。

④环境条件。选择生态环境好、地势较高、通风良好的地方建园，可防止大气污染和低温危害。对花期早的树种（如杏、樱桃、梅等），通过枝干涂白、树盘覆草、灌水和喷水等措施，可以降低树温，推迟花期，避开晚霜、低温对花和幼果的危害。若花期遇高温、空气干燥，喷水也是促进授粉受精的有效措施。

3.2.4.3 坐果与落花落果

(1) 坐果与落果

花经授粉受精后，子房膨大发育成果实，生产上称为坐果。坐果需要有胚的正常发育。若胚发育不良或停止，果实往往发育不全、畸形，容易脱落。

造成胚发育不良（或停止）的原因有多种。树体秋季贮藏养分不足，枝叶旺长，结果过多造成养分亏缺，氮、磷元素不足等皆可使胚停止发育，坐果率降低。此外，外部环境条件也影响胚的发育。如春季低温、干旱、光照不足对胚的发育都会产生不良影响,导致落果。

(2) 落花落果规律

经济林木开花多、坐果少是生物适应不良环境和营养条件的一种表现形式。从花蕾出现到果实成熟前,花果间断性脱落的现象称为落花落果。对大多数结果经济林木来说,1年中有4次落花落果高峰。

第1次落花。出现在盛花后2周左右,花未受精,子房尚未膨大。主要是由于花器发育不良引起。

第2次落幼果。约出现盛花后3~4周,子房已膨大。主要由授粉受精不良引起。此次落果对产量有一定影响。

第3次落果。出现在盛花后6周,大体在6月,所以又称"6月落果",对产量影响较大。疏花疏果在此次落果结束后进行。

第4次为采前落果。采前落果是在果实成熟前出现落果的现象。采前落果程度主要与树种、品种的遗传特性有关,还与恶劣的环境条件(高温、干旱、雨水过多、久旱降大雨等)有关。另外,果实的成熟度、不合理的栽培措施(如过多施氮、灌水、修剪不当等),也会加重采前落果。采前落果的主要原因是果实成熟过程中释放乙烯,诱导离层产生。乙烯的产生能力与树种、品种及果实的成熟度有关,也受环境因子影响。采前喷施5~50 mg/L的2,4-D,可控制柑橘、苹果和桃落果。

落花落果现象是由生理原因引起的,因此称为生理落果。经济林木落花落果特性因树种、品种不同差异较大。核桃落花率达50%以上,有的高达90%;自然落果率为30%~50%,落果多的可达60%。桃、杏落果率为90%~95%。枣落花落果十分严重,落花落果率为99%,坐果率仅1%。因此,枣有"百花一果"之说。只有猕猴桃的雌花,如果没有败育,几乎所有受精雌花都能坐果(Davison et al.,1979),但依然存在采前落果。

针对落花落果的原因,生产上可通过土肥水管理,疏花疏果,改善树体通风透光条件,调节叶果比、枝果比、摘心、扭梢、环割、环剥等措施控制枝条旺长,减少养分无为消耗,增加养分积累,缓解枝梢生长与花果生长对养分竞争的矛盾,提高坐果率。同时可通过营造良好的环境条件,如避免在低洼处建园、营造防风林、推迟花期、配置授粉树等,保证授粉受精良好和果实正常生长发育。在盛花期或幼果生长初期喷施生长素类物质(IAA、GA、2,4-D等)、矿质元素,也可提高坐果率,促进果实发育,减少落果。据刘杜玲等(2006)的研究表明,在早实核桃'温185'雌花盛花期,喷施6-苄氨基嘌呤(6-BA)50 mg/L,坐果率比对照可提高17.89个百分点。

(3) 影响坐果的因素

坐果受内外因素影响较大。除与授粉受精状况、胚和胚乳的发育、营养物质供应等内部因素有关外,还受环境条件如低温、干旱、光照等的影响。

①授粉受精状况。影响坐果的首要因素是授粉受精状况。授粉受精不良是造成大量生理落果最重要的原因之一。一般在开花前,花内子房已开始发育,到开花时暂时停止生长,授粉受精可以使其重新生长,这是因为授粉受精可以使子房内形成较多的赤霉素(GA)和细胞分裂素(CTK),而脱落酸(ABA)含量下降。子房内部的这种变化构成了一个

营养中心，使受精子房可能连续不断地吸引外来同化产物进行蛋白质合成，细胞迅速分裂。而未经受精或内源生长激素含量较低的果实，有时也能依赖本身的营养生长一段时间，但生长缓慢，甚至停长和脱落。单性结实和无融合生殖的果实虽未受精，但可依赖花粉刺激或子房生理活性的提高促进果实生长发育。

②胚和胚乳发育状况。授粉受精过程顺利完成，使胚和胚乳正常发育。在胚和胚乳的发育过程中，可以产生生长素类物质，这是保证坐果的因素之一。单性结实、无融合生殖不须受精也能坐果，是因其果实内激素含量高。各种内源激素对坐果的影响，不同树种表现不一。用生长素(IAA)对草莓、无花果、苹果、杏、巴梨等处理可促进坐果，但对桃、李等核果类则无效。使用 GA 可有效促进苹果、洋梨、无花果、柑橘、枣等坐果，还可使桃、杏、李等单性结实。CTK 可使苹果的一些品种去雄后坐果，也可提高葡萄和无花果的坐果率。保证果实不脱落的激素不仅在种子内合成，木质部汁液内也有，主要是源于根部合成的 CTK。内源激素提高坐果的机制，主要是高含量的生长促进类激素，提高了调运营养物质的能力，同时还可促进相关基因活跃。

③营养物质供应。营养物质供应不足，也是造成大量落果的原因之一。若上一年树体贮藏养分量不足，则前期落果严重，若当年营养状况不足，或结实过多，养分竞争激烈，则造成后期落果。

④环境条件。不良的环境条件，如春季低温、干旱、光照等，均会使胚内生长促进类激素减少，造成胚发育不良或使胚发育停止，引起落果。

3.2.5 果实的生长发育

从开花坐果到果实成熟，要经过细胞分裂、组织分化、种胚发育、细胞膨大和细胞内营养物质的积累转化等过程，这一过程称为果实的生长发育。果实生长发育所需的时间称为果实生长发育期。经济林木的果实生长发育期一般为 80~140 d，但不同树种、品种果实生长发育期差异很大。如樱桃为 40~50 d，苹果 70~180 d，核桃 130~180 d，柑橘 180~210 d，伏令夏橙长达 400 d 以上，油茶 13 个月以上，香榧 17~18 个月。

随果实成熟期到来，果实内含物质也发生相应变化。在果实成熟前，开始积累较多的淀粉以及有机酸、蛋白质和单宁等物质。随果实逐渐成熟，淀粉分解转化为糖，部分有机酸氧化成单宁被固定。同时，在果胶酶的作用下，原果胶分解为水溶性果胶，使果肉逐渐变软，并由于乙烯的作用，促进果实的呼吸和成熟。于是，芳香物质和色素也随之增加，并发生变化，逐渐出现各种色泽与芳香，果实也随之成熟，表现出品种的固有品质及特殊风味。

3.2.5.1 果实的生长动态

(1)果实生长型

把果实的体积、纵横径、鲜重或干重在生长周期中的累积生长量绘成曲线，一般可得到 2 类图形：一类是单"S"形，另一类是双"S"形。

苹果、梨、柑橘、板栗、核桃、香蕉等果实的生长曲线为"S"形。如苹果果实的生长期可划分为 3 个时期。第 1 期，缓慢生长期。第 2 期，迅速生长期。果实迅速膨大，细胞体积迅速增大。第 3 期，生长再次变缓。果实生长缓慢，内含物逐渐转化，果实着色，香味增加，种子和果实成熟。生长曲线呈"S"形。

核果类的桃、杏、樱桃及葡萄、猕猴桃、枣、柿、无花果、阿月浑子、油橄榄等果实的生长曲线为双"S"形。其特点是：在2个"S"形生长期之间，有1个暂时生长停止期。果实的生长可分为3个时期：幼果迅速生长期，持续约3周；硬核期或生长停滞期，果实大小基本不变化，主要是种胚生长和果核硬化；果实第2次迅速生长，直至成熟（图3-14）。有学者发现，猕猴桃果实生长曲线为3"S"形，但受环境影响较大，有待进一步研究证实。

果实生长型是果实基因型时空表达的外在表现，可以帮助我们了解果实的生长机制及其与环境的相关度，掌握果实关键生长发育时期，以便更好地指导生产。

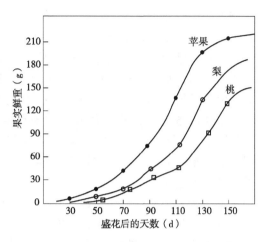

图3-14 不同树种果实鲜重累积增长曲线

(2)果实纵径、横径相对生长

一般果实的发育过程是，最初果实的纵径伸长快，横径慢，纵径和横径之比较大。这是因为果实细胞的分生组织属先端分生组织，以后随着细胞增大，横径生长超过纵径。一般认为同一品种在开花后果实纵径大的，说明细胞分裂旺盛，细胞数目多，具有形成大果的基础。这不仅可以作为早期预测果实大小的指标，供人工疏果时参考，还可据此评价树体的营养状况，借以制定相应的管理措施。

果实的纵径和横径之比（L/D）称为果形指数。果形指数是反映果实品质的标准之一。不同树种、品种，其果形指数各不相同，影响果形指数的因素还有砧木、营养条件、外界环境条件等。一般生长势较强的砧木，果形较长。营养状况对果形指数的影响，不同的情形表现不一。如苹果在负载量高时，果形指数小。柿在叶果比大时，果形指数大。徒长枝上的国光苹果，果形较扁。气温对果形指数也有影响。同一品种，高温地区或高温年份，果形较扁。此外，应用生长调节剂可以改变果形指数。如用乙烯利和B_9，可使'元帅'系苹果变扁，纵径变小。幼果期喷施6-BA和GA_{4+7}，可使苹果果形指数变大。

(3)果实昼夜生长动态

果实在一昼夜内表现出缩小与增长有节奏的变化。这种现象在苹果、梨、桃、柑橘等果实上很普遍。以苹果为例，果实在黎明时开始缩小，持续到中午后开始恢复，约在16:00完全恢复原状，开始增大。这主要是因为白天光照强，叶片光合作用增强，渗透压升高，叶片从果实内抽取水分，果实出现暂时收缩。环境因子如温度、湿度、光照也影响这种节奏。如干旱后阴雨天，果实未见收缩现象，但随后净增量下降。

3.2.5.2 影响果实生长的因素

果实的大小是衡量果实品质的重要指标之一。果实的增长，表现为体积的增大和重量的增加，二者多呈正相关，只是重量增大迟于体积增长。影响果实增长的因子如下。

(1)细胞数和细胞体积

果实体积的增大，取决于细胞数目、细胞体积和细胞间隙，以前2个因素为主。果实细胞数的多少取决于细胞分裂时期长短和细胞分裂速度。多数果实细胞分裂有2个时期，花前子房期和花后幼果期。花前子房期果实细胞分裂始于花原始体形成后，到开花时暂时停止。花受精后果实细胞分裂时长因树种不同而异，有的花后不再分裂，有的则一直分裂到果实成熟。大多数树种介于二者之间。一般果实花前细胞分裂加倍的次数远比花后多。例如，苹果开花时细胞数可达200万个，花前细胞加倍21次，果实成熟时细胞数为4000万个，花后加倍4.5次。葡萄开花时子房有细胞20万个，花前加倍17次，40 d后细胞数达60万个，花后加倍1.5次。因此，从花芽分化至开花坐果这一阶段的发育状况和营养状况，对于果实的大小和品质具有重要意义。实践表明，凡花芽发育良好、花芽直径较大的，其果实也较大。

果实的大小不仅与细胞数目有关，也与细胞体积的大小有关。在花后细胞旺盛分裂时，细胞体积同时开始增大，在细胞停止分裂后，细胞体积继续增大。一般果肉细胞体积为$10^6 \sim 10^7 \ \mu m^3$，开花时不过$10^4 \ \mu m^3$，果实发育的中后期，果肉细胞体积迅速增大，细胞内碳水化合物和水分含量大大增加。

在生产实践中，要重视前一年夏秋间的管理，使果枝粗壮、花芽饱满。早春调节树体的营养，增加细胞分裂数。在果实发育的中、后期，注意保证养分的供应，促使细胞体积增大及充实细胞内容物，增大果个和果重(表3-4)。

表3-4 贮藏营养和'新世纪'梨果肉细胞数与果肉细胞大小的关系

处理	贮藏营养水平	幼果期(果肉细胞分裂停止期)			收获期		平均果重(g)
		果径(mm)	细胞径(μm)	果细胞数量($\times 10^6$)	果径(mm)	细胞径(μm)	
9月15日摘叶	极少	10	44	11.07	72.1	270.2	181.2
9月30日摘叶	少	11	45	14.6	75.2	276.1	213.6
10月15日摘叶	中	13	46	22.6	78.8	275.1	235.7
10月30日摘叶	多	15	46	34.	83.4	280.6	280.0
标 准	极多	16	48	37.1	83.2	280.9	280.6
春天摘叶	极多	15	45	37.0	52.4	176.0	76.2

(2)有机营养

果实发育的前期(即果实细胞分裂期)，主要是原生质的增长，称为蛋白质营养时期。此时，幼果细胞分裂、合成蛋白质所需有机营养主要由贮藏营养来供应。树体贮藏养分的多少及早春分配情况成为果实蛋白质营养期的限制因子。秋季加强管理，提高树体营养贮藏水平，春季疏花等措施，皆可促进细胞分裂，为收获大果奠定基础。果实发育的中、后期，原生质稍有增大，随后主要是液泡增大，碳水化合物绝对量迅速上升，称之为碳水化合物营养期。果实重量的增加主要是在这个时期。这一时期的主要管理任务是，保证一定量的光合面积和光合强度。一定的光合面积需要有适宜的叶果比，在一定限度内叶数越多，果实越大。但叶果比过大，枝叶徒长，消耗过多养分，会抑制果实增大。为保证一定的光合强度，必须保证有一定量的水分及氮素供应，同时注意调节树体通风透光条件。

(3) 无机营养

果实中矿质元素含量不到1%，但对果实生长发育的作用不可忽视。矿质元素的主要生理作用是通过影响酶的活性、有机物质的代谢和运转而调控果实的生长发育。影响果实生长发育的主要无机营养是氮、磷、钾，其次是钙、镁等。缺氮时果实细胞数减少，叶面积变小，叶功能降低，输入到果实中的同化产物减少。缺磷不仅使果肉细胞数减少，细胞质增加和细胞增大也受影响。钾对果实增大和果肉干重的增加有明显作用，在氮素营养水平高时效果更为明显。钾还能提高细胞膜的透性，促进糖的运转和流入及鲜果水分增加（钾的水合作用），对果实增大有良好作用。钙与果实细胞结构的稳定和降低呼吸强度有关，缺钙会引起果实生理病害，如苹果的苦痘病。镁、铁、锌、硼等微量元素缺乏时，也会不同程度地影响果实生长。

(4) 种子

果实中种子的有无、种子数目和分布与果实大小和形状有关。如'玫瑰香'葡萄没有种子的果粒较有种子的果粒小。苹果和梨果实心皮内没有种子的一面果肉发育差，果形不对称。不同树种、不同发育时期，种子对果实发育的影响不同。如苹果在6月落果后，种子对果实发育无影响。桃、樱桃早熟品种在果实发育第2期常发生胚发育不全或败育，但对果实发育影响不大。柑橘有籽果与无籽果大小无大的差异。

(5) 内源激素

内源激素在果实生长发育过程中起重要作用。各种内源激素影响果实生长的机制表现为：生长素(IAA)可调运营养，促进维管束发育，促使细胞壁延伸，增加果胶物质合成，调节细胞生长。赤霉素(GA)可促进IAA合成，与IAA共同促进维管发育和调运养分，促进果肉细胞膨大。GA与IAA、细胞分裂素(CTK)配合应用，有利于猕猴桃果肉细胞分裂和果实增大。CTK可促进细胞分裂，与IAA、GA协同调运养分向果实运输，延迟果实成熟。脱落酸(ABA)可促进果实成熟，控制果实生长，在果实生长中起一种制动平衡的作用。乙烯不仅能促进果实成熟，也与果实生长有关。

果实的生长发育受多种内源激素影响。有关研究表明，在果实发育的不同阶段，常常是几种激素相互作用调控果实的生长发育。例如，葡萄果肉第1次速长就是由IAA、GA、CTK和ABA相互作用的结果，在果实生长后期，随果实接近成熟，乙烯含量增加。但柑橘、枇杷等不少果实在发育早期或中期均可形成大量乙烯，这可能与调送营养和细胞生长有关，其原因有待于进一步探究。

(6) 环境因子

水是果实的基本组成部分，水果果实水分含量占80%~90%。因此，保持水分供应对果实增长非常重要。特别是在果实发育的中、后期，细胞体积迅速增大，此时如遇干旱、高温，细胞增大受阻。若持续缺水，则果实萎缩。此时，即使充分供水也难以弥补果实细胞的水分失衡。北方干旱地区，若无灌溉条件，果实发育期降水不足，果实明显偏小。

温度主要通过影响光合作用、呼吸作用，进而影响光合产物的积累和果实生长发育。影响果实生长发育的温度指标主要有日平均气温、最低气温、最高温度和昼夜温差。据西北农林科技大学对早实核桃果实生长发育的研究表明，果实横径和纵径生长均与日平均气温、最低气温、≥10℃积温呈极显著正相关，与最高温度呈显著正相关。不同树种、品种果实生长发育的最适温度不同。一般同一品种在适温地区生长的果实比在非适温地区生长的果实大。由于果实主要在夜间生长，夜温也会影响果实发育。夜温与昼温相互关联，影响果实生长。

光照影响光合产物的形成。光照不足，光合效能低，光合产物形成少，从而影响果肉细胞分裂和细胞增大，使果实发育不良，果个小。

3.2.5.3 果实的色泽发育

(1) 决定果实色泽的色素

果实的色泽是衡量果实外观品质的指标之一。果实着色（或上色）是指表色的发育。即使优良品种，只有在突出表现出其典型的色泽时，商品价值会更高，才具有市场吸引力。果实色泽因种类、品种而异，是由遗传特性决定的。色泽的浓淡和分布受环境影响较大。决定果实色泽的3大类植物色素是叶绿素、类胡萝卜素和酚类色素。按溶解性可分为脂溶性色素和水溶性色素。脂溶性色素主要是类胡萝卜素，水溶性色素主要是花色素。果实成熟着色是叶绿素降解，同时形成或显现出类胡萝卜素（对于多数黄色或橙色果实），或是合成花色素苷（对于多数紫色和红色果实）的结果。

一般幼果的果皮因含叶绿素而呈绿色。随着果实成熟，叶绿素逐渐分解消失，果皮中出现花色素和类胡萝卜素，果实开始上色。果皮失去绿色或变黄，是成熟衰老的标志。一些树种、品种，果实成熟时仍保有一定的绿色。如'富士'苹果，成熟时底色为绿色，面色为红色。'澳洲青苹'成熟时，果实全面翠绿色。果实的绿色是果实鲜度和健壮的标志。生长素（IAA）、赤霉素（GA）和细胞分裂素（CTK）可使柑橘果皮或果蒂保持绿色。应用乙烯，可促进果实成熟，褪绿上色。

类胡萝卜素是一类不溶于水的黄色乃至红色的色素，分为胡萝卜素和叶黄素2大类。胡萝卜素类有α、β、γ胡萝卜素和番茄红素。叶黄素类有叶黄质、新黄质、α-隐黄质、β-隐黄质、玉米黄素、金黄素、紫黄素等。不同果实所含类胡萝卜素种类不同。柑橘果皮中含各种胡萝卜素和番茄红素。黄肉桃、杏和柿由黄到红色的变化与番茄红素多少有关。

花色素是一类不稳定的水溶性色素，存在于细胞质和液泡内。花色素因pH值不同而呈现不同颜色。一般pH值低时呈红色，中性时为淡紫色，pH值高时为蓝色。

(2) 影响果实色泽发育的因子

除遗传因子外，果实色泽发育还受树体营养和环境条件的影响，其中主要是糖的积累、温度和光照。花色素的形成需要有糖的积累。一般叶果比大，碳水化合物积累多，含糖量高，花色素合成多，果实着色好。

温度的影响主要表现为夜温及昼夜温差。一般夜温低，呼吸消耗的碳水化合物少，有利于糖分积累，果实上色较好。昼夜温差大，含糖量高，果实上色快而好。苹果红色早熟品种如'美国八号''嘎拉''夏丽'等，温差大于10 ℃，果实上色快而好，含糖量高。'红富士'苹果要求温差大于11 ℃才能上色，温差低于10 ℃几乎不上色，温差12~13 ℃正常上色，温差大于13 ℃上色快。昼温过高不利上色。实践证明，白天温度30 ℃以上，尽管温差大于10 ℃也不上色。

光照是影响果实着色的重要因子之一。在花色素的合成过程中，光照的影响最为重要，因为光是花色素合成的诱导因子，其过程或者需要光或者是光提高其合成能力。光照对果实着色的影响主要表现为光强和光质2个方面。有关研究表明，完全无太阳光照射的果实能够正常成熟，但却无花色素合成（李铭等，2010）；果实接受光强低于全光照的70%时，花色素的含量随光照强度的增加而增加，果实接受光强为全光照的70%以上时，着色良好（郭西智等，2016）。遮光试验发现，遮光显著抑制了荔枝果皮花色素苷的合成，延缓了果实的正常着色；解除遮光后，花色素苷迅速合成，7 d后呈现荔枝果实典型的红色（魏永赞等，2017）。遮光延迟了葡萄果实的转色时间，并在果穗遮光超过50%时影响最显著（马宗桓等，2019）。除了光照强度，光质对果实着色也非常重要，有些品种在直射光下上色好，也有一些在散射光下也可上色。例如，'红地球'葡萄果穗靠直射光着色，照不到直射光很难得到着色良好的果实。'响富'苹果在直射光下可以着色，散射光下也能着色。紫外线对着色也有利，故海拔较高的地方果实上色好。光影响花色素合成的机理是：通过光合作用提供充足的物质基础；光能够促进乙烯、脱落酸（ABA）合成，提高其含量，限制GA_3活性，从而促进花色素的合成；通过光敏色素促进各种酶的合成与活化（郭西智等，2016）。

除温度、光照外，土壤含水量、土壤无机养分、树体负载量和栽培技术措施等，也能通过改变果实含糖量而影响果实着色。

果实着色期适当控水，可使不溶性碳水化合物转化为可溶性糖，合成花色素的物质增加，从而有利于色泽发育。土壤营养元素在着色中有不同作用。氮元素有利于蛋白质的合成，不利于糖分的积累，故不利于上色。钾、铁元素有利于可溶性糖的合成，可促进果实上色。树体负载量过大，有机营养消耗过多，花色素积累少，果实上色差。此外，采用合理的栽培技术措施，如选择优良品种、选择适宜园址、整形修剪和土肥水管理等均能通过改善树体生长环境，增加糖分积累和花色素含量，从而促进果实着色。

(3) 果实色泽发育的调控

果实着色受多种因素影响，除品种因素外，还与栽培管理技术措施密切相关。果实色泽发育的调控途径如下：

①选择优良品种。果实表皮花青素的产生受遗传基因的控制，不同品种产生花色素的能力不同。因此选择优良品种是解决上色问题的关键。如'响富'苹果新品种控制花青素形成的基因非常强大，能产生大量的花青素。'响富'上色是满红型上色，且上色快，脱袋当天即上色，3 d果面全红，脱袋1周左右就可采收。'响富'脱袋后若遇到阴雨寡照的天气也可上色。

②选择园址。将园址选择在海拔较高的地方，光照好，紫外线较强。紫外线可以钝化生长素（IAA），促进乙烯、ABA形成和花色素合成，从而促进果实成熟和着色。

③促进养分积累。通过控制负载，合理施肥、修剪增加树体有机养分积累。在花期和幼果迅速膨大期前疏花疏果，在果实膨大及着色期，及时补充钾、铁元素，严格控制氮肥使用，秋季施有机肥，适时环剥等措施，增加有机养分积累，提高果实含糖量，均能促进花色素的合成和果实着色。

④调控温度。采用果园生草、喷水或树冠下铺黑色地膜等改善果园小气候，减少夜间地面蒸发，快速降低温度，使树冠周围的昼夜温差加大，利于碳水化合物的积累和花色素的合成。

⑤改善光照。采用合适的树形和栽培模式，疏除过密大枝，改善树冠光照。通过去果袋、摘叶、转果、铺反光膜等，改善果实的受光情况，均能促进着色。

⑥合理灌水。土壤适度干旱，果实上色快，上色好。着色期如遇干旱无雨天气，应及时浇小水或隔行浇，以增加土壤湿度，促进果实着色。同时良好的土壤湿度也可调节昼夜温差，促进上色。

此外，应用生长调节剂如乙烯利、比久（B_9）、萘乙酸（NAA）、细胞分裂素（CTK）等，也可促进某些品种的果实上色。

3.2.5.4 果实的硬度与风味

(1) 果实硬度

果实成熟时，硬度降低，果肉变软。依照果实硬度的变化，可判定果实成熟度，决定果实采收期。果实的硬度还与果实耐贮运能力及加工特性有关。

果实质地变化与果实组织细胞壁和细胞膜各组分物质的改变有关，其结果导致了细胞间的结合力、细胞构成物质的机械强度和细胞膨压的变化。另外，果实硬度还受矿质元素、光照、温度、水分等外部因素的影响。

细胞壁构成物质中果胶、纤维素、木质素等物质含量的变化引起果实硬度发生改变。随果实成熟，细胞壁中可溶性果胶增多，原果胶与总果胶之比下降，果肉细胞间失去结合力，果肉变软。纤维素含量较高的品种，果实硬度也较高。细胞壁中的木质素及其他多糖类含量也与果实硬度有关。

果实硬度变化受多种因素的影响。研究表明，叶片中氮与钾的含量与果肉硬度呈负相关。钙和磷可增加果肉硬度。采前 45 d 以内，光照好，果实糖分积累多，硬度高。温度高易使果肉变软。水分多，果肉硬度较低。此外，应用生长调节剂处理，可改变果实硬度，如用乙烯利处理，可明显降低果实硬度。

(2) 果实风味

风味是果实中多种物质含量及比例的综合反映。果实的风味主要指果实中糖酸含量及香味物质，某些果实中还含有一些特殊的苦味物质和单宁物质。因这些物质的含量不同而使各种果实具有独特的风味，果实的风味也是果实品质的指标之一。

果实中所含的糖在可溶性固形物中占 80%~90%。糖分种类主要有葡萄糖、果糖和蔗糖，其中果糖最甜，其次为蔗糖、葡萄糖。不同果实因糖分含量、种类及比例不同而表现不同的甜味。例如，葡萄果实中葡萄糖较多，其次为果糖，无蔗糖。柑橘果实中则以蔗糖占优势。苹果果实中葡萄糖、果糖含量较高，蔗糖较少。'富士'苹果可溶性糖含量较高，可达 13%，'秦冠'则为 10%。

果实中所含的酸主要有苹果酸、柠檬酸、酒石酸以及少量草酸、琥珀酸等。不同果实含酸种类及其比例各异。苹果、梨含苹果酸多，柑橘、菠萝和杧果含柠檬酸多，葡萄含酒石酸多。不同树种、品种果实的含酸量有明显差异。如苹果含酸约为 0.2%~0.6%，甜橙 0.8%~1.2%，杏 1%~2%，柠檬 7%，柿几乎不含酸。在果实成熟过程中，酸含量逐渐减少，糖含量增加。

果实香气主要包括醛类、醇类、酯类、内酯类、酮类、醚类和萜烯类等挥发性芳香物质。因这些芳香物质的存在，使果实具有其他食品无法比拟的特殊风味，故香气也是一个很重要的特征性品质指标。

果实中这些芳香物质含量极少,在苹果、柑橘等香味较浓的果实中仅占干物质的 0.1%~0.2%,但对果实的品质影响极大,已成为果实品质研究的热点。在果实成熟过程中,芳香物质经酶或非酶的作用,在果实中产生并发出特有的香气。香气的浓淡,与品种有关,同时受到果实发育和糖酸等有味物质的影响。

3.2.5.5 果实生物活性物质

果实生物活性物质主要包括维生素和生物活性成分物质。新鲜果实含有丰富的维生素,特别是维生素 C,在营养上十分重要。维生素 C 在幼果中含量高,随果实生长,绝对量增加,但单位鲜重的含量下降。通常果皮比果心含量高,向阳面比背光面含量高。果实中维生素 C 含量因树种、品种不同而有很大差异。如每 100 g 鲜果肉中维生素 C 含量,枣为 270~600 mg,猕猴桃为 200 mg,柑橘为 30~40 mg,苹果、梨、桃、杏等均在 10 mg 以下。含维生素 A 较多的果实有杏、山楂、柑橘等。果实受光好,着色也好,类胡萝卜素含量则较高。因此,改善树体通风透光条件,有利于提高果实维生素含量。

果实中的生物活性物质,大多都是植物次生代谢途径的中间产物或终产物,包括酚类物质、类胡萝卜素、皂苷、三萜类化合物、植物甾醇、植物雌激素及一些生物碱等。研究结果表明,这些生物活性物质可以有效抵抗多种疾病,调节人体机能,预防癌症和一些慢性疾病的发生。因此,果实中的生物活性成分已成为科研工作者关注和研究的热点之一。

3.2.6 营养生长和生殖生长的关系

通常将经济林木的器官分为 2 类:一类是营养器官,包括根、茎、叶;另一类为生殖器官,包括花、果实、种子。两类器官的生长发育虽各有特点,但因处于一个有机体中,各个器官之间既互相依赖,相辅相成,又相互制约,彼此总是维持着某种平衡。其生长过程表现出一种内在的节律性,在某些情形下,这种平衡关系发生变化,出现此消彼长的现象,影响树体的生长发育和结实,生产实践中常出现生长过旺、结实晚、小老树、低产、大小年结果等现象。因此,如何应用相应的技术措施,合理调节营养器官与生殖器官之间的平衡关系,以达到早实、丰产、稳产、优质、高效的目的,是生产管理中一个重要课题。

3.2.6.1 营养物质的合成和利用

(1) 营养物质的合成和吸收

无论是营养器官还是生殖器官,其生长发育都依赖于大量的养分供应。养分的来源,主要是来自地上部叶片的光合产物和地下部根系吸收的矿质营养。

如何才能有效提高光合产量?从经济林栽培的角度来看,采用矮化密植栽培技术,提高单位土地面积的叶面积指数,增大有效光合面积;应用整形修剪技术,培育合理的叶幕结构,改善树体通风透光条件,减少无效叶和无效区,提高群体生产力水平;运用各种综合技术,改善土、肥、水、光、热、气等条件,增强叶片光合强度,延长光合时间,提高光合效率,都是提高产量的有效措施。据理论推算,植物对光能的利用率可能达到 12%~

20%，但目前经济林生产中光能利用率仅为 0.2%～4.0%，平均光能利用率不到 1%。因此，不断提高经济林管理技术水平，改善光能利用率，提高产量，仍有很大潜力。

采用综合栽培技术措施，培育健壮苗木和强大根系，合理施肥、灌水、改良土壤，应用各种覆盖措施改善土壤温度、湿度条件等，皆可通过改善根系生长环境来促进根系生长发育，增强根系吸收能力，提高树体矿质营养水平。

（2）营养物质的分配和运转

营养物质由同化和吸收器官向需求器官运送具有一定规律。了解这些规律，可以人为控制养分运转方向，调节营养器官和生殖器官获得养分的比例，有目的地控制营养生长和生殖生长。

①营养分配的不均衡性。在不同生长季节，运送到树体各个器官营养物质的量是不均衡的，器官之间也在竞争养分。一般方位高的枝条或代谢旺盛的器官得到的养分较多，生长旺；方位低，代谢机能弱的器官得到的养分少，生长较弱。营养分配的不均衡性，在不同发育时期也各有其特点。萌芽开花期，主要是花与叶片竞争；幼果发育期，主要是新梢与幼果竞争。生产上采用调整枝条角度、枝条方位，调节负载量，喷布生产调节剂等措施，改变器官的生长势和代谢强度，调节养分分配量，促进或控制各器官生长，使营养生长和生殖生长相互协调，平衡发展。

②营养分配的局限性。营养物质由同化器官（叶片）向需求器官运转有一定的局限性。营养物质由同化器官运出的数量随距离的加大而减少。

山东农学院（现山东农业大学）用 ^{14}C 对苹果的试验表明，营养枝的同化产物除本身消耗外，还可外运到同一母枝的其他枝条中。长果枝的同化产物运到果实中的较多，运到母枝和其他枝中的较少。短枝的同化产物主要留在本枝，外运很少。

因营养物质运转有一定的局限性，在整形修剪时，应注意在树冠的各个部位均匀配置结果枝和营养枝，并保持一定比例。一般苹果结果枝与营养枝的比例为 1∶3，其比例因长、中、短果枝数量多少而有变化。营养物质的运转在主枝间上下输送多、横向运转很少，因此主枝间生长势常有强弱之分，出现半株大年结果、半株小年结果的现象。

③营养分配的异质性。营养物质的分配，因器官及其发育时期的不同而有质的差别。如根系吸收的矿质元素的分配，受顶端优势、细胞渗透压梯度影响大，并与蒸腾面积、输导组织数量呈正相关。而叶片同化产物的分配，受代谢强度、器官类型和不同生长阶段营养中心的影响，运输的局限性强。因而形成树体不同部位、不同时期，两类营养物质结合运输的方向、形式和分配比例上的差异，影响器官形成的类型与速度。在树体内表现出集中运送与分散需要，营养生长过旺与器官分化需要不足的矛盾，从而影响花芽分化和结果。为此，必须掌握适宜的施肥时期及种类，采用根外追肥，增加有机营养的生产，抑制过旺生长，疏花疏果，减少消耗等措施进行调节。

④营养分配的集中性。营养物质的分配和运转，在某一物候期常集中供应某些重点器官。生长发育快和代谢旺盛的器官，获取养分的量多，其他器官则少。随物候期变化，养分集中供应的器官种类也发生变化。在不同物候期营养分配中心不同，这是经济林木自身调节的一种特性。这种特性可以保证各种器官在生长发育的最旺盛阶段，能获取必需数量的营养物质。一般落叶经济树种，一年内营养集中分配中心，按物候期可分为 4 个时期。

a. 萌芽与开花。此期营养分配中心集中在萌芽与开花。养分来源主要是上年贮藏的养分。开花消耗大量养分，与新梢、叶片生长在养分需求上出现矛盾，开花是矛盾的主要方面。如花量过多，必然抑制新梢和根系生长，进而影响当年的养分积累。为改善养分供应和分配状况，调节营养生长与生殖生长的矛盾，生产上采用早春施肥、灌水、疏花疏果等措施，补充营养，调节花量，促进营养生长，提高坐果率。

b. 新梢旺盛生长和果实发育。此期营养集中供应给幼果和枝叶。幼果和枝叶的生长发育都需充足的营养，是营养分配的最紧张阶段。如枝叶生长过旺，势必影响果实的生长发育，甚至因营养不足造成大量生理落果。反之，结果过多，生殖生长消耗养分过多，枝梢生长也会受到抑制。生产上应用疏花疏果控制过多的生殖生长，应用各种夏剪措施控制过旺的营养生长。同时，保证充足的肥水供应。

c. 新梢缓慢生长和花芽分化。此期营养分配中心由新梢生长转到花芽分化和果实发育。在养分竞争上，主要表现为花芽分化与果实发育、新梢生长的矛盾。如果新梢（秋梢）持续旺长不能及时停长，过多的养分消耗于营养生长，对花芽分化和果实发育不利。生产上应注意控制枝梢后期旺长，增施磷、钾肥，促进花芽分化和果实发育。

d. 果实成熟和根系生长。此期养分分配中心是果实、根系和树干。果实采收前，枝叶生长已逐渐停止，大部分养分向果实输送。采收后，养分集中回流于根系中，使根系转入旺盛生长期。生产上应注意保护叶片，防治各种早期落叶病，通过施肥灌水促进叶片同化功能，提高光合强度和养分的积累水平，为根系生长、花芽进一步分化及翌年的生长发育奠定基础。

(3) 营养物质的代谢特点

①年周期代谢特点。经济林木在年周期中营养物质的代谢有氮素代谢和碳素代谢2种类型。在生长季前期，营养物质的代谢以氮素代谢为主，称为扩大型代谢。其主要特点是：根系和枝叶迅速扩大，营养生长旺盛。这一时期对氮素的吸收和同化十分强烈，有机物质消耗多而积累少。此期对肥水（特别是氮素）需要量大。在生长季后期，营养物质的代谢以碳素代谢为主，称为贮藏型代谢。其主要特点是，在前期营养器官迅速生长的基础上，根系的吸收能力和叶片的光合能力不断增强，以碳素为主的有机物的积累大于消耗，果实迅速发育，花芽不断分化，生殖生长处于旺盛阶段。在果实成熟采收后，树体养分从叶片和小枝回流于枝干和根系，为来年生长发育奠定物质基础。

2种代谢类型互为基础，春季的扩大型代谢是以上年后期贮藏型代谢积累的营养物质为基础，而又为后期贮藏型代谢创造条件，这也是营养生长转向生殖生长的实质所在。

在生产实践中，要注意保证生长季前期扩大型代谢有一定强度，枝梢健壮，叶面积大、叶片质量好、功能高，肥料（尤其是氮肥）及水分供应要充足。生长季后期要保持一定的叶果比，增施磷、钾肥，以保证果实发育和花芽分化的需要。果实采收后，深翻、施有机肥，以保证叶片后期的光合功能，提高树体营养物质贮藏水平。

②生命周期代谢特点。在幼树期，经济林木的生长发育有3种类型：生长过弱、生长过旺和生长健壮。营养生长过弱，则吸收和合成营养物质的能力差；营养生长过旺，则营养器官自身消耗养分过多，不利于营养物质的积累。这两种情况皆不利于花芽分化，应加以克服。

在结果期,由于大量结实消耗了大量营养物质,限制了枝叶及根系的生长,营养生长与生殖生长失去平衡,出现大小年现象。此期克服大小年结果,保证连年稳产、高产,防止树体早衰,是生产管理的目标之一。

在衰老期,枝条和根系大量死亡,叶片光合面积和根系吸收面积迅速减小,其光合和吸收功能下降,树体营养状况进一步恶化,营养生长和生殖生长衰退,2类代谢作用均严重减弱。生产管理上应以更新复壮、恢复树体营养生长为主要任务。

3.2.6.2 经济林产量的形成

经济林木的组织和器官中干物质的90%~95%来源于光合产物(称为有机营养)。光合作用不仅是树木生命活动的基础,也是产量和质量形成的决定性因素。

产量又称为生产能力。广义的产量(生物学产量)指树木在单位面积上的干物质总重量。狭义的产量(经济学产量)指单位土地面积上人为栽培目的物的那部分产量,其计算公式为:

$$经济产量 = [(光合能力 \times 光合面积 \times 光合时间) - 消耗] \times 经济系数 \quad (3-1)$$

经济系数是指经济产量与生物产量的比率。其意义为,目的物(如果实、叶、根等)器官中光合产物的积累仅为光合产物总量的一部分,而另一部分则消耗于营养器官的生长及呼吸作用。因此,从栽培管理的角度来看,一方面采取各种有效的栽培技术措施,提高树木光合速率,增加光合产物总量;另一方面,应控制或减少营养物质的消耗,尤其是无效消耗,提高营养物质积累水平,增加经济产量。

经济林木的呼吸作用为其生长发育提供了必要的能量,是代谢过程的重要环节。正常情况下,其消耗数量约占光合总量的30%左右,这种消耗是其生命活动所必需的,但在不适宜的环境条件下,树木呼吸消耗增加,甚至超过光合生产量,使光合产物的积累出现负值。如山地果园在旱热季节因光过剩、高温、水分亏缺引起气孔关闭,呼吸增强,出现"午休"现象,不利于光合产物积累。试验表明,在矿质营养、水分供应和光照均适宜时,甚至最热天,光合作用也不降低。由此证明,加强经济林园综合管理,对减少消耗、增加积累的潜力较大。

营养生长保持一定的水平,保证一定的光合面积和根系吸收面积,消耗一定的营养是完全必要的。但是用于营养生长的消耗数量应当适度,尽量减少无效消耗。一般营养生长过旺,枝条过于密集,叶面积指数过大,不仅养分消耗过多,而且引起光照条件恶化,无效叶比率增大,群体生产力水平下降,树体各部分对养分的竞争更趋激烈,营养器官的生长与生殖器官的生长失衡,造成生理落果、果实发育不良、花芽分化困难。此时应用各种农业技术措施,如环剥、拉枝、摘心、喷布生长调节剂等,适度控制过旺的营养生长,可减少养分消耗,增加养分积累,有利于花芽分化及果实发育。

经济林木秋季如生长过旺,养分不必要地消耗于营养生长,则贮藏养分不足,越冬能力差,花芽分化不良,翌年开花和新梢生长期养分供应不足,营养生长弱,坐果率低。越冬前贮藏营养物质,是多年生树木不同于一年生作物的重要特性。贮藏营养的重要作用在于,为下一个物候期的正常进行提供必要的物质基础,缓冲和调节不同器官间对养分的需求矛盾。

3.2.6.3 营养生长和生殖生长的调控

在经济林生产中,许多经济林栽植多年却不能挂果,如何使新建经济林园早结果、早期丰产,是经济林栽培的一项重要任务。一般根据树木的生长状况分为生长健壮树、徒长树和瘦弱树,明了各类树的特点及其形成原因,有目的地培育健壮树,调控徒长树和瘦弱树是经济林早实和早期丰产的重要途径。

健壮树的特点:新梢生长健壮,其上芽饱满;鳞片光亮无毛或少毛;叶片肥大,色泽深绿;短而粗壮的枝条多,皮色光亮,皮层厚,髓心紧密充实;春梢长,秋梢短,能及时停止生长;春季发芽、开花整齐,花大,单花寿命长;柱头分泌黏液多,坐果率高;果大,色泽好。

徒长树的特点:树势过旺,枝条徒长但不充实(虚旺);芽小,多茸毛;叶痕小不明显;长枝春梢短而秋梢长,春、秋梢之间无明显界限;中短枝停止生长后又开始生长;枝梢基部的叶片小而薄,颜色淡且大部脱落;树下部及内膛早期落叶;因营养物质积累少,花芽不易形成;有时有花,但花瘦小,花瓣卷缩,坐果率低。

瘦弱树的特点:树冠小,枝条细而短;弱小短枝特别多,长枝少;有时有多次生长现象;秋梢顶部叶小而呈淡黄色,似小叶病;枝叶量少,叶片小,色泽淡;一般不易形成花芽;有时有花,但落花落果多,坐果率低;果实形小、质劣。

健壮树营养生长和生殖生长基本平衡,既有利于结果又有利于生长,是生产中的培养对象。徒长树因生长过旺,枝叶生长量大,营养物质消耗多、积累少,花芽难以形成,生殖生长受到抑制。瘦弱树因生长过弱,叶片光合能力差,营养积累少,花芽也难形成。因此,徒长树和瘦弱树均需要采取相应措施进行调控,使营养生长和生殖生长趋于平衡,提高产量和品质。

(1)徒长树调控

①形成原因。主要是水分管理不当,施肥不当,修剪过重及土壤管理不当。水分过多常导致枝叶徒长。春季灌水过多以致春梢不停止生长,春秋梢界限不明;秋季灌水过多或雨水过多,排水不良,以致秋梢生长量过大,不能及时停长,造成枝条虚旺,组织不充实。施肥不当也是枝叶徒长的重要原因之一。一般氮素肥料可促进枝叶生长,但氮肥施用过多而磷钾肥不足,枝梢旺长且不能如期停止生长,尤其是生长季后期(秋季)施氮肥,造成新梢贪青生长,嫩叶不落,新梢柔嫩,冬季易受冻或"抽条"。修剪过重还可造成幼树旺长。一般幼树修剪宜轻,若进行过重的短截与疏枝,破坏了地上部与根系的平衡,树冠生长点减少,养分集中供给剪后留下的少数生长点,刺激其旺长,以致树冠郁密,内膛光照不良,中短枝少,枝条细而长。此外,土质黏重板结,表土(活土层)浅,根系分布浅,土壤湿度大等也可造成枝叶徒长。

②调控措施。根据徒长树的特点及形成原因,抑制营养生长,增加营养物质积累水平,促进提早形成花芽是徒长树调控的关键。生产上通过合理土肥水管理、合理修剪、适当喷布生长调节剂等措施来抑制营养器官过度生长,增加养分积累,促进花芽分化及开花结实。

a.合理土肥水管理。在春梢生长缓慢期要严格控制灌水,秋季雨水过多应注意排水。秋施基肥提高树体贮藏营养水平,追肥应注意氮、磷、钾比例适当,生长季后期严格控制施氮肥。深翻改土，改善土壤结构。一般树下不宜间作需水多的秋菜等作物。

b. 合理修剪。徒长树宜轻剪。多用撑、拉、压、别、圈枝等方法加大枝条角度，缓和生长势，促生中、短枝。枝条过密宜多疏少截。重视夏剪，在临时性枝上多用环剥、扭梢、拿枝、摘心等措施控制枝梢生长，促进花芽分化。花多之年，尽可能多留花果，以果压枝，控制其生长势。

c. 喷布生长调节剂。在生长季喷布 PBO、B_9 等生长延缓剂可有效抑制枝叶旺长，促进花芽分化。

(2) 瘦弱树调控

①形成原因。主要是栽植地点不当，环境条件较差；苗木质量差，栽植穴过小，定植方法不当；栽后管理粗放，肥水管理不良；修剪不合理；病虫防治不及时；不适宜的间作以及耕作机械损伤等。造成树体营养生长过弱，根系及枝叶生长量小，树冠矮小(小老树)，光合面积和光合强度小，不能有效地利用地下部、地上部各种资源吸收和合成花芽分化必要的营养物质。由于营养生长过弱，导致营养物质积累不足，抑制了生殖生长。

②调控措施。根据瘦弱树的特点及形成原因，恢复和促进地下部和地上部的生长势，更新复壮根系是调控瘦弱树的关键。生产上通过土壤改良、科学施肥、合理修剪、疏花疏果等综合管理措施来促进营养生长，增加养分积累，促进花芽形成。

a. 土壤改良。通过扩穴客土，将根系下部沙石掏出，客以好土，促使根系向下生长，形成较为强大的根系，吸收更多养分，以供地上部生长。

b. 科学施肥。秋季多施有机肥(基肥)，剪截弱、老根系，促发新根。萌芽后新梢旺盛生长前多次追肥、灌水，适当增加根外追肥(氮肥)次数，促进枝梢生长及叶片的光合作用，进而促进根系生长。

c. 合理修剪。冬季修剪要掌握好修剪量，过轻、过重都可能导致树势进一步衰弱。适当加大修剪量，刺激枝梢生长，重截 1 年生枝，利用壮枝、壮芽带头。回缩多年生老弱枝，抬高枝头，增强长势。少疏或不疏大枝，以免增加伤口。

d. 疏花疏果。已结果的瘦弱树少留花果，如短果枝过多，花前可疏去整个花序，恢复树体营养生长。此外，采用综合措施及时防治病虫害，预防灾害性天气及不良环境条件的危害，在瘦弱树管理中也不可忽视。

(3) 大小年树调控

在经济林生产中，一年产量很高，一年结果很少或完全不结果的现象称为大小年或隔年结果。一般以产量变化幅度超过 30% 为标准。大小年结果对经济林会产生许多不良影响：其一，总产量减少。大年与小年的总产量少于正常结果两年的平均产量。其二，树势变弱。大年大量结果，养分消耗过大，枝梢生长受到抑制，树势变弱，产量多年大幅度波动，树势很快衰弱。其三，缩短了经济结果年限。大小年现象出现于盛产期的后期。由于大小年的影响，树势衰弱，结果量迅速下降，使盛产期缩短。其四，对制订生产计划和管理造成困难。大年使用人力物力多，小年不能充分利用。小年产量不能满足消费者需要，也对果品加工部门的生产带来影响。

①形成原因。主要原因有树种、品种原因，营养原因，自然灾害及管理不善。

a. 树种、品种原因。不同树种大小年结果的程度存在差异。一般核果类、浆果类树种大小年现象不明显。苹果等树种，需要精细的栽培管理技术，若管理不当，营养生长和生殖生长容易失去平衡，出现大小年现象。不同的品种，大小年结果的程度也有很大差异。通常仁果类中，凡树姿开张、萌芽率高、成枝力弱的品种，容易形成花芽，连续结果能力强。对于修剪、施肥敏感性不强的品种，如苹果品种'金冠''辽伏'，梨品种'大香水''长十郎'等，很少出现或无大小年。凡枝条生长旺盛，不易形成花芽，连续结果能力弱，对修剪、施肥很敏感的品种，如苹果的'大国光''富士'，梨的'明月'等，容易出现大小年。因此，不同品种应有不同的管理措施。

b. 营养原因。形成大小年现象的根本原因是营养失调，导致营养器官与生殖器官的生长失去平衡。大年树由于结果过多，树体内的营养物质大量消耗于生殖器官的生长发育，营养物质分配不均，破坏了氮素、碳素两类代谢的协调关系，影响到当年新梢生长和花芽分化，造成下一年小年结果。小年结果很少，果实生长所消耗的养分较少，营养物质积累多，形成大量花芽，以致翌年再次成为大年，形成隔年结果的恶性循环。

c. 自然灾害的影响。不良的环境条件，如严寒、旱灾、涝害、霜害、雹害、病虫害等，造成大量落叶、落果，花芽、花器受损，影响树体营养器官和生殖器官的生长发育，破坏了营养生长和生殖生长的平衡关系，形成大小年现象。我国北方常出现冻害，如盛产期大树受害严重，则可能大量减产，成为小年，下一年可能成为大年。

d. 不合理的管理技术。管理技术措施不合理，粗放管理，是引起大小年现象的主要原因。如花芽过多，施肥不足，树体养分亏缺；树势生长过旺，修剪过重；施氮过多，营养生长过旺；在树木需水临界期，天气干旱而不及时灌水；修剪粗放，破坏了枝条交替结果习性，造成绝大多数枝条都在同一年内结果等等，都会引起大小年现象。

②调控措施。克服大小年，保证连续高产、稳产，必须因时、因地、因品种、因树体情况及树龄等采取不同的管理措施，稳定树势，调节营养积累与消耗，协调营养器官与生殖器官的生长，使两者处于平衡，才能达到目的。通常采用的措施有：

a. 深耕熟化土壤。建成强大根系，保证水分和营养元素充分而稳定的供应。

b. 合理施肥、灌水。大年须保证肥水的充分供应。花后多施氮肥，促进幼果发育和新梢生长；在生长季各个时期多次根外追肥，及时补充养分；在幼果发育和新梢旺盛生长期，若水分不足，须及时灌水；果实采收前后施基肥，提高树体贮藏营养水平；生长季后期控氮控水，适当追施磷钾肥，使枝条及时停长，促进花芽形成。小年春季早施氮肥，增加灌水次数，促进新梢生长，抑制花芽分化。

c. 合理修剪。通过修剪，调节营养枝与结果枝的比例、结果枝交替结果的比例。如苹果采用3套枝修剪法，在结果枝组中，选留一部分果枝用于当年结果；缓放一部分枝条，使其形成花芽，第2年结果；短截一部分营养枝，促生分枝，增加枝叶量，形成花芽，第3年结果。这种修剪方法，将枝条分为3套，分别用于当年结果、第2年结果和第3年结果，以达到稳产的目的。此外，对结过果的大年树，冬剪时应尽量保留花芽，同时多短截一部分中、短枝条，促生分枝，增加全树枝叶总量，使第2年形成的花芽不致过多，复壮衰老短果枝，回缩连年长放的衰老枝组。对已结过果的小年树，冬剪时，除留足第2年结果所需的花芽外，适当剪去部分花芽，缓放部分中、短营养枝，以便第2年形成花芽。对树冠外围的枝条，应在饱满芽处进行稍重短截，密者可适当疏除，以便第2年有良好的生长势。

　　d. 疏花疏果与保花保果。大年要疏除过量的花果，以免结果过多，养分供应失衡。小年要注意保花保果。

　　e. 预防自然灾害。防止冬季冻害、春季霜害、旱涝灾害、日烧病、风害、机械伤害及病虫害。

　　对于已经出现大小年的经济林园，必须加强管理，提高树体的营养水平，增加积累，协调营养生长与生殖生长的关系，方能克服大小年，达到高产、稳产。

本章小结

　　经济林木的生长发育包括经济林木的年生长周期、生命周期和器官的生长发育。经济林木的生命周期包括实生树的生命周期和营养繁殖树的生命周期。二者生命周期的最大区别是，营养繁殖树无童期，只有成年阶段和衰老阶段。营养繁殖树生命周期划分为幼树期（或营养生长期）、初产期、盛产期、盛产后期和衰老期5个阶段。掌握生命周期中各阶段的特点、明确栽培目标，对于采用合理的栽培技术措施，调控经济林木生长发育进程，有目的的缩短或延长某一生命阶段，以发挥最大的经济效益具有重要意义。北方落叶经济林木年生长周期有生长期和休眠期2个明显的物候阶段。生长期按物候主要分为根系活动期，萌芽开花坐果期，新梢生长期，果实成熟花芽分化期和落叶期5个时期。经济林木后一个物候期是在前一个物候的基础上进行的，只有顺利通过前一个物候期才能正常进入下一个物候期。深入了解各个物候期特点及其物候正常进行的内、外部条件，是经济林合理区划和制定科学管理措施的重要依据。经济林木器官的生长发育包括营养器官（根、茎、叶）和生殖器官（花、果实、种子）的生长发育。营养器官生长发育是生殖器官生长发育的基础，二者相互依存、相互影响，共同存在于一个有机的统一体中。掌握2类器官生长发育的特点、关键时期（如根系生长高峰期、花芽分化临界期、果实迅速膨大期、枝梢旺长期等）及其影响因素，是制订科学有效的管理措施的前提和依据，才能实现经济林早产、丰产、稳产、优质、高效、安全的栽培目标。

思考题

　　1. 营养繁殖树和实生树生命周期有何本质区别？根据营养繁殖树生命周期各阶段的特点，应采取哪些管理措施？

　　2. 根据营养物质的来源与使用，落叶经济林木的生长期分为哪几个时期？各时期的调控措施主要有哪些？

　　3. 根系在年周期和生命周期中的生长动态各有何特点？影响根系生长的因素及栽培管理措施有哪些？

　　4. 芽的特性有哪些，如何在整形修剪中应用？

　　5. 枝条特性与树体调控有何关系？枝条生长动态有何特点，影响枝条生长的因素有哪些？控制枝梢生长的技术措施有哪些？

6. 简述叶幕形状及其与产量形成的关系？

7. 简述花芽分化的概念及意义？年周期中花芽分化有何特点？影响花芽分化的因素及控制花芽分化的措施有哪些？

8. 经济林木的授粉及结实类型有哪些？影响授粉受精的因素及提高坐果率的措施有哪些？

9. 简述果实生长动态及其影响因素？果实色泽与哪些色素有关？果实色泽发育的调控途径有哪些？

10. 简述营养物质的分配和运转规律？营养物质的代谢有何特点？

11. 经济林产量是怎样形成的？如何提高经济林产量？

12. 如何调控徒长树、瘦弱树、大小年树？

第4章

生态环境对经济林生长发育的影响

生态环境又称自然环境，是各个环境因子总和。经济林的生态环境是指经济林所生存的地点周围一切环境因素的总和，主要包括：气候因子、土壤因子、地形因子和生物因子。经济林和生态环境之间是一个相互联系的辩证统一体，生态环境影响着经济林的分布、生长和发育，同时，经济林也能反作用于其周围的环境。处理好生态环境与经济林生长发育的关系，对于经济林栽培至关重要。

4.1 气候因子对经济林生长发育的影响

气候因子历来被认为是环境因子中最重要、最活跃的因子，因为许多其他环境因子也同时受气候因子的影响，并与气候因子有一定关系。气候因子主要包括光照、温度、水分、空气以及雷电、风、霜、雪等。

4.1.1 光照

光是经济林木进行光合作用将光能转化为化学能的能量来源。光对经济林木直接发生作用的是光质、光照强度和光周期3个因素。

4.1.1.1 光质对经济林生长发育的影响

太阳辐射光谱的主要波长范围为150~4000 nm，可分为可见光与不可见光2部分，可见光的波长为380~760 nm，不可见光为波长小于380 nm的紫外线和波长大于760 nm的红外线。在太阳辐射中，能被树木光合色素吸收并具有生理活性的波段称为光合有效辐射或生理有效辐射，其波长范围约为380~710 nm。对光合作用最有效的波长为450~500 nm（蓝紫光）和600~700 nm（红光），其中红光占光合有效辐射的比例最大，绿光和黄光大多数被叶片反射或透射，很少被利用。

光质对树木的光合作用、有机物合成、生长发育、形态建成、向光性和光周期响应等方面都有重要作用。红光有利于碳水化合物的合成，促进叶绿素的形成，促进树木生长，使枝梢节间伸长；蓝紫光有利于蛋白质的合成，促进花青素等植物色素的形成；蓝紫光还能抑制树木的生长，蓝紫光较强的高海拔地区，树木常表现为树体矮、侧枝多、枝芽健壮；蓝紫光还与树木的向光性有关，叶的向光性即是由于吸收蓝紫光及紫外线所致。

紫外线(波长 300~380 nm)虽在光谱中所占比例不大,但其生理作用也不可忽视。主要表现在抑制茎的伸长,削弱顶端优势,促进成花、结果、果实成熟,提高组织中蛋白质与维生素含量及有利于果实色泽发育等方面。红外光主要被叶组织中的水分吸收,用以调节树体温度,从而对树木的生理过程发挥作用。

4.1.1.2 光照强度对经济林生长发育的影响

(1)光照强度对经济林光合作用的影响

光照强度是指单位面积上所接受可见光的光通量,在一定的光照强度范围内,光合作用随光照强度的增加而增加,但超过一定的光照强度以后,光合作用便保持一定的水平而不再增加了,这个光照强度的临界点称为光饱和点;在光饱和点以下,当光照强度降低时,光合作用也随之降低,当植物通过光合作用制造的有机物质与呼吸作用消耗的物质相平衡时的光照强度称为光补偿点。光饱和点和光补偿点是植物对光照强度响应的2个重要指标。当光强超过光饱和点时,短时间内光合速率会维持最大值。但过强的光也会对光合系统产生伤害,导致光合速率下降。当光照强度低于光补偿点时,呼吸速率高于光合速率,长期光照强度在光补偿点以下,将会导致树木碳失衡,不利于光合产物的积累和树木生长。光补偿点的高低可以作为判断树木在低光照强度下能否健壮生长的标志。

(2)光照强度对经济林营养生长和生殖生长的影响

光照强度影响经济林木的生长发育和形态建成。光照强时会削弱或抑制顶芽的向上生长,促进侧芽生长,形成密集短枝,呈现开张树姿,新梢粗壮,叶片厚度增加,产量高、着色好,枯死枝少,根系发达。光照不足,则枝长且直立生长旺盛,树姿直立,无层性,表现为徒长和黄化,干物质积累下降,导致树木抗性差、枝条成熟度不高,根的生长受到抑制,新根发生量和根生长量减少,树木生长发育不良(表4-1)。此外,光照还能在一定程度上抑制病菌活动,如在光照较好的立地条件下,树木的病害明显减轻,但光照过强,会引起日灼。

光照强度与经济林木的生殖生长也有密切关系。在较强的光照下,树木花芽分化良好,坐果率高,产量高,果实风味佳。在光照不足条件下,往往花芽分化不良,坐果率低,果实发育中途停止,造成落果,果实着色不良,含糖量低,产量低,品质差。

表 4-1 光照强度对经济林木生长和形态建成的影响

树木性状	光照不足	光照充足
树姿	树冠直立、紧密、无层次	树冠开张、稀疏、主次分明
树高	较高、向上伸长	较低、向四周伸长
冠幅	较窄	较宽
主枝	秃裸部分较多	秃裸部分较少
短枝	易衰老、枯死	衰老枯死枝较少
叶片	小、色淡、薄	大而厚、色浓绿
新梢	较细、易老化、节间长	较粗壮、节间较短
果实	较小、着色差	较大、色泽好
产量	较低	较高

注:引自王文举,2008。

(3) 经济林对光照强度和光质的适应

经济林木对光的适应表现为光强与光质2个方面，适应的结果使每一树种形成了自己所要求和能够适应的光照强度范围与光谱类型。根据这一范围可将经济林木大致划分成3类：喜光树种、耐阴树种和中性树种。

喜光树种，又称阳性树种，在其整个生命过程中均需全光照，否则会导致生长发育不良，甚至死亡。如枸杞、短梗五加、榛子、桃、杏、枣、沙棘等。其光饱和点接近或达到全光照的100%，适应全光照的光谱特性。有学者将喜光树种再细划分为喜光树种和偏喜光树种，喜光树种要求全光照，遮阴条件下生长发育不良，如花曲柳、短梗五加；偏喜光树种遮阴条件下营养生长正常，能开花但很少结实，生殖生长要求光照充足，如榛子、山楂、山葡萄、五味子等。

耐阴树种，遮阴条件下能够正常生长、开花结实，能充分利用蓝紫光，光饱和点多在全光照的50%以下，如刺五加、大叶小檗等。也可划分为3类：喜阴树种、耐阴树种、中性偏耐阴树种。喜阴树种，要求遮阴条件，强光照下难以正常生长，如刺人参；耐阴树种，遮阴条件下能够正常生长发育、开花结实，但在光照充足条件下，结实量大，如刺五加、软枣猕猴桃；中性偏耐阴树种，全光下也可生长，但以适当遮阴条件下生长更佳。

中性树种：介于前二者之间，光照略强略弱均可正常生长和发育。事实上，若按上述将喜光与耐阴树种进一步细分，真正处于中性的经济树种则很少了。以往的统计中，将偏喜光、偏耐阴树种均计入了中性树种。

树木对光强的适应除因不同树种有所差异外，即使同一个体不同位置的叶片也有一定的差别。处于外围与上部接受光照较强的叶片多形成阳生叶特征；处于内膛与下部的叶片，受光照较弱，多形成阴生叶特征。阳生叶与阴生叶在叶结构、色素种类、数量与分布各方面均有一定差异。

经济林木对光的适应，尤其对光照强度的适应不能绝对化。随着树龄的增长，需光量和对光照强度的忍耐能力也逐渐增强，许多在幼年期需强度遮阴的树种，到开花结实时却需大量光照，或在充足光照时开花结实量明显增加。此外，长期处于栽培条件下的经济林木，由于人为干预，某些光照属性也会有一定改变。

4.1.1.3 光周期对经济林生长发育的影响

植物对自然界昼夜长短规律性变化的反应，称为光周期现象。光周期现象是系统发育过程中对所处生态环境长期适应的结果，与其原产地生长季的自然昼夜长短变化密切相关。根据植物开花结实所要求的光照诱导时间不同，分为长日照植物、短日照植物和中间类型植物。

长日照植物只有在每天光照时数超过一定时间时，方能诱导成花过程的开始，即开始花芽分化并形成花芽。我国北方经济林木多属此类，如胡枝子、桃、核桃、文冠果等；相反，每天光照时数必须少于一定时间，方能诱导成花过程的植物为短日照植物，属此类经济林木的多为亚热带、热带春天或秋天开花的树种；也有一些植物的花诱导对光照时间要求不严，只要其他条件合适即可开始成花过程的为中间类型植物，如板栗、柿等。

光周期还会影响树木的休眠，短日照下缩短了树木形成层活动时间，促进树木叶片脱落而进入休眠状态，长日照可延长形成层活动，打破或缩短休眠时间。

4.1.1.4 提高经济林光能利用率的途径

叶片通过光合作用，将 CO_2 和 H_2O 合成有机物，是经济林产量、品质形成的基础。植物干物质 90%~95% 来自光合作用。因此，如何提高光能利用率，是实现经济林丰产、优质、高效栽培要解决的根本问题。

植物的光合作用受内外诸多因素(如树体生长状况、叶片质量，光照、CO_2 浓度、温度、水分、矿质元素，个体和群体结构等)的影响，可以通过栽培措施改善经济林生长的环境条件，从而提高光能利用率，达到增产、优质的目的。

(1) 提高单位面积的光能利用率

栽植大苗、合理密植、减少非生产用地的比例、合理整形修剪、提高叶面积指数等都可以提高单位面积的光能截获量，提高光能利用率。在年周期中，提早叶幕形成、延迟落叶时间，延长叶片有效光合时间都能够提高光能利用率，这些就成为提高经济林光合产物积累，促进形成产量的基础。

(2) 选用高光合效率的丰产品种

不同经济林树种的光合速率差别很大，通过经济林品种的选育，筛选出光合速率高的品种，有利于提高单位面积的光能利用率，从而提高产量。

(3) 创造有利于植物光合作用的条件

首先，要做到适地适树，这样才能使树体生长健壮，充分利用光能，提高光合效率，发挥最大的生产潜力。其次，要满足树木进行光合作用需要的其他条件，如合适的温度、对矿质元素的需求、合适的水分条件，做到合理施肥、灌水和排水，合理病虫害防治，改善通风透光，创造提高树木光合速率的有利条件。

(4) 减少无效消耗，提高经济产量

通过合理密植和修剪，抑制旺长、剪除无效细弱枝、病虫枝、过密枝，改善树体通风透光条件，减少无效消耗，促进光合产物向果实等目的产品的转化，提高产量和品质。

(5) 农林复合经营

农林复合是根据树木与农作物对光照要求的不同而充分利用光能的有效措施。通过农林复合经营，可以提高单位面积的土地、水分、养分、光的利用率，起到增产、增收的效果。如核桃、苹果、板栗等经济林树种与大豆、谷子、中草药、苗木等间作，在生产上普遍应用。

4.1.2 温度

温度和光一样，是经济林木生存和进行各种生理生化活动的一种必要条件，经济林木的整个生长发育过程及树种的地理分布，都很大程度上受到温度的影响。

4.1.2.1 温度对经济林生长发育的影响

(1) 温度对种子萌发的影响

大多数落叶树种的种子，采收后必须经过一定时期的后熟过程，才能萌发。种子在后熟过程中，需要一定的低温、水分和空气，一般认为 3~7 ℃ 低温处理对促进种子萌发最为合适，但不同树种对温度的要求也不同，如君迁子需要的温度约为 5 ℃，栗需要的温度为 10~12 ℃ (表 4-2)。

表 4-2　几种经济林木种子萌动与温度条件

树种	处理方法及温度条件
银杏	水浸 1 d，消毒、混沙，15~25 ℃下 150 d
刺人参	采后水浸 2 d，混沙，10~20 ℃下 150 d 转 5 ℃ 60 d
刺五加	水浸 3~4 d，混沙，10~20 ℃下 120 d 转 0~10 ℃ 60 d
五味子	水浸 2 d，混沙，20~30 ℃下 75~105 d
山荆子	水浸 2 d，混沙，0~5 ℃下 30~60 d
黄檗	水浸 2 d，混沙，0~10 ℃下 45~90 d

(2) 温度对萌芽(萌动)的影响

温带落叶树种的芽在自然条件下必须经过一定的低温阶段才能结束自然休眠。具体需冷量和破除休眠有效温度因树种(品种)、甚至芽的位置而不同。落叶树种经过自然休眠后，其萌芽具体时间取决于以后的温度与水分条件。通常认为温度越高，萌芽越早，越迅速。

(3) 温度对开花坐果的影响

温度会影响开花期的早晚和花期长短，一般来说，温度越高，树木的萌芽开花期越早，且萌芽和开花的速度越快，据研究，花芽分化完成后，花开放早晚与盛花前 40~50 d 的平均气温和积温密切相关，但温度超过一定范围时，高温会抑制花芽的正常发育，且对开花造成伤害。

开花期间的温度与花粉发芽、花粉管生长、受精及坐果有密切关系。师静雅(2017)认为，苹果花期适宜日平均气温为 10 ℃以上，如果开花期日平均温度低于 10.0 ℃，尤其当出现日最低气温低于 -2.0 ℃时，花器受冻害，不能授粉受精，坐果率大幅度降低。牛庆霖等(2015)对杏的研究认为，'凯特''红荷包'的雌蕊败育率与花期温度呈显著负相关，花期温度的升高有利于提高'岱玉''凯特''金太阳'和'红荷包'的坐果率，'新世纪'坐果率与温度呈现线性负相关。朱建华等(2010)研究认为，日均温度对坐果率的直接影响最大，日均低温和日均高温是通过日均温度对坐果率的影响起作用的，提出在进行龙眼生产区划时，应将日均温度作为重点考虑的生态指标。

(4) 温度对果实生长和品质的影响

温度对果实生长发育的影响主要是温度影响光合作用和呼吸作用。一般认为昼夜温度在适宜的范围内，温度日差较大(≥10 ℃)，有利于白天增强光合作用和减弱夜间呼吸作用用的消耗，有利于光合产物积累，提高产量和品质。刘杜玲等(2019)研究表明，早实核桃'辽核 4 号'和'香玲'核桃的果实横径和纵径均与日平均气温、最低气温和 ≥10 ℃积温呈极显著正相关，与最高温度呈显著正相关。≥10 ℃积温是影响果实横径和纵径生长的主要因子。在核桃果实发育过程中，核仁棕榈酸、蛋白质含量主要受到最高温度的影响，油酸含量主要受日平均温度的影响，亚麻酸含量主要受日平均温度和最高温度的影响。

整个生长期(4~10 月)平均气温在 12~18 ℃，夏季(6~8 月)平均气温在 18~24 ℃最适合苹果生长，品质优良。果实成熟季节日平均气温 20 ℃左右，并具有较低的夜温(15 ℃左右),日温差≥10 ℃,糖分积累多,有利于花青素形成,果实着色早、色浓、风味好。

(5) 温度对经济林木生理活动的影响

温度通过影响经济林木的光合作用、呼吸作用、蒸腾作用、养分吸收与运输等诸多生理生化活动的强度而影响经济林木的生长发育。经济林木的光合作用也存在最高温度、最低温度和最适温度,越靠近最适温度,对经济林木的光合作用越有利,过高和过低的温度都会对光合作用产生抑制。温度也会影响经济林木的呼吸作用,但呼吸作用的温度范围远比光合作用大,经济林木在温度超过50 ℃时,呼吸作用会迅速下降,在40~50 ℃时呼吸作用最强,一般呼吸作用的最适温度比光合作用要高。温度对经济林木蒸腾作用的影响主要表现在2个方面:一是温度高低会影响空气湿度,进而影响空气的饱和蒸气压亏缺,因此通常温度越高蒸腾潜力越大;另一方面,空气温度的变化会影响叶片温度,改变气孔以外蒸腾(如角质层水分蒸腾)的比例,温度越高蒸腾作用也越剧烈,但蒸腾速率超过经济林木的吸收和运输能力,就会造成气孔关闭,限制光合作用,甚至进一步引起萎蔫、死亡。温度也会影响经济林木根系对水分和矿质营养的吸收能力。

4.1.2.2 经济林木的需冷量和需热量

(1) 经济林木的需冷量

从20世纪20年代以来,各国学者经过大量的研究认为,冬季冷凉的气候,对解除落叶树种的自然休眠是必要的。从而确定了"冷冻需要"的概念。落叶经济林木有自然休眠的特性,秋冬进入自然休眠期后,需要一定低温才能正常通过休眠期。如果低温需求量(即需冷量)不能满足,常导致发芽不良,春季发芽开花延迟且不整齐,甚至发生严重的落花,最终影响产量。不同树种通过自然休眠所需低温及其时间的长短不同,常见经济林树种的所需低温时间见表4-3。

表4-3 常见经济林树种通过自然休眠所需的低温量

树种	需低于7.2 ℃的时间(h)	树种	需低于7.2 ℃的时间(h)
苹果	1200~1500	欧洲李	800~1200
核桃	700~1200	中国李	700~1000
梨	1200~1500	扁桃	200~500
杏	700~1000	无花果	0~300
酸樱桃	1200	柿	100~400
甜樱桃	1100~1300	葡萄	100~1500
桃	50~1200	欧洲榛	800~1700

但是,对于休眠需要一定低温的生理原因和实质,尚有许多不明之处。目前已知,在低温作用下可使芽等器官组织内的pH值增加,脂肪分解酶、淀粉酶、蛋白酶等活性增强,从而促进淀粉、脂肪和蛋白质的分解。因此,可以通过提高细胞液浓度和渗透压,增强其越冬抗寒力,加大根压,促进萌芽。同时在低温情况下,芽内生长促进物质(GA、CTK)增加,生长抑制物质(ABA、儿茶素、去氢黄酮酚等)减少或消失,并认为,由于生长抑制和促进物质对诱导或解除休眠有拮抗作用,因而不同树种正是由不同的促进物质与抑制物

质的平衡关系来解除休眠的。

(2) 经济林木的需热量

不同经济林木生长发育和各种生理生化反应都要求不同的温度条件。这成为经济林木地理分布和栽培区域的主要限制因子，也是其产量、品质形成的决定性因素，不同树种对温度的适应性成为引种和栽培区域选择的主要指标。描述一个地区温度的指标主要有年平均气温、生长期积温和冬季最低气温。年平均气温表示该地区的冷暖程度，生长期积温是指高于生物学零度的日平均气温的总和。

通常情况下把能使树木萌芽的日平均温度称为生物学零度，也称生物学下限温度，即生物学有效温度的起点。生长季是指不同地区能保证生物学有效温度的时期，其长短取决于所在地区全年内有效温度的日数。一般来说，落叶树种的生长起点温度较低，常绿阔叶树则较高。对于原产在温带和亚寒带的树木，春天萌芽活动的生物学起点温度约为日平均气温 3 ℃ 开始，一般树种定义为 5 ℃，不同树种的生物学零度也有差别，如醋栗生长的起点温度为 1~2 ℃，梨 6~7 ℃，核桃为 9~10 ℃。

各种树木在生长期内，从萌芽到开花直至果实成熟，都要求一定的有效积温。据对落叶经济林树种的研究表明：其生长期长短与开花期早晚呈显著相关。即生长季长的往往开花早；反之，花期晚的，生长季也短。同一树种不同品种对热量要求也不同，即使是同一品种的经济林木在不同地区，对热量积温要求也有差异，这与生长期长短和昼夜温差有关。生长期短，但夏季温度高时可缩短积温的日数。夜间温度低，呼吸消耗少，而白天温度高合成多，则需要积温日数也相对减少。植物生长有生物学有效的起点温度，还需达到一定温度总量才能完成其生命活动。如原产寒温带的醋栗、酸樱桃、紫杉等，开始发根、发芽要求的温度低，并适应较短的温暖期和较凉爽的夏季；原产温带的树木则稍高，而原产亚热带的树木如柑橘类、木棉等，开始发根发芽温度要求较高，并喜炎热的夏季。分布广泛的板栗、枣、柿、漆树等年平均气温在 10 ℃ 以上，大于 10 ℃ 积温在 1600 ℃ 以上就能完成其发育期。

4.1.2.3 极端温度对经济林木的影响

树木对温度的要求是树种在系统发育过程中对温度长期适应的结果。树木生长发育对温度的适应性也有一定的范围。生物进行正常生命活动(生长、发育和生殖等)，所需的环境温度的上限或下限称为生物临界温度。温度过高过低都会对树木产生不良影响，甚至引起树木死亡。

(1) 低温对经济林木的危害

低温对经济林木的危害可从树木和温度变化2个方面来看。从树木方面来说，不同树种其耐寒力大小有很大的差别，同一树种在不同的生长发育阶段，其耐寒力也不同。树木体内含有水分的多少，以及树木体中内含物的性质和数量，都影响树木耐寒能力。许多原产南方的树种，向北推移栽植时，年平均气温和生物学有效积温都满足其生长条件，但常受冬季低温的限制，而不能露地自然越冬。从气温变化看，如果是逐渐降温，树木不易受害，因为在逐渐降温过程中，树木体内细胞的淀粉，逐步转化成糖，促使幼嫩部分木质化，减少了水分含量，提高了耐寒性。如果是突然降温(如霜冻)，或交错降温(气温冷热变化频繁)和持久降温等，会使树木新陈代谢失常，生理失调或机械损伤，使细胞与组织受伤，造成树木受害或死亡。

在北方地区，低温对经济林木的危害通常有以下几类：

①冻害。温度降到0℃以下对树木造成的伤害，常发生于树木休眠期。低温使树木组织细胞间隙结冰甚至发生质壁分离，细胞膜或细胞壁破裂。不同的树种对低温的忍耐程度不同，如柿树一般能耐-20℃的低温，板栗-28℃、枣-33℃、核桃-29℃等。超过这一界限值将发生冻害，导致树木生长发育不良甚至死亡。故在引种时应特别注意。

②霜害。温度急剧下降甚至到植物的冰点以下时，使空气中的饱和水汽在植物表面凝结成霜，从而导致树木幼嫩组织或器官受到伤害的现象，如早霜与晚霜。霜害多数发生在树木的生长季，在北方地区，霜害多发生在开花期、幼果期、果实近熟期等关键时期，因此是导致经济林树种减产的重要灾害。

③冻拔。由于土壤含水量过高，土壤结冻膨胀连同根系一同带起，翌春开化，土壤下沉造成根系裸露，严重影响树木生长发育的现象。

④冻裂。由于树木内外受热不均，当外部已开始冷却收缩，却正值内部高温膨胀时，树干发生裂缝的现象。冻裂致使树液外流或感染病虫。

⑤生理干旱。在冬季或早春，气温的变化幅度大于地温，较低的土壤温度使得土壤结冰、根系吸水能力弱等原因导致树木水分吸收困难，但地上部分仍存在一定程度的水分蒸散，导致植物出现生理干旱，引起抽条的现象。这种现象在早春气温开始回升时发生较为普遍。

(2) 极端高温对经济林木的危害

在一定温度范围内，温度每升高10℃，其生命活动强度增加1~2倍，当温度超过生物最适温度继续上升，则会对生命活动产生影响。高温对树木的危害主要是破坏新陈代谢，减弱光合作用，增强呼吸作用，从而破坏植物体内的碳平衡（长期的碳摄取低于碳消耗导致植物出现碳失衡）；高温能引起蒸腾加速，破坏植物的水分平衡，导致植物受到干旱胁迫甚至萎蔫、干枯；高温还能导致蛋白质凝固、脂类溶解，破坏植物细胞的膜系统。高温也能引起灼伤等对经济林木发生危害。不同树种耐高温程度差异很大，如苹果37~40℃、核桃38~40℃、猕猴桃35.4~43.4℃、枣43.3℃、杏43.9℃、葡萄40℃等，大多数经济林树种当温度升高至45℃以上便会出现受害症状，甚至死亡。

4.1.3 水分

水分是经济林生产的重要生态因子，与经济林的存活、生长、结实、产量形成、品质密切相关。尤其在北方地区，受降水总量不足和季节性分配不均的影响，很多经济林木受到一定程度的水分胁迫。因此对水分管理成为经济林管理的重要方面。

4.1.3.1 水分对经济林生长发育的影响

植物一切正常生命活动都必须在细胞含有一定的水分状况下才能进行，天然植被分布也主要受水分状况控制，经济林的产量形成对水分条件的依赖性也往往超过任何其他因素：一方面植物需要从周围环境中吸收水分，维持其正常的生命活动；另一方面，植物需要不断地散失水分，以维持体内的水分循环、气体交换以及调节自身的温度，各种正常的生理活动均是在水的参与下方可完成，缺水或水涝均会对经济林木产生不良的影响。

缺水会影响经济林木正常的生长发育，严重缺水即造成干旱，干旱对经济林木生长发育危害严重。大气干旱会导致大气饱和蒸气压亏增大，致使树木蒸腾过旺，破坏树体水分平衡，发生萎蔫，影响正常的光合作用，抑制枝叶生长，造成落花、落果，降低目的产品数量和质量。土壤干旱会导致土壤板结、结构破坏，使经济林木养分吸收运输受阻，树体各器官争夺水分剧烈，生命活动紊乱，生命活动效率降低以至停止。土壤干旱超过一定阈值，就会给经济林木造成无法恢复的损伤。

水涝也同样会对经济林木造成伤害。大气水分过多，即空气相对湿度过大常伴随光照不足，空气流动不畅；降低经济林木光合作用速率，影响花芽分化，不利传粉、授粉与结实。土壤水分超过一定量，会造成土壤通气不良，缺氧严重，抑制了经济林木根系正常生长发育和吸收功能；同时，造成土壤中有毒物质积累，毒害根系。轻度水涝，经济林木出现不正常的落叶、落果，或促使经济林木秋季营养生长加剧，不利于抗寒和翌春生长。长期水涝最终导致经济林木死亡。

因此，在经济林木栽培管理过程中，防旱、防涝管理是十分必要的。在我国北方大部分地区，防旱是主要的水分管理工作，通过合理的灌溉技术补充水分；通过地膜覆盖、覆草减少水分的无效消耗；通过坡地修建鱼鳞坑等措施增加降水的渗入量。对于降水集中或容易造成涝害的地区，经济林园区设计时应妥善设置排水系统，对于平原区经济林园区，可在园内及四周修建排水沟，也可以采用高畦或台田栽培，有利于排涝。

4.1.3.2 经济林木的需水量

需水量是指生产单位干物质所消耗水分量，即经济林木在生长季或某一物候期所消耗的水分总量与同一时间生产的干物质总量之比值，经济林木的需水量分为生理需水和生态需水2部分，不考虑深层渗漏所耗水量，二者总称为蒸散耗水。经济林木的蒸散耗水在一年中随树体的生长发育情况而变化。对经济林田间耗水量影响较大的是气象因素，其次是树木本身的生理活动和生长特性、土壤质地及田间灌水方式。

经济林木的需水量在其生长发育过程中是不同的，落叶经济林木在春季萌芽前，树体需要一定的水分才能发芽，这个时期若水分不足，会导致发芽期延迟、发芽不整齐，影响树木新梢生长。开花期干旱或水分过多，常引起落花落果，降低坐果率。新梢旺长期需水最多，对缺水的反应最敏感，为需水临界期，如果水分供应不足，会削弱新梢生长，甚至过早停止生长；如水分过多则会促进枝梢生长，打破营养生长和生殖生长的平衡，影响花芽分化。果实发育期也需要一定的水分，但水分过多易引起落果和果实病害，果实发育期和成熟前水分急剧变化容易造成裂果，影响经济价值。秋季干旱会使枝条和根系提前停止生长，影响营养物质的积累和转化，削弱经济林木的抗寒能力。冬季缺水常造成经济林木抽条。

4.1.3.3 经济林木对水分的适应

(1) 经济林木的水分属性

树木在长期进化过程中，各树种均形成了自己适应的水分条件，据此可将树种划分成3类：湿生树种、旱生树种和中生树种。

湿生树种要求生长在潮润多湿环境中，在湿度较小或干燥的环境中会生长不良或死亡，经济林木中这类树种较少且多分布在我国南部；旱生树种生长于土壤水分少、空气干燥的条件下，具极强的抗旱能力，叶器官等特化，如麻黄、花棒、银柳、胡颓子等；介于二者之间者为中生树种，多数经济林木属此类，如红松、沙棘、杜仲、五味子、毛樱桃、苹果等。许多中生树种具有一定的耐湿性或耐旱性，较耐水湿的树种如枫杨、桑树、葡萄、核桃楸、黄檗、紫穗槐等，较耐旱的树种如蒙古栎、胡枝子、榛子、欧李、杏、山楂、梨、山荆子等。

(2) 水分与经济林木分布

我国降水空间分布大体上自沿海至内陆，由东南向西北递减。作为森林与草原分界线的 400 mm 等降水线将我国分为东西 2 大部分。西部地区，年降水量通常少于 400 mm，气候干燥，经济林栽培工作中通常需要灌溉补充水分，主栽种类以耐旱树种枣、杏、苹果、柿、石榴、白梨、阿月浑子、扁桃、枸杞等为主，自然分布种有云杉类、冷杉类，少量越橘、小檗等，著名的如新疆阿月浑子、吐鲁番葡萄等。此区种类若在东部地区出现，其品质也较本区的差。东部地区，年降水量在 400 mm 以上，气候湿润，为我国主要的经济林栽培区。又可大致沿秦岭—淮河一带的 900 mm 等降水量线划为南方区与北方区。北方区降水量 400~900 mm，主要栽培较耐旱种类(品种)，主要有核桃、板栗、柿、文冠果、沙棘、花椒、桑等，野生种类有落叶松类、榛子、刺楸、五味子、黄檗、榆树等。

4.1.4 大气

4.1.4.1 大气对经济林生长发育的影响

(1) O_2 和 CO_2

树木呼吸时需要吸收 O_2，将复杂的有机物分解，释放植物生命活动所必需的能量。大气中的 O_2 足以满足树木这一需求。但土壤中由于排水不良造成 O_2 含量降低时，则会对根系的生长发育和功能的发挥产生影响。据测定，君迁子在土壤中氧含量低于 2% 时不再产生新根，低于 0.5% 时即受到毒害死亡。土壤有机物的腐烂分解也同样需要 O_2 的参与。

CO_2 是树木进行光合作用的主要原料，一般在植物干重中，碳占 45%，均来自 CO_2，当太阳辐射强度是全太阳辐射强度的 30% 时，CO_2 即成为提高光合作用速率的限制因子，增加 CO_2 含量可显著提高光合作用速率。因此，经济林栽培中合理密植，加强通风管理，白天保持高含量 CO_2 是十分必要的。

(2) 风

微风对经济林木的生长发育是有益的。可促进树木蒸腾作用，有利于养分吸收和调节树体温度。白天可补充林内 CO_2 的不足，夜晚可为林内输送 O_2，疏散 CO_2。可调节近地层气温，作为媒介可以传递花香吸引昆虫完成传粉过程等。

风对的生长发育也有一定的危害。大风使树木光合速率降低，如梨树在 5 m/s 的风速下，光合同化量较无风降低 40%。长期大风造成树体矮化，如生于山顶迎风坡树种形体常粗壮矮小。大风易造成树体机械损伤，甚至风折、风倒等。大风影响昆虫活动和授粉过程,引起落花、落果;还可造成果实损伤,影响产品质量。大风易使树木水分过分蒸腾,地表加速蒸发,引起土壤干旱。此外,风还可加速传播病原体,造成病害蔓延。因此,经济林园应设法防风,如营造防护林等,降大风为微风,变害为利。

(3)大气污染

大气污染的主要污染物目前引起注意的已达400余种,危害较大的有20余种,包括硫氧化物、氮氧化物(NO、NO_2等)、碳氧化物、碳氢化合物、酸类烟雾、氟化物、氯化物和粉尘等。

各类污染物以不同的方式对经济林木产生毒害作用,如二氧化硫进入叶片后遇水形成亚硫酸和亚硫酸根离子,再逐渐氧化形成硫酸根离子。当二氧化硫含量超过一定限度时,亚硫酸离子过多,开始危害树木生长,表现为叶片失绿直至枯焦死亡。有研究认为,当大气中二氧化硫含量达 0.5 mg/kg 时即可对某些植物起毒害作用。粉尘散落叶面上,妨碍光合作用,堵塞气孔,阻碍叶体内与环境的气体交流,有碍呼吸作用正常进行。粉尘飘浮在大气中改变了光质,降低了光强,缩短了光照时间,从而影响了树木的正常生长发育。

4.1.4.2 经济林木对大气行为的忍耐与适应

(1)经济林木的抗风性

不同的树种对风的抵御能力不尽一致,树体结构也有所差异。抗风力强的树种树冠紧密、材质坚韧、深根性,如马尾松、核桃、榆树、乌桕、樱桃、枣、樟树、板栗等;抗风力弱的树种树冠庞大,材质柔软或硬脆,浅根性,如苹果、枇杷、加拿大杨、银白杨等。在营造经济林时,应充分了解树种抗风能力,达到早预防、少损失的效果。

(2)树木对大气污染的抵御能力

树木对大气中污染物的抵抗能力因种类不同差异较大。部分树种对大气污染反应极其敏感,在污染物(如 SO_2)浓度很低时即受到伤害;部分树种忍耐能力较强,或吸收极少量的污染物质,或能大量吸收,但均不受伤害,表现了较强的抵抗能力;部分树种虽然也能大量吸收有毒气体,但一定时间后即会表现出不同程度的伤害。树木吸收有毒气体后有的能自动解毒,如多数树种能将二氧化硫形成的毒害作用较强的亚硫酸转化为毒害作用较轻的硫酸盐;有的并不转化分解,而积累于树体内。

根据研究得出,部分经济林树种对大气中各种污染物的抵御能力见表4-4。

表4-4 部分经济林树种对大气污染的抵抗程度

污染物	抗性	树种
SO_2	强	银杏、无花果、油茶、樟、黄檗、臭椿、榆柑橘、乌桕
	中	石栗、柿、桑树、北京杨、接骨木
	弱	油桐:马尾松、油棕、椰子、油梨、荔枝、阳桃
Cl_2、HCl	强	黄檗、榆树、接骨木、紫穗槐、构树、石栗
	中	桑树、臭椿、侧柏、文冠果
	弱	枣、银杏、苹果、毛樱桃

(续)

污染物	抗性	树种
HF	强	臭椿、侧柏、山楂、紫穗槐、小檗、石栗、樟、柿
	中	桑树、接骨木、君迁子、杜仲、文冠果
	弱	李、葡萄、白蜡树
O_3	强	银杏、樟树、青冈栎
	中	赤松
	弱	胡枝子、悬钩子
粉尘	强	榆、臭椿、构树、桑树、核桃、山楂、沙枣
	中	乌桕

4.2 土壤因子对经济林生长发育的影响

土壤不仅为经济林木的根系生长提供了生存空间，而且为经济林木的生长发育提供了物质保障。经济林木生长发育所需的水分和矿质营养主要通过根系从土壤中吸收，土壤对经济林木的影响包括土壤种类、质地结构、理化性质等。

4.2.1 土壤种类

我国幅员辽阔，土壤种类繁多。土壤种类不仅受地带性气候的影响，也受非地带性地形因素的影响。即土壤种类与分布同时受气候与地形因素的影响。因此，土壤种类的分布较气候地带性的分布更加复杂，但仍有一定规律可循。东部湿润海洋性气候地区由南向北分布有砖红壤、赤红壤、红壤与黄壤、黄棕壤、棕壤、暗棕壤与漂灰土；内陆由东向西分布有栗钙土、棕钙土、灰钙土与漠土；由黄土高原向东北至大兴安岭西麓又有褐土、黑褐土、黑钙土、栗钙土、灰褐土、灰黑土与黑土。此外，还有许多非地带性土类，如白浆土、盐碱土等。经济林栽培与土壤种类的分布也密切相关。土类不同，适宜栽培的经济林树种不同。如南方丘陵地区的酸性红壤上适宜栽培油茶；北方棕色森林土上适宜栽培山楂、梨、刺五加、五味子等；陕西、甘肃、宁夏中南部的灰钙土适宜核桃、桃、杏等。但是，选择经济林栽培区域时，对土壤种类的要求不像对气候带的要求那样严格，经济林木种类(品种)跨土壤类型栽培成功的先例较多，如苹果、梨、核桃等可在许多土类中栽培，但通常只有一个土壤种类生长发育最好，且目的产品产量、质量皆佳。

4.2.2 土壤质地和结构

土壤质地是指组成土壤矿质的颗粒，即石块、沙、粉沙、黏粒等的相对含量。土壤结构是指土壤颗粒的排列状况。土壤的质地与结构影响着土壤通气、透水状况和保水保肥能力，进而影响土壤的综合肥力状况。

(1) 沙质土

沙粒含量超过50%，黏粒较少，通透性好，但易失水、失肥。如通过客土压沙、深翻压绿肥、生草、覆盖等措施改良，选好树种，仍不失为经济林栽培的良好土壤。沙质土主要分布于我国北方如新疆、青海、甘肃、宁夏、内蒙古、北京、天津、河北等省份的山前平原以及江河、沿海地带，我国北方用于经济林栽培的多为此类土壤，如河滩地、沙丘地等，目前已形成一定规模的经济林栽培面积。常见栽培树种如梨、桃、杏、板栗、山楂、枣、扁桃、沙棘等。

(2) 壤质土

土壤质地均匀，沙粒、粉粒与黏粒大致等量，松紧适度、通气透水适当，有一定的保水、保肥能力，是较优质的土壤质地。广泛分布于黄土高原、华北平原、松辽平原、长江中下游等冲积平原。对于多数经济林树种均较适宜，尤以苹果、核桃、黄檗、五味子等喜肥树种最佳。

(3) 黏质土

土壤颗粒组成以黏粒、粉粒较多，黏粒占30%以上，质地黏重，结构细密，遇水黏，失水干硬，保水保肥性能好，通透性较差。通过翻耕、种植绿肥等措施改良后，适合喜湿或耐湿的树木栽培，如李、板栗、油茶、柿、柑橘等。

4.2.3 土壤理化性质

(1) 土壤温度

土壤温度直接影响经济林木根系生长、吸收及运输能力，并与各种矿质元素的溶解，流动和转化，有机物的分解，土壤微生物的活动密切相关。土壤温度是土壤肥力的重要因素之一，与经济林木根系生长关系极大。土温过高或过低均不利根系生长。高温会加速细根的老化，影响吸收功能，使根系吸收面积减少，吸收速度下降；同时温度过高使酶钝化，原生质流动缓慢甚至停止。低温会降低根系吸水速度，限制根系生长。一般大多数经济林木根系开始生长的土温为$1\sim5℃$，但桃为$7℃$，柿、葡萄为$11\sim12℃$，枣则需$15℃$以上。根系生长的最适温度多数经济林木为$20\sim25℃$。

(2) 土壤水分

土壤水分是土壤肥力的重要因素，是树木吸水的主要来源。土壤中养分的转化、溶解必须在有水的情况下才能进行；土壤水的"三态"变化直接影响土壤的热量状况，土壤水分含量直接影响土壤通气状况；土壤水分过多(水涝)、过少(干旱)均会影响到树木的正常生长。适宜大多数经济林木根系生长的田间持水量为$60\%\sim80\%$。当土壤水分超过田间持水量时，会导致土壤缺氧，抑制根系对土壤养分的吸收，妨碍根系细胞分裂素(CTK)、赤霉素(GA)等植物激素的合成，从而影响经济林木激素平衡和生长发育。当土壤含水量减少，树木表现为缺水状态时，根系生长受阻。严重缺水时，根系停止吸收、生长，水分外渗；地上部器官萎蔫、干枯，经济林木严重受害。因此，在土壤积水时应及时排水，土壤缺水时及时灌水保墒，以保证经济林木健康、稳定、持续生长。

我国北方大部分地区受季风气候的影响，不同季节土壤水分差异较大，生长季前期降雨少，土壤干旱缺水，影响经济林木根系生长、萌芽、开花，因此及时灌水非常重要。生长季后期雨量大，土壤含水量高，应注意排水，控制土壤水分，以防止秋梢旺长，果实吸水裂果。冬季雨量小，土壤含水量低，干旱时需补充水分，土壤封冻前灌水，防止经济林木抽条及冻害发生。

实际生产中,应根据经济林木对水分的需求及土壤水分实际状况及时排、灌水。通过土壤改良、覆盖、增厚土层等措施调节土壤水分。

(3) 土壤空气

土壤空气主要指土壤孔隙中的 O_2、N_2、CO_2 等气体。其中 O_2 是土壤空气中最重要的成分。通常说的土壤通气性主要是指土壤中的含氧量状况。

土壤中空气直接影响树木根系的生长、吸收及土壤微生物活动。缺氧将有碍根系呼吸作用的进行,导致根系停止生长或死亡;不利于有机质分解,造成养分不足;反硝化作用加快,以致亚硝态氮累积,氮素流失;还原反应剧烈,H_2S、CH_4 等有毒气体增加;种子不能萌发等。据有关研究,经济林木根系在土壤 O_2 含量不低于15%时,才能正常生长、吸收,不低于12%时才能发生新根;土壤 O_2 含量下降为 0.5~2.0%时,根系生长受阻、甚至枯死。土壤中 CO_2 含量过高会对根系产生毒害作用,一般认为土壤中 CO_2 含量为 1%左右适宜根系生长,土壤空气中 CO_2 含量为 3.7%~5.5%时,根系停止生长。因此,对经济林园深翻熟化、松土除草、增施有机肥等,提高土壤通气性,有助于经济林木生长和结果。

(4) 土壤酸碱度

土壤 pH 值对经济林木生长发育的影响主要表现在 2 个方面:pH 值影响经济林木对养分的吸收,在酸性土壤中,易发生磷、钙、镁等的缺失症,而锰、铁、铝在酸性土壤中有效性增加,但这些元素过剩也容易引起对树木毒害;而在碱性土壤中,钾的有效性较高,但容易发生铁、锰缺乏,磷和硼也容易在钙的作用下趋于无效。pH 值影响土壤结构,从而影响土壤的综合肥力,土壤 pH 过高或过低,都难以形成良好的土壤结构。

树木对其生长发育土壤 pH 值的长期适应,形成了自己适生的 pH 值范围,有的要求在酸性土壤上生长,如越橘、漆树等;有的则可耐一定程度的盐碱土,如巴旦杏、枸杞等;多数经济林木对 pH 值适应范围较大,在微酸至微碱性土上均可生长,如核桃、枣、银杏、花椒、葡萄、枣、柿等(表 4-5)。

表 4-5 主要经济林树种对土壤 pH 值的适应范围

树种	pH 值适应范围	pH 值最适范围	树种	pH 值适应范围	pH 值最适范围
核桃	5.5~8.0	7.0~8.0	枣	5.0~8.5	5.2~8.0
薄壳山核桃	6.0~8.4	8.0~8.4	柿	5.5~8.0	7.0~7.5
漆树	4.5~7.5	6.0	花椒	6.0~8.0	7.0~7.5
文冠果	6.0~8.2	7.5~8.0	银杏	4.5~8.5	6.5~7.5
巴丹杏	7.0~8.5	7.5~8.0	梨	5.4~8.5	5.6~7.2
板栗	4.6~7.5	5.5~6.8	葡萄	5.5~8.3	5.8~7.5

4.3 地形、地势对经济林生长发育的影响

4.3.1 地形

地形是地物形状和地貌的总称,具体指地表以上分布的固定性物体共同呈现出的高低

起伏的各种状态。地形是构成自然区域特征的基本要素,为经济林木生存提供了大空间或小环境,通常并不直接对经济林木的生长发育起作用,而是通过对气象要素、土壤肥力状况的再分配产生影响。因此,地形对环境的影响主要是对光照、温度、水分、大气、土壤以及生物活动状况等因素影响的综合。

地形通过对各环境指标的再分配,构成了一个各环境因子的组合(其中,包含有各环境因子之间的相互作用而形成的环境综合指标),综合地对经济林木生长发育施加全方位的影响。在经济林选址时,为保证树木正常生长、发育,高产稳产,地形因子是必须考虑的极其重要的因子。

4.3.2 地势

地势是指地面形状、高低变化的程度。地势对经济林的影响是通过海拔、坡度、坡向等影响光、温、水、热在地面的再分配,进而影响经济林木的生长发育,其中以海拔对经济林木的影响最为明显。

(1)海拔

①海拔对环境因子的影响。海拔对环境因子的影响包括光照、温度、降水、土壤等。随海拔变化,这些环境因子也发生相应变化。

光照:随海拔升高,太阳总辐射增大,散射辐射减少;光谱中短波光部分比例增大,长波光相对减少;海拔对光照时间的影响不大。

温度:在山地相同地形下,随海拔升高,温度降低,无霜期变短。相同纬度时,海拔每升高100 m,平均气温降低 $0.5 \sim 1.0 \ ℃$,温带地区海拔升高100 m,相当于纬度增加1°,受温度变化的影响,无霜期随海拔的升高而缩短。

降水:在山体迎风面,降水量随海拔升高而增大,一定高度后随海拔升高递减,但此规律随环境潮湿程度变化较大。

土壤:土壤随海拔升高与纬度增加近似的方向转变。

其他因子:大气污染随海拔升高程度减弱;空气组成、微生物活动、空气温度也显示规律或不规律的变化(因地而异)。

②海拔与经济林栽培。自然条件下,随海拔的变化,树木(包括植被)也呈规律的变化。主要经济林树种分布的海拔跨度范围为 $1500 \sim 5000$ m,垂直分布差别极为显著。在经济林的垂直或水平分布带中,最适宜经济林生长发育、产量和品质形成的地带,称为经济林生态最适带,各树种的垂直分布带中的生态最适带在各地所处的海拔和带幅不同。

海拔对树体的大小有影响,通常随海拔的升高树体矮化、新梢生长量减小,节间缩短。主要原因是随着海拔的升高,气温降低、光照强度增大、蓝紫光和紫外线增多,对细胞伸长产生抑制作用。随着海拔增高,光合和呼吸作用随之下降。在经济林生态最适带内,随着海拔升高果实着色更艳丽,因此,在确定高海拔栽培区时,除考虑相关的其他环境因子外,还应考虑预栽培树种在垂直方向上的自然分布范围,按不同树种的生态最适带选择树种、规划林地,以获得最佳的生产效益。

(2)坡度

坡度主要影响太阳辐射的接收量、水分的再分配及土壤的水热状况,因而对经济林的生长和结果有明显的影响。坡度通常分为6级：平坦地(<5°)、缓坡(6°~15°)、中坡(16°~25°)、陡坡(26°~35°)、急坡(36°~45°)、险坡(45°以上)。

同一坡向的地面，因为坡度的变化会影响太阳辐射的强度，如15°的南坡得到的太阳辐射强度比平地高，而15°的北坡则较低。坡度也会影响土层厚度，对于石质山地，通常表土层厚度与坡度负相关。坡度越大，土层越薄，土壤含石量越多，土壤水分和养分含量越低。在我国黄土高原区，坡度对黄土的厚薄影响不大，但对土壤水分和养分仍有明显的影响。坡度大，地表径流严重，土壤冲刷大，坡度过大不利于生产作业，不合适的经营管理措施又将破坏植被层，造成水土流失难以恢复。经济林栽培通常以5°~20°的坡度最为适宜，坡度超过25°则不宜作为经济林栽培基地，除非有相应的水土保持工程。

(3) 坡向

不同坡向由于受光不同而引起温度、水分、风和土壤因子的变化，光是其中的主导因子。不同坡向综合环境条件差异很大，如阳坡光照强，气温、土温高且日温差大，降雨少，空气和土壤湿度小，风速较小，霜冻轻，宜栽植喜光、喜温暖、较耐旱的经济林树种，如核桃、板栗、巴旦杏、桃、杏、枣等；阴坡环境条件与阳坡相反，适宜栽植较耐阴喜湿的树种，如山核桃、猕猴桃等；半阳坡与半阴坡各环境因子变化较缓和，适于大多数经济林木的栽培。

东坡和西坡得到的太阳辐射是相等的，但实际上，上午太阳照射东坡时，大量的太阳辐射热消耗于蒸发，或因上午云雾较多，太阳辐射被吸收或散射损失较多，因此西坡相对于东坡日照较强，因此气温较高，但也容易受到日灼危害。

(4) 坡位

不同坡位主要引起土壤和水分的变化，相对高差较大时会引起温度和湿度的变化。一般山麓地带土壤深厚、肥沃、水分充足，适宜栽培喜肥的经济林木；山顶土层较薄，水分较少，适宜栽培耐干旱、瘠薄的树种，山腰可选择对土壤要求不严的中生树种。

4.4 生物因子对经济林生长发育的影响

生物因子主要包括植物、动物(含人为因素)和微生物。世界上的生物纷乱复杂，每个生物个体不仅处于无生命的环境中，而且也彼此互为环境，生物有机体间在利用环境的能量和物质过程中存在着复杂的相互关系。经济林木也同样以其他生物为环境，彼此相互影响，相互制约。其中，有直接影响，也有间接影响；有的对经济林木有害，有的有益。协调经济林与生物因子的关系，也是经济林生产获得优质、高效的重要内容。

4.4.1 植物

经济林木与其他植物间最典型的关系即竞争。竞争包括种间竞争和种内竞争。种间竞争是2个或2个以上、具有相似生态位的物种，为了争夺有限的空间和资源而对对方带来不利的影响。种内竞争是同一种群种个体间利用同一资源而发生的相互妨碍作用。种内竞争的实质是密度效应。种内竞争通常较种间竞争更为激烈。种间竞争和种内竞争随栽培密度大、杂草多、非经营树种增多而增强。因此，合理密植、铲除杂草、伐除非经营树种是提高经济林丰产性的必要手段。

经济林木与其他植物之间的相互作用还有他感作用，也是生物间相互作用的具体体现。将某种植物向体外排出特定的生物化学物质，抑制或促进同种或他种植物生活的现象称为他感作用。经济林木与其他植物间也存在这种他感现象，包括：抑制其他植物的生长，如核桃抑制苹果、苜蓿的生长，番木瓜抑制杂草的生长等；抑制同种植物生长，如连作导致的产量降低，其原因之一可能是自己分泌的毒素残留于土壤，妨碍了同种个体在同地的再次生长；相互促进或促进其他植物的生长。研究经济林木的他感作用，对于合理配置、充分利用目的树种与其他植物的关系、相互促进，提高产量有实际意义，是一项极有研究价值、前景广阔的课题。

近年来的研究中，在农林复合系统，深根树种在旱季或干旱时期会将土壤深层的水分通过树木根系吸收，再通过浅层根系释放，这种现象称为"水力提升"，孙守家等（2010）的研究表明，核桃-绿豆复合系统中通过核桃的夜间水力提升，绿豆体内约有1.58%~5.39%的水分来自核桃的水力提升作用，在一定程度上有利于缓冲旱季干旱胁迫对作物生长的影响。

4.4.2 动物

动物与经济林木的关系较为复杂，常常是益害并存，即使是同一种动物也可能如此。

(1) 有益作用

①授粉。许多经济林木为虫媒花，需由昆虫来完成传粉授粉过程，生产中常以此作为增产措施。

②传播种子。许多野生的经济林木靠动物来为之传播种子，以繁衍后代，增加个体数量，扩大分布区。

③改善土壤结构。蚯蚓等土壤动物在土壤中活动，可以增加土壤通透性，其粪便有助于形成良好的土壤结构。

(2) 有害作用

①取食树体。害虫取食树叶、鸟类取食嫩芽、小动物取食幼枝等行为直接影响树木的生长发育；若取食部分为果实，则同时降低了以果实为经营目的的产品质量与数量。这类危害的防治已成为经济林栽培中的一项重要工作。

②传播病害。许多昆虫是致病病毒、细菌和真菌病害的传播者，如核桃黑斑病由蚜虫、蚂蚁、蜂等参与传播，梨火疫病由蜂、蝇类参与传播等。

4.4.3 微生物

有益微生物能够促进植物的养分吸收、生长分化、抗病等，有害微生物如一些病毒、细菌、真菌线虫等会抑制植物生长，甚至对植物产生毒害作用。

(1) 菌根菌

属真菌类，其菌丝与树木幼根共生，形成特殊的菌根结构，是有益的共生。有3种类型：即外生菌根、内生菌根和内外生菌根。真菌与根系的共生，扩大了根系与土壤的接触面积，显著增强了根系的吸收能力；同时，真菌能分泌多种酶促进根系周围有机质的分解。许多经济林木具有菌根，如核桃、板栗、榛子、柿、山楂、葡萄、苹果等，将菌根菌接种到无菌根的经济林木根系上，可以促进树木生长发育。

(2) 根瘤菌

为细菌或放线菌类。是根瘤菌与幼根的有益共生，其共生产物呈瘤状，故称根瘤。根瘤菌的重要作用是可以直接固定土壤空气中的氮素，即将游离氮转化为氨，供植物利用。除豆科植物具根瘤外，也发现翅果油树、沙棘等非豆科经济林木也具有根瘤菌，在部分植物叶面上发现有类似的固氮菌类存在。

(3) 病原菌

是寄生于树木体内的寄生菌类，对经济林木的生长发育危害较大。可通过加快树木呼吸作用、降低光合作用、破坏角质层、堵塞导管、分泌毒素、破坏细胞膜等途径对树木进行伤害。在经济林栽培工作中，要做到早发现、早防治、对症下药，以防止或减轻对经济林木的伤害。

此外，土壤中存在的其他微生物种类仍十分复杂。有益的是多种微生物能分解有机物质或提高难溶性无机物溶解，增加土壤速效养分含量，有利于树木的吸收利用。

本章小结

经济林的生长发育、年周期和生命周期的正常度过，都是在一定的生态环境下进行的。经济林的优质、丰产与适宜的生态环境条件密不可分。本章从气候、土壤、地形和生物4个方面介绍了生态环境对经济林生长发育、产量和品质形成的影响。光照对经济林木的影响主要表现在光质、光照强度和光周期3个方面：不同波长的光对经济林木光合作用的有效性不同，红光和蓝紫光对光合作用最为有效，光质也影响经济林木有机物合成、生长发育、形态建成、向光性和光周期等；根据经济林木对光强和光质的适应将其划分为喜光树种、耐阴树种和中性树种3类；光周期主要与成花、休眠以及形成层活动时间有关。提高光能利用率是经济林增产、提质的重要途径。温度影响经济林木各个生理过程，经济林木正常生长发育有其适宜的温度范围，过低、过高均不利生长发育。温度过低对经济林木造成低温伤害，主要包括冻害、霜害、冻拔、冻裂、生理干旱等；温度过高会破坏经济林木的呼吸和代谢，也会加速蒸腾，破坏树木的水分平衡。水分是影响经济林生产的又一重要因素。干旱会破坏树木水分平衡，影响光合作用、光合产物的积累和分配；水涝会造成土壤缺氧，限制根系生长和吸收功能。风对经济林木的影响主要表现在：微风能促进树木蒸腾，有助授粉；大风会造成机械损伤，影响产量和品质。土壤为经济林木根系生长提供了生存空间和物质保障，土壤因子主要包括土壤质地、土壤结构和土壤理化性质，影响土壤的保水保肥和透水透气能力，土壤pH值会影响土壤养分的有效性，也会影响树木的生长和存活。地形和地势是通过对光、温、水、热在地面的再分配影响经济林木的生长发育。生物因子(包括植物、动物、微生物)与经济林木互为环境，相互影响，对经济林木益害并存。

各个环境因子间有着复杂的相互作用和相互联系，协调好生态环境与经济林木生长发育的关系，对于做好经济林栽培中园地选择、树种和品种选择、栽培模式的确定、采用科学合理的栽培管理技术至关重要。

思考题

1. 光对经济林的影响体现在哪些方面？
2. 在经济林栽培中，如何有效提高经济林的光能利用率？
3. 温度对经济林产量和品质有哪些影响？
4. 海拔和坡向如何影响经济林木的生长发育？

第 5 章

经济林良种苗木繁育

苗木是发展经济林的基础材料。经济林为多年生林木,苗木质量不仅直接影响建园的成活率、园貌的整齐度,还关系到树形培养、栽培模式建立等技术措施的实施。采用优质苗木建园,是实现经济林早果、丰产、优质和高效的先决条件。培育品种纯正、砧木适宜、生长健壮、根系发达、无检疫对象或病毒病的优质苗木,是经济林苗木繁育的基本要求。

5.1 苗圃建立

5.1.1 苗圃地选择

苗圃地选择的是否得当直接影响到苗木的产量、质量和成本的高低。苗圃地的选择首先应从经济林树种对气候条件的要求出发,选择适宜该树种发展的区域,然后着重考虑以下几个方面:

(1)地点

应设在苗木需求的中心,同时交通方便,以节省苗木运输费用,降低运输损耗;尽量远离经济林木病虫害发生较严重地区,尤其是检疫病虫害发生区域,以利于健康苗木的繁育和减少病虫害的传播;远离大型污染企业以及灰尘多的公路,创造有利于苗木生长的条件;最后还要考虑周围村庄的劳动力情况,以满足苗圃劳动用工较多的需求。

(2)地势

山坡地应选择背风向阳、光照良好、3°~5°的缓坡地。平地苗圃地下水位距离地面不小于1.0~1.5 m,并且一年中水位升降变化不大。地下水位过高的低地,要做好排水工作,否则不宜用作苗圃地。低洼盆地不但易汇集冷空气形成霜眼,造成冷害,而且排水困难,易受涝害,不宜选作苗圃地。

近年来,我国苗圃机械的研发和应用有了长足进展,如起苗机、断根机的应用,大大提高了劳动生产效率,苗木质量也得到了显著提升。但苗木机械的应用对苗圃地势提出了更高的要求。

(3)土壤

首先,应避开重茬地建立苗圃。重茬地播种,出苗率低,生长发育受阻,病虫害严重。其次，优先选择砂质壤土和轻黏壤土园地。因其理化性质好，适于土壤微生物活动，对种子发芽、幼苗生长都有利，而且起苗省工，伤根少。黏重土、砂土、盐碱土都必须先进行土壤改良，分别掺沙、掺土和修筑高畦或高垄，并大量施用有机肥后，方能作为苗圃地使用。另外，不同树种对土壤酸碱度的适应性不同。如板栗、砂梨喜微酸性土壤；葡萄、枣、扁桃、无花果等则较耐盐碱；苹果在盐碱度过高的土壤中常生长不良或发生死亡。因此，应针对不同树种的要求，选择土壤酸碱度适宜的园地。

(4) 灌溉

充足的水分供应是培育优质健壮苗木的必要条件。种子萌芽、扦插及压条生根和苗木生长，都需要充足的水分供应。尤其幼苗期根系分布浅，耐旱力弱，对水分要求更为突出，如果不能保证水分及时供应，会造成苗木停止生长，甚至枯死。除了保证充足的灌溉外，在降雨较多的季节，还要注意排涝。同时，还应注意灌溉水质，忌用有害苗木生长的污水灌溉。

5.1.2 苗圃规划设计

为了培育优质苗木，应设立各种类型的专业性苗圃。大型专业苗圃应根据苗圃的性质和任务，结合当地的气象、地形、土壤等资料进行全面规划。一般包括母本园和繁殖区2大部分。

(1) 外业工作

①踏查。确定圃地的范围，并进行有关经营条件和自然条件调查。

②测绘地形图。以1:1000比例测绘平面地形图，有关的明显地物应尽量绘入。

③土壤、病虫害调查。调查土层厚度、质地、pH值、地下水位、病虫害种类和感染程度。

④气象资料的收集。在当地气象台站了解气候情况、收集气象资料。

(2) 苗圃规划设计的主要内容

①母本园。母本园的任务是提供良种繁殖材料，如种子、自根砧木繁殖材料和优良品种接穗等，母本树应和砧木、品种区域化的要求相一致。大型专业苗圃应建立母本园(包括采种和采穗母本园)。

②繁殖区。根据所培育的苗木种类分为实生苗培育区、自根苗培育区和嫁接苗培育区。为耕作和管理方便，最好结合地形采用长方形小区，长度不小于100 m，宽度为长度的1/3～1/2。

③道路。可结合区划要求设置道路。干路为苗圃与外部联系的主要道路，大型苗圃干路宽度约6 m左右。支路可结合大区划分进行设置，一般宽3 m。大区内可根据需要分成若干小区，小区间可根据需要设小路。

④排灌系统和防护林。可结合地形及道路统一规划设置排灌系统和防护林，以节约用地。沟渠比降通常不超过1/1000，以减少冲刷，否则需采用硬化渠道。防护林设置原则和方法可参照经济林园建立一章的相关部分。

⑤房舍。房舍包括办公室、宿舍、农机具室、种子贮藏室、化肥农药室、包装工棚、苗木贮藏窖等，应选位置适宜、交通方便的地点建筑。

5.2 实生苗繁育

5.2.1 实生苗的特点和利用

实生苗是指用种子播种培育的苗木。播种繁殖苗木的方法称为实生繁殖。

(1) 实生苗的特点

①主根强大,根系发达,入土较深,对外界环境条件适应能力强。

②实生苗具有明显的童期和童性,进入结果期较迟。

③因大多数经济林树种为异花授粉植物,故其后代有明显的分离现象,不易保持母树的优良性状和个体间的相对一致性。

④少数经济林树种具有无融合生殖(无配子生殖)特性,其后代生长性状整齐一致。如苹果属中的湖北海棠、三叶海棠等,可产生无配子生殖体。

⑤柑橘和杧果的同一粒种子内有多胚现象,除一个有性胚外,其余均为珠心胚。珠心胚表现生长势强,且能较稳定遗传母本特性。

⑥在隔离的条件下,育成的实生苗可不同程度脱除病毒,从中可筛选无病毒苗木。

(2) 实生苗的利用

许多经济林树种属于异花授粉植物,遗传上高度杂合,实生后代遗传变异较大,采用种子繁殖很难保持母本树固有的优良特性。因此,实生繁殖主要在近缘野生种或半栽培种上应用,生产的实生苗主要用作经济林木嫁接繁殖的砧木,只有少数树种直接用于建园。

5.2.2 实生繁殖原理

(1) 种子成熟

种子成熟包括生理成熟和形态成熟2个阶段。

①生理成熟。生理成熟是指种子发育到一定大小,内部营养物质积累到一定程度,种胚具有发芽能力时的状态。其特点是种子含水量较高,内含物处于易溶状态,种皮不致密,种子不饱满,抗性弱,不易贮藏,同时生理成熟的种子还没有充分完成种胚的生长发育过程,因此发芽率低。

②形态成熟。形态成熟是指当种子失水变干,内含物质转为不溶状态,种皮致密,种子坚实,颜色、味道和气味都达到成熟时所固有的特征的状态。形态成熟的种子,营养物质的积累已经终止,内部营养物质大多转化为不溶解的淀粉、脂肪和蛋白质状态,含水量下降,酶活性减弱,种子开始进入休眠状态。

多数树种的种子是在生理成熟之后进入形态成熟,但也有少数树种如银杏等,虽在形态上已表现出成熟的特征,而种胚还未发育完全,需经过一段时间才具有发芽能力,则称为生理后熟。

(2) 种子的休眠与解除

种子休眠是指有生活力的种子,由于某些内在因素或外界条件的影响,而使种子一时不能发芽或发芽困难的自然现象。它是植物在长期的系统发育过程中适应外界环境而形成的生态特性。北方落叶经济林木大都有自然休眠特性,常绿经济林木无明显的休眠期或很短。

种子的休眠又分为自然休眠和被迫休眠两种情况。自然休眠是指种子虽然成熟，但内部存在妨碍发芽的因素而导致的休眠，故又称为内因性休眠。在一定条件下，使种子内部发生一系列生理变化后，种子能够发芽的过程称为种子后熟。被迫休眠又称二次休眠，是指已经具备发芽能力的种子遇到不良的环境条件再次进入休眠状态，又称外因性休眠。

①生理休眠的原因。具体包括以下方面：

a. 种胚未成熟。种子除胚以外的各组成部分均已成熟，并已脱离母株，但胚发育尚未完成，需要在一定条件下（保持湿润和一定温度）继续生长发育数周至数月的时间才能发育完成。如银杏种子。

b. 种皮或果皮的结构障碍。种皮或果皮坚韧致密，不易透水、透气、妨碍种子吸水膨胀和气体交换，造成发芽困难而处于休眠状态。如核桃、桃、杏、枣等。

c. 种胚尚未通过后熟过程。海棠、杜梨、桃、杏等许多温带经济林木的种子成熟以后，需要在低温、通气和一定湿度条件下，经过一定时间才能促使胚内部发生一系列生理生化变化，使复杂有机物水解为简单可利用物质，种子吸水能力增强，种胚通过后熟过程后才能萌发。

(3) 解除种子休眠的途径。具体包括以下路径

a. 被迫休眠的种子，给予适宜发芽条件，种子即可解除休眠，迅速萌发。

b. 由于种（果）皮障碍引起的休眠，可以采用机械或化学破皮、高温浸种等方法破除休眠。

c. 由于抑制发芽物质及生理原因引起的休眠，可将种子放在一定低温、湿润条件下进行层积处理，以降低或消除抑制物质，完成后熟过程，使种子发芽。这是目前应用最广泛的方法。

5.2.3 种子的采集与处理

(1) 种子的采集

目前，我国经济林苗木生产中，种子的来源主要有3个：自采、购买和果品加工后取出的种子。果品加工后取出的种子大多纯净度不高，易带病菌。购买种子，要弄清种子来源，选择专业且有信誉的销售单位，如林业部门种苗站等。自采种子适合当地有丰富资源、专业能力强的企业或个人。自采种子要注意以下几个方面：

①母本树的选择。采种母树要品种纯正、生长健壮、无严重病虫害；同时还应注意采种母树的丰产性、优质性和抗逆性。

②适时采收。采集种子必须适时，一般采集形态成熟的种子。鉴别种子形态成熟时，多根据果实颜色转变为成熟色泽，果肉变软，种皮颜色变深而具光泽，种子含水量减少，干物质增加而充实等确定。多数经济林木种子是在生理成熟以后进入形态成熟，但银杏等少数树种，则是在形态成熟以后再经过较长时间，种胚才逐渐发育完全。

③取种。从果实中取种的方法要根据果实特点而定。一般果肉能够利用的种子，可以结合加工过程取种，但要注意加工过程不能超过45 ℃，否则影响种子活力。如山楂取种后制作罐头、八棱海棠取种后制作果干等。果肉无利用价值的，如山定子、秋子梨、杜

梨、毛桃、山杏等，果实采收后放入缸里或堆积软化。堆积软化期间要注意经常翻动，防止温度过高影响种子活力。待果肉软化后揉搓，再用水洗净，取出种子。有些树种（如板栗）堆积后，刺苞开裂即可脱粒。

(2) 种子的干燥、分级与贮藏

①种子的干燥。种子取出后，将果皮上附着的果肉、果汁洗净，进行适当干燥，以防种子发霉变质。多数种子宜在阴凉处晾干，不宜暴晒。人工干燥时，温度不宜超过35 ℃，并要逐步升温，使种子均匀干燥。

②种子的分级。干燥后的种子要精选分级，剔除破碎种子和杂质，使纯度达到95%以上。然后按照种子大小、饱满程度进行分级，以提高出苗率、苗木整齐度和便于苗木管理。

③种子的贮藏。经干燥和分级后的种子要妥善贮藏。贮藏过程中影响种子活性和寿命的主要因素是种子的含水量、贮藏环境的温度、湿度和通气状况。多数种子的安全含水量和充分风干的含水量大致相等。如海棠果、杜梨等种子含水量约在13%～16%之间；李、杏、毛桃等种子含水量最高可达20%～24%；而板栗、银杏等种子则需保持30%以上。贮藏期间的空气相对湿度宜保持在50%～80%，气温0～8 ℃为宜。大量贮藏种子时，还应注意种子堆内的通气状况，通气不良时加剧种子的无氧呼吸，积累大量的CO_2，使种子中毒，特别是在是温度、湿度较高的情况下更要注意通气。还要注意防止虫害和鼠害。

贮藏方法因树种不同而异。大多数落叶经济林木种子在充分阴干后贮藏。但板栗种子，采种后必须立即湿藏，否则容易过度干燥，丧失生活力或降低发芽力。人工低温、低湿、O_2稀少的环境条件，可使不适于干藏的种子延长生活力。

(3) 种子的层积处理

种子的层积处理是落叶经济林木种子在适宜的外界条件下，完成种胚的后熟过程和解除休眠、促进萌发的一项技术措施。因处理时常以河沙为基质与种子分层放置，故又称沙藏处理。层积处理多在秋、冬季节进行，多数落叶经济林木种子需要在一定的低温、基质湿润和O_2充足条件下，经过一定时间完成其后熟阶段。层积的有效温度范围为-5～17 ℃，最适温度范围为2～7 ℃；O_2浓度一般通过河沙的湿度进行控制，通常沙的湿度以手握成团而不滴水（约为最大持水量的50%）为宜。层积后熟时间长短主要与不同树种的遗传特性有关（表5-1），但也受到其他条件的影响。

表5-1　主要经济林树种砧木种子层积日数（2～7 ℃）

树种	层积日数(d)	树种	层积日数(d)
平邑甜茶	30～40	扁桃	45
山定子	25～90	猕猴桃	60
八棱海棠	40～50	枣、酸枣	60～100
海棠果	40～50	山桃、毛桃	80～100
三叶海棠	30～40	中国李	80～120

(续)

树种	层积日数(d)	树种	层积日数(d)
青砧1号	40~50	甜樱桃	100
杜梨	40~60	酸樱桃	150~180
秋子梨	40~60	板栗	100~180
核桃	60~80	山楂	200~300
山杏、杏	45~100	山葡萄	90

种子的层积处理在室内外均可。室外一般选择地势高燥的背阴处，室内要选择无采暖设施的房间。有条件的，最好选择在冷库内进行。层积前一般要进行浸种处理，使种子充分吸水。小粒种子一般浸泡2~4 h，大粒种子浸泡一昼夜或更长。种皮坚硬致密的种子，最好采用破壳处理。为减少种子带菌量或病毒携带量，可在层积前用药剂浸种。如用2%氢氧化钠溶液浸泡八棱海棠种子20 min，可大幅度降低种子病毒携带量。药剂浸种要严格控制药剂浓度和处理时间，同时注意浸种后用清水清洗。层积处理的基质一般采用干净的河沙，大小以通气性和保水性能适宜的中沙为宜。种子和河沙的混合比例影响通气性，一般种沙比(体积比)小粒种子为1：(3~5)，大粒种子为1：(5~10)。

层积期间要注意预防鼠害。层积处理的中后期要注意翻看河沙的湿度，以及种子发芽情况。如遇大量萌芽，要及时播种或低温下存放。

5.2.4 播前准备工作

(1)种子生活力鉴定

种子生活力鉴定是判断种子发芽力和预测发芽率的一种方法，是确定播种量的重要依据。种子的生活力受采种母株营养状况、采收时期、贮藏条件和贮藏年限等因素的影响。新采收的种子生活力强，发芽率高；放置时间较长的种子则因贮藏条件和时间长短，其生活力有所不同。鉴定种子生活力的方法有目测法、染色法和发芽试验。

①目测法。就是直接观察种子的外部形态。凡种粒饱满，种皮有光泽，种粒重而有弹性，胚及子叶呈乳白色，为有生活力的种子。

②染色法。是将待测种子浸入染色剂溶液一定时间后，利用细胞膜的选择性吸收或活体细胞的氧化还原反应，根据胚及子叶染色情况，判断种子生活力强弱和百分数的一种方法。常用的染色剂有靛蓝胭脂红、曙红和四氮唑(TTC)等。具体方法见表5-2。

表5-2 种子染色方法及活力鉴定标准

类型	染色剂	浸种时间	鉴定指标
活力种子不着色	0.1%~0.2%靛蓝胭脂红	2~4 h	①胚及子叶染色深为无活力；
	0.1%~0.2%曙红	1 h	②胚及子叶完全不染色或稍有浅斑为有活力；
			③部分染色为活力低
活力种子着色	0.5%~1.0%四氮唑	38~40 ℃ 1 h	①胚及子叶全面均匀着色为活力强；
			②染色较浅为中等活力；
			③胚及子叶不着色为低活力

③发芽试验法。是将无休眠期或经过后熟的种子,均匀地放在衬垫滤纸的二重皿中,并给予一定水分,置于20~25℃条件下促其发芽,计算发芽百分率。

(2)种子催芽

种子层积处理完成后未发芽的,可在播种前放置于气温较高的环境下进行催芽处理,待种子露白(胚根露出)后进行播种,可有效提高出苗率。

(3)整地作畦

整地的目的是为种子的萌芽、幼苗出土创造良好条件。要求土地细致平坦,地表10 cm内土壤细碎,没有较大的土块,整好后上暄下实。整地后作畦或作垄。多雨地区或地下水位较浅时,宜用高畦,以利排水。少雨干旱地区宜作平畦或低畦,以利灌溉保墒。畦的宽度以有利苗圃作业为准,长度可根据地形和需要而定。

5.2.5 播种

(1)播种时期

分为春播和秋播。适宜的播种时期,应根据当地气候、土壤条件以及不同树种的种子特性决定。春播适宜冬季严寒、干旱、风沙大、鸟、鼠害发生严重的地区。春季干旱少雨的地区,春播后进行地膜覆盖,可提高地温和起到保墒效果,有利于出苗。冬季较短且不甚寒冷和干旱,土质较好又无鸟、鼠害的地区,则可秋播。秋播种子翌春出苗早,生长期较长,苗木健壮。但在冬春季时间较长和降水较少的地区,应适当增加播种深度或进行畦面覆盖保墒,保持土壤湿度。

(2)播种方式与方法

分为条播、点播和撒播3种方式。条播是按一定的行距将种子均匀撒在播种沟中。条播行距一致,便于施肥、中耕、除草、起苗出圃等作业,应用较为广泛。条播适用于小粒种子,如海棠、杜梨等。点播是按一定的株行距将种子均匀播于苗圃地上。适用于大粒种子,如桃、栗、核桃等。优点是用种量较少,苗木生长健壮,田间管理方便,起苗出圃容易,但单位面积产苗量较少。撒播是指将种子均匀撒于圃地上,多用于苗床集中育苗。在经济林木育苗中应用较少。

传统的播种方法采用手工播种,目前大中型苗圃多采用播种覆膜一体机播种,实现了播种覆膜同时进行,生产效率大大提高(码5-1)。

(3)播种深度

码5-1 播种覆膜一体机操作视频

播种深度影响出苗率和整齐度,并因种子大小、气候条件和土壤性质而异,覆土深度一般以种子最大直径的1~5倍为宜。干燥地区比湿润地区播种应深些。秋冬播比春夏播应深些。砂土、沙壤土比黏土应深些。

(4)播种量

是指单位面积内计划生产一定数量的高质量苗木所需要种子的数量。播种量影响产苗的数量、质量以及苗木成本。理论播种量的计算公式为:

$$单位面积理论播种量(kg) = \frac{单位面积计划育苗数(株)}{每千克种子粒数 \times 种子发芽率 \times 种子纯洁率} \quad (5-1)$$

在育苗过程中，影响成苗出圃数量的因素很多，如播种质量、田间管理和病虫害等，故实际生产播种量均高于理论播种量。现将主要经济林砧木每千克种子数及播种量列于表5-3，以供参考。

表 5-3 主要经济林木每千克种子粒数及播种量

树种	种子粒数(kg)	播种量(kg/亩)	树种	种子粒数(kg)	播种量(kg/亩)
山定子	150 000~220 000	1~1.5	山杏	800~1400	15~30
海棠果	30 000~50 000	2.5~3.5	甜樱桃	10 000~16 000	7.5~10
八棱海棠	40 000~50 000	2.5~3.5	核桃	70~100	100~150
杜梨	28 000~70 000	2~3	板栗	120~300	100~150
秋子梨	1600~28 000	2~6	君迁子	3400~8000	5~10
毛桃	200~400	30~50	酸枣	4000~5600	4~6
山桃	260~600	20~50	山楂	13 000~18 000	7.5~15

5.2.6 播后管理

(1) 间苗和定苗

一般出土的幼苗数量都大于计划产苗量，需要进行间苗和定苗。间苗一般分 2 次进行。第 1 次在幼苗出现 3~4 片真叶时，适当疏拔过密的植株，去劣存优。并对缺苗的地方进行补栽。第 2 次在第 1 次间苗后 2~3 周，与定苗同时进行。间苗后应立即灌 1 次水，淤塞孔隙。

(2) 中耕除草

幼苗生长期间要及时中耕除草，保持土壤墒情，避免杂草与幼苗竞争水分和阳光。

(3) 施肥灌水

出苗前一般不灌水，特别干旱可淋水、喷洒或喷灌，不可大水漫灌。幼苗期要适时适量灌溉，在根茎木栓化之前尽量不大水漫灌，以免发生猝倒病等病害。苗木生长前期要保证充足的肥水供应，后期要控肥水，以免徒长，保证安全越冬。

(4) 断根处理

为促发侧根，培育发达根系，可在苗木旺盛生长期(7~8 月)用断根机进行断根处理，断根深度 20~25 cm (码 5-2)。

码 5-2 机械断根视频

(5) 病虫害防治

苗期病害以立枯病、猝倒病危害最重。预防措施主要是幼苗根茎木栓化前控水蹲苗。虫害分地上和地下 2 类。地上害虫要重点防治卷叶虫、红蜘蛛、蚜虫、刺蛾、象鼻虫等。地下害虫主要有地老虎、蝼蛄、金针虫、蛴螬等。随着秸秆还田技术的推广，地下害虫发生有加重的趋势，需要重点防范。地下害虫防治可在播种时拌种，或幼苗期随灌溉撒施有机磷颗粒剂。

5.3 嫁接苗繁育

嫁接是指将植株上的枝、芽等组织接到另一株的枝、干或根等适当部位上，经愈合后组成新的植株的一种技术。通过嫁接繁殖的苗木称为嫁接苗。用作嫁接的枝或芽称为接穗或接芽。承受接穗或接芽的部分称为砧木。嫁接繁殖是经济林苗木繁殖应用最广泛的一种方法。

5.3.1 嫁接苗的特点和利用

(1) 嫁接苗的特点

①保持原品种的优良性状。嫁接属无性繁殖，与实生繁殖不同，嫁接苗不会发生遗传变化，能够保持原品种的特性。

②开花结果早。种子繁殖的实生苗要经历一段漫长的幼年期才能开花结果。嫁接苗是由结果大树上采集的枝芽经过嫁接生长起来的，处于成年阶段，所以开花结果早。

③可利用砧木抗逆性扩大栽培范围。嫁接用的砧木大多数是野生种或半野生种，对不良环境条件具有较强的适应性。利用砧木的抗旱、抗寒、耐涝、耐盐碱和抗病虫等特性，可增强树体的适应性和抗逆性，从而扩大栽培范围。

④可利用砧木特性调节树体生长势。不同砧木对树体生长势的影响不同。利用砧木的乔化、矮化能力，可以使树体生长势变强或减弱，从而适应不同的栽培模式。

⑤克服不易繁殖现象。对于扦插、压条、分株方法不易繁殖的树种、品种，以及一些无核、少核品种或树种，均可通过嫁接进行繁殖。

(2) 嫁接技术的利用

嫁接技术在经济林木生产中广泛应用于苗木繁育、对劣质品种的高接换优、对病、损树桥接补枝、空膛树嫁接填补空间、单一品种园嫁接授粉品种等。在育种中，常利用嫁接方法保存和繁殖芽变或枝变等无性变异、促进杂交幼苗提早结果等。近年来，在微体嫁接、脱毒苗检测等方面也都有应用。除此之外，嫁接技术还应用于理论研究，如砧木与接穗的互作机理等。

5.3.2 嫁接成活的过程

嫁接能够成活，主要是依靠砧木和接穗结合部分形成层的再生能力。嫁接操作中，砧木和接穗的削面受损伤变褐死亡，形成褐色隔膜(隔离层)，封闭和保护伤口。此后，接穗和砧木的形成层开始分裂，隔膜以内的细胞受创伤激素的影响，伤口周围细胞开始生长和分裂，形成愈伤组织，将隔离膜包被于愈伤组织之中，并逐渐填满砧、穗接口空隙，然后形成愈伤形成层。砧、穗双方新的形成层联结后，向内分化新的木质部，向外分化新的韧皮部。在以后继续分化生长的过程中，将砧穗双方木质部导管和韧皮部筛管联通在一起，最终达到全面愈合，成为新的独立植株。

5.3.3 影响嫁接成活的因素

影响嫁接愈合成活的因子主要是砧穗的嫁接亲和力、砧穗质量、嫁接技术和嫁接时的外部条件等。

(1) 嫁接亲和力

嫁接亲和力指砧木和接穗经过嫁接能否愈合成活和正常生长结果的能力，是嫁接时需要首要考虑的条件，是决定嫁接成活的基本条件。砧木和接穗的亲和力强弱表现不同，通常可分为以下4种类型：

①亲和良好。砧穗生长一致，接合部愈合良好，生长发育正常。

②亲和力差。砧木粗于或细于接穗，结合部膨大或呈瘤状。通常，砧木粗于接穗称之为"大脚"，砧木小于接穗称之为"小脚"。无论"大脚"与"小脚"，只要结合牢固，无后期不亲和现象，都不会影响生产。

③短期亲和。嫁接成活，前期表现正常，但生长几年之后枯死，是对生产危害最重的一种情况。

④不亲和。表现为嫁接后不产生愈伤组织，或虽产生愈伤组织但砧穗输导组织不能联通，接穗随之干枯死亡。

嫁接亲和力强弱是植物在系统发育过程中形成的特性，主要与砧木和接穗双方的亲缘关系、遗传特性、组织结构、生理生化特性和病毒影响有关。影响嫁接亲和力的因素主要有以下几个方面：

①亲缘关系。砧穗的亲缘关系越近，亲和力越强。同种、同品种间的亲和力最强，嫁接成活率高。同属异种间亲和力则因经济林木种类而异，但多数经济林木亲和力都很好。如苹果接在海棠或山定子砧木上，梨接在杜梨砧木上，柿接在君迁子砧木上等。同科异属间的亲和力一般比较弱，如山楂砧接苹果，欧洲李接在中国李砧上。但也有属间嫁接亲和良好并用于生产的，如榅桲砧嫁接西洋梨。

②砧穗组织结构。砧木和接穗双方的形成层、输导组织及薄壁细胞的组织结构相似程度越大，相互适应能力越强，越能促进双方组织联结，亲和力越强。反之，亲和力低，表现为嫁接成活率低或接后生长不良。

③砧穗生理机能和生化反应。主要反映在砧木和接穗任何一方不能产生对方生活所需要的生理生化物质，甚至产生抑制或毒害对方的某些物质，从而阻止或中断生理活动正常进行。砧穗双方的生理机能和生化反应方面的差异，主要表现在双方对营养物质的制造、新陈代谢以及酶活性方面的差异，从而造成砧穗间不亲和。某些生理机能的协调程度也可影响亲和力。如中国板栗接在日本栗上，由于后者吸收无机盐较多而产生不亲和，而中国板栗嫁接在共砧上则亲和力良好。

④砧穗携带病毒。砧木和接穗任何一方带有病毒，都可使对方受害，甚至死亡。这些病毒可通过嫁接传播。如苹果上表现为嫁接2~3年后，植株长势变弱，树皮龟裂，木质部异常或表现叶片褪绿、花叶等。

(2) 砧木和接穗的质量

主要是指砧木和接穗的贮藏营养含量和含水量。贮藏营养和含水量高，有利于形成层细胞分裂产生愈伤组织、接口愈合和嫁接成活。所以要选择生长健壮、发育充实的枝条和苗木作接穗和砧木。

(3) 嫁接时期

嫁接时期关系到土壤和大气的温度以及砧木与接穗的生理活跃状况，对嫁接成活有重要影响。春季嫁接过早，温度较低，砧木形成层刚开始活动，愈合组织增生慢，嫁接不易愈合。但温度过高，形成层细胞分裂也会减慢或停止分裂。如苹果在 5~30 ℃时，愈合组织的增生随着气温的增高而加快；超过 30 ℃则变慢，而且还会引起细胞的损伤。不同树种嫁接愈合所需的最适温度不同，如核桃为 29 ℃左右，葡萄为 24~27 ℃。

不同嫁接方法的适宜嫁接时期也有不同。"T"字形芽接要求砧木和接穗的形成层均处于活跃生长(离皮)状态；皮下接时，砧木形成层须处于活跃(离皮)状态，以便于操作和成活。另外，雨季嫁接时嫁接口容易进水，影响嫁接成活，所以应避开雨天嫁接。

(4) 操作技术

熟练和准确的操作是嫁接成活的重要条件。砧木和接穗削面平滑，形成层密接，操作迅速准确，接口包扎严密，接口愈合快，嫁接成活率高。相反，削面粗糙，形成层错位，接口缝隙较大和包扎不严等均不利于嫁接成活。熟练的嫁接操作，还可减少切面在空气中的暴露时间，减少水分散失和防止氧化，从而提高成活率。

(5) 土壤水分和接口湿度

土壤水分含量主要与砧木形成层细胞活跃状态有关。土壤水分充足，有利于砧木形成层细胞分裂，愈伤组织形成较快，有利于接口愈合。

接口湿度是砧、穗双方愈伤组织形成和连接的重要条件。愈伤组织是由薄壁而柔嫩的细胞群所组成，在愈伤组织表面保持一层水膜(饱和湿度)，才有利于愈伤组织分化，如苹果接穗切面形成愈伤组织的适宜相对湿度为 95%~100%。

(6) 嫁接的极性

愈伤组织具有明显的极性，砧、穗双方愈伤组织的极性可影响接合部生长。砧木和接穗都有形态学的顶端和基端，愈伤组织最初发生在基端部分，这种特性称为垂直极性。常规嫁接时，接穗的形态学基端应插入砧木的形态学顶端部分(异极嫁接)，这种正确的极性关系有利接口愈合、嫁接成活和接穗的正常生长。

(7) 伤流、树胶和单宁物质

有些经济林树种(核桃、葡萄、猕猴桃等)，春季土壤解冻后，根系开始活动，根压逐渐增大，嫁接口易出现伤流，影响或窒息接合部伤面细胞的呼吸作用，妨碍愈伤组织生成和增殖，导致嫁接失败。可以在砧木近地面处砍伤几刀，进行"放水"，以减少嫁接口伤流，提高成活率。也可采用夏季或秋季芽接或绿枝接，避开伤流期。

有些树种(桃、杏、李、樱桃等)嫁接时，常因接口流胶影响成活。柿、核桃、板栗等树皮中含单宁较多，切口容易形成单宁氧化膜，阻碍细胞的分裂，而降低嫁接成活率。

5.3.4 砧木和接穗间的相互影响

(1) 砧木对接穗的影响

①对生长的影响。不同类型的砧木对树体生长的影响不同。按照嫁接后,砧木对树体大小和树势的影响,可以将砧木分为乔化砧、半乔化砧、半矮化砧、矮化砧和极矮化砧等5大类(表5-4)。嫁接后,使树体高大的砧木称为乔化砧。如海棠果、山定子是苹果的乔化砧;山桃和毛桃是桃的乔化砧。能使树体生长矮小的称为矮化砧。如苹果的矮化砧 M_9、M_{26}、P_{22} 等,半矮化砧 M_7、MM_{106} 等。

砧木还会影响树体寿命,一般乔化砧能延长树体的寿命,矮化砧能缩短树体寿命。

表5-4 苹果营养系砧木分级建议标准

砧木类型	与标准树冠的比率	树高
极矮化	<1/5	树高小于现有实生乔化砧树高的1/5,即小于1.0 m
矮化	1/5~1/2	树高为现有实生乔化砧树高的1/5~1/2,即1.0~2.5 m
半矮化	1/2~2/3	树高为现有实生乔化砧树高的1/2~2/3,即2.6~3.4 m
半乔化	2/3~9/10	树高为现有实生乔化砧树高的2/3~9/10,即3.5~4.5 m
乔化	1	树高为现有实生乔化砧树高相似,即大于4.5 m

注:引自中国农业大学,2010。

①对结果的影响。砧木对经济林木进入结果期的早晚、果实的成熟期、色泽、品质、产量和贮藏性等都有一定影响。一般矮化砧苹果进入结果期较早,果实着色早、色泽好,成熟期提前;同时果实硬度大、耐贮藏。

③对抗逆性和适应性的影响。经济林木的砧木一般都是野生或半野生种类,具有较强的抗逆性和较广泛的适应性。如原产我国东北的山定子,抗寒性极强,嫁接在山定子上的苹果能减轻冻害;嫁接在海棠果上的苹果,较抗黄叶病、抗旱且耐涝。

(2) 接穗对砧木的影响

不同经济林木品种对砧木根系的生长特性有不同影响。如嫁接'红魁'的苹果实生砧木须根非常发达,但直根发育很少;而嫁接'初笑'品种,砧木则成为具有2~3个叉深根性直根根系。此外,在接穗的影响下,砧木根系中的淀粉、碳水化合物、总氮、蛋白态氮的含量,以及过氧化氢酶的活性都有一定变化。

(3) 中间砧对砧木和接穗的影响

将矮化砧的枝或芽嫁接在乔化砧上,再于矮砧枝段上嫁接所需要的优良品种,矮化砧的这种利用方式称为矮化中间砧。矮化中间砧和矮化砧一样,对接穗起矮化、早结果及增强抗性的作用。矮化中间砧的矮化效果与矮化中间砧的长度有一定关系,一般长度不短于15~20 cm才会有明显的矮化作用。同时,矮化中间砧也会对根系的生长产生不同程度的抑制作用。

5.3.5 砧木的选择与繁育

优良的砧木应该具备与接穗亲和力强、对接穗生长结果有良好影响、对栽培地区的适应性强、对病虫害抵抗力较强、容易大量繁殖等特性。我国主要经济林树种的常用砧木见表 5-5。乔化砧木一般采用播种繁殖，矮化砧木多采用压条、扦插、组织培养等方法进行繁殖。

表 5-5 我国主要经济林树种常用砧木

树种	砧木名称	树种	砧木名称
苹果	山定子、海棠果、八棱海棠	杏	山杏、杏
	半矮化砧：M_7、MM_{106}、青砧 1 号	樱桃	马哈利、青肤樱
	矮化砧：M_9、M_{26}、SH_{38}、SH_{40}		矮化砧：吉塞拉 5、吉塞拉 6
梨	杜梨、秋子梨(山梨)、褐梨、豆梨	葡萄	山葡萄、贝达、河岸葡萄、沙地葡萄
桃	山桃、毛桃	核桃	核桃、核桃楸、山核桃、枫杨
李	小黄李、山桃、毛桃、杏	板栗	板栗、茅栗、麻栗
枣	酸枣、枣	柿	君迁子、柿

5.3.6 嫁接方法

根据接穗所用的材料(芽或枝)不同，可将嫁接方法分为芽接和枝接 2 大类。

(1)芽接

以芽片为接穗的嫁接繁殖方法称为芽接。根据芽片是否附带木质部分为带木质芽接和不带木质芽接 2 类。在接穗皮层与木质部容易脱离时可用不带木质的皮芽嫁接。皮层不易剥离时，可采用带少量木质部芽接。只要接芽发育充实，砧木达到嫁接粗度，砧穗双方形成层细胞分裂活跃，春、夏、秋季均可进行芽接。在我国北方生长期短的地区，当年接芽萌发生长时间很短，冬季容易受冻和"抽条"，故多于夏季(7 月上旬)至早秋(9 月上旬)间芽接，成活后第 2 年萌发生长。常用的芽接方法有以下几种：

①"T"形芽接(盾片芽接)。适用于苹果、梨、桃、杏、李、枣等大多数经济林树种，砧木多用 1~2 年生实生苗。首先在砧木距地面 5 cm 左右的部位，选光滑的地方，开一"T"字形切口，深达木质部。然后削接芽，用刀从芽的下方 1.5 cm 处斜削入木质部，纵切长约 2.5 cm，再从芽的上方 1 cm 处横切一刀，深达木质部，然后用手捏住接芽两侧，轻轻取下芽片。插接芽时，先用刀尖或刀尾部，把砧木切口皮层向两边拨开，将芽片由上向下轻轻插入，使芽片上端与"T"字形横切口对齐。最后用 1.0~1.5 cm 宽的塑料条捆绑，接芽的叶柄外露（图 5-1）。这种嫁接方法要求砧木和接穗都必须离皮。

②嵌芽接。对于枝梢具有棱角或沟纹的树种，如板栗、枣，或者砧木不易离皮时可用嵌芽接。削取接芽时，先在接穗的芽上方 1.5 cm 左右处向下斜削一刀，长约 3 cm，然后在芽下方 1.5 cm 处斜切一刀至第 1 刀口底部，取下芽片，砧木切法与削接芽相同，但切口比芽片稍长，插入芽片后应注意芽片上端必须露出一线砧木皮层，最后绑紧（图 5-2）。

③方块芽接。方块芽接又称"工"字形芽接。多适用于较粗的砧木或皮层较厚的树种，如核桃、板栗、柿等。它的芽片比"T"形芽片大，与砧木的接触面大，成活率高。

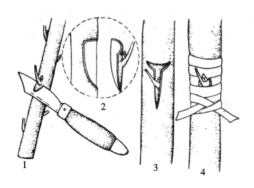

1.削取芽片；2.取芽片；3.插入芽片；4.绑缚。

图 5-1 "T"形芽接

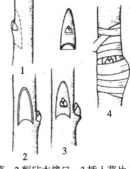

1.削接芽；2.削砧木接口；3.插入芽片；4.绑缚。

图 5-2 嵌芽接

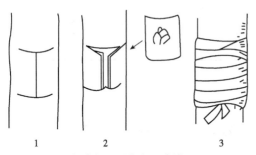

1.切砧木；2.插芽片；3.绑缚。

图 5-3 方块芽接

嫁接时，先用刀在接穗上切一长约 1.8~2.5 cm，宽 1.0~1.2 cm 的方块形芽片，接芽切好先不取下，靠着砧木按照接芽上下口距离，横切砧木皮层，再在上下切口中央竖刻一刀，向两边挑开皮层，然后将接芽取下插入，并用两边皮层将芽片盖住，露出接芽，最后用塑料条捆绑（图 5-3）。

(2) 枝接

枝接是指以枝段为接穗进行嫁接繁殖的方法，一般每个接穗带有 1~3 芽。与芽接法相比，操作技术不如芽接简单，难度较大，接穗用量多，嫁接时期短。但在秋季芽接未成活，需要在春季补接时多用枝接；另外在砧木较粗、砧穗处于休眠期而不易剥离皮层、幼树高接换优或利用坐地苗建园时，采用枝接法更为方便。枝接法根据嫁接地点可分为露地枝接和室内枝接；依接穗的木质化程度分为硬枝嫁接和嫩枝嫁接。硬枝嫁接是用处于休眠期的完全木质化的 1 年生发育枝为接穗，于砧木树液流动期至旺盛生长期前进行嫁接；嫩枝嫁接是以生长期中尚未木质化或半木质化的新梢为接穗，在生长期进行嫁接。

枝接时期通常分为春冬两季。春季嫁接一般在砧木树液开始流动时开始，只要接穗不发芽，可以一直接到砧木展叶或开花为止。我国北方地区春季枝接多在 3 月中旬至 5 月上旬进行。也可利用冬闲时间进行室内嫁接，待愈合成活后于春季栽植到苗圃。

①劈接。先把砧木从嫁接处剪断或锯断，在断面中间位置开一垂直切口，长度与接穗削面等长，然后剪一段带有 2~4 个芽的枝条作接穗，在接穗最下一个芽的左右两侧下方，各削长约 3 cm 的 2 个削面，外厚内薄，成尖楔形。削好后，厚的一面朝外，薄的一面朝内，将接穗插入砧木切口，两者形成层要对准，然后用塑料条包扎（图 5-4）。

②切接。先把砧木从嫁接处剪断，在断面 1/3 处开一垂直切口，长度与接穗长削面大致相等。削接穗时，先削一个 3 cm 左右的长削面，背后再削一个 1 cm 左右的短削面，然后将长削面向里，短削面向外，插入砧木切口，使两者形成层对齐，最后用塑料条包扎好（图 5-5）。

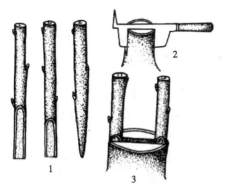

1.削接穗；2.切砧木；3.插接穗。

图 5-4 劈接法

1.长削面；2.短削面；3.切开的砧木；4.绑缚。

图 5-5 切接法

③皮下接。皮下接也称插皮接。在砧木近地面处，选光滑无疤部位，将砧木剪断，削平剪口。再剪一段带有 1~4 个芽的 1 年生枝条作接穗，在最下一个芽的对侧下方，削一长约 2~3 cm 的长削面，再在长削面背面尖端削长约 0.3~0.5 cm 的短削面。削好后将接穗的长削面向内插入砧木皮层内。如砧木皮层过紧，可在插接穗前先纵切一刀。长削面应在砧木切面上面留 0.5 cm 左右，俗称"露白"。接穗插入砧木后，用 2~5 cm 宽的塑料条包扎严紧。如果砧木比较粗壮，可沿干周插入 2~4 根接穗，可促使伤口全面愈合。

④腹接法。接穗的削法与切接近似，但要削成斜楔形。接穗带 1~2 个芽，长削面约 2.5 m，短削面 1.5 cm，长削面厚，短削面薄。于砧木嫁接部位与枝条纵轴成 30°角斜切至枝条横径 1/3 处，将砧木切口拉开后长削面朝里，短削面朝外插入接穗，砧穗形成层对齐。如果是为了补枝，接口以上的砧段可不剪除；如果是繁殖苗木，则要剪去接穗以上砧木，然后绑扎严紧。目前生产上常采用单芽枝段进行腹接，称为单芽腹接（码 5-3）。

码 5-3 苹果单芽腹接

⑤舌接法。常用于葡萄硬枝接和矮砧苹果室内嫁接，要求接穗和砧木的粗度大致相同。先把砧木与接穗各削成一个长约 3 cm 斜面，两者斜度要基本相等，然后在双方削面靠近尖端 1/3 处下刀，与削面接近平行切入一刀（忌垂直切入），深约 1.5~2.0 cm。切好后将两者削面插合在一起，并严密绑缚（图 5-6）。

⑥根接法。以根段为砧木的嫁接繁殖方法称为根接法（图 5-7）。该方法多用于苹果、枣等经济林树种。一般在秋末冬初苗木出圃或整地时，收集 0.5 cm 以上的断残根，截成 8~10 cm 长，根据砧穗粗度采用劈接或倒腹接，嫁接完成后用塑料条绑紧，用湿沙分层堆藏，以促生愈合组织，于 3 月下旬至 4 月上旬移于苗圃。

5.3.7 接后管理

(1) 芽接苗管理

①检查成活、解绑和补接。大多数经济林树种芽接 15 d 左右即可检查成活情况。凡接芽皮色新鲜、叶柄一触即落者即为成活。未成活的应马上进行补接，如当年时间过晚，也

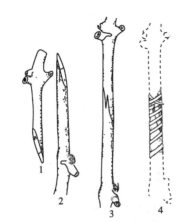 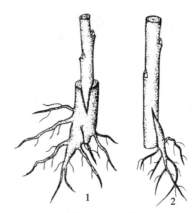

1.削接穗；2.削砧木；3.插合接穗和砧木；4.绑缚。　　1.劈接法；2.倒腹接。

图 5-6　舌接法　　　　　　　　　图 5-7　根接法

可翌年春季以枝接法补接。夏季芽接后 2~3 周即可解绑，解绑过早影响成活，解绑过晚，绑缚物容易嵌入皮层，影响发育。秋季芽接的，可于翌年春季定植后解绑。

②越冬防寒。冬季严寒干旱、越冬风险大的地区，为防止接芽受冻或抽条，一般于晚秋冬初起苗，进行假植或室内存放。冬季不甚严寒的区域，也可用塑料膜包裹越冬。坐地苗建园的，在封冻前可培土防寒，培土高度以超过接芽 6~10 cm 为宜。春季解冻后及时扒开，以免影响接芽萌发。

③剪砧。春季芽接的要随即剪砧。夏季芽接的一般在解绑时剪砧。夏末和秋季芽接的要在翌年春季苗木发芽前及时剪砧，以促进接芽萌发。剪砧的部位一般在接芽上方约 0.5 cm 处。

④除萌。剪砧后砧木容易发生大量萌蘖，应及时除去，以免和接芽争夺养分。一般要反复多次进行。

(2) 枝接苗管理

枝接后砧段上易发生萌蘖，应及时抹除，以免影响接穗生长，抹芽需要多次进行。通常在枝接 45~60 d 后解绑。解绑过早，嫁接口愈合不牢，容易受风害而影响成活。解绑过晚，绑缚物易嵌入皮层，影响后期生长，因而要求在苗木快速加粗生长前完成。如果是粗砧木多头嫁接，成活后应选留方位合适、生长健壮的一个枝条进行整形培养，其余的可先控制生长，待接口基本愈合后及时去除。大树改接时，接穗成活后生长迅速，在风大地区应立支柱，以防大风折断新梢。

(3) 圃内整形

在苗圃内完成树形基本骨架的苗木，称为整形苗。用整形苗建园，园貌整齐，成形快，结果早，在国外应用广泛。但育苗时间较长，成本较高，包装运输较困难。一般情况下，萌芽率高、成枝力强、易发生副梢的树种、品种，圃内整形容易，如桃树。对不易发生副梢的树种，可采用摘心、喷施或涂抹生长调节剂的方法促萌。圃内整形必须加大苗木株行距，以保证苗木的营养面积。

(4) 肥水管理及病虫害防治

参照实生苗培育部分。

5.4 自根苗繁育

利用营养器官(茎、芽、叶、根)形成不定根或不定芽繁殖而来的苗木，称为自根苗。培育自根苗的方法包括扦插、压条、分株和组织培养等。

5.4.1 自根苗特点和利用

自根苗由优良母株的枝、根、芽等营养器官繁殖而来，属于无性繁殖的一种，因而保持了母体的遗传特性而变异较少，苗木生长一致，进入结果期较早，繁殖方法简便。但自根苗无主根且根系分布较浅，所以适应性和抗逆性一般不如实生苗和实生砧嫁接苗。

自根繁殖可用于生产优良品种自根苗，直接用于建园生产，也可用于某些砧木的繁殖生产自根砧。如葡萄、无花果、石榴等可用硬枝扦插法繁殖；苹果矮化砧木可用压条繁殖；枣、酸樱桃等可用分株法繁殖。

5.4.2 自根繁殖的原理

经济林树种的自根繁殖就是基于高等植物细胞的全能性，利用营养器官的再生能力，发生新根或新芽而长成一个独立植株的过程，其再生不定根和不定芽的能力主要与其遗传特性有关。

5.4.2.1 不定根的形成

不定根由植物的茎、叶等器官发出，因发根位置不定，故称为不定根。多年生木本植物的不定根通常在枝条的次生木质部产生，有的经济林树种不定根是从形成层和髓射线交界处产生的，而葡萄则主要是由中柱鞘与髓射线交接处的细胞分裂而产生。

大多数树种是在扦插过程中，茎内某部分细胞恢复分裂能力，分化形成不定根的。有些树种是在枝条生长期间未脱离母株时，在茎组织形成层与髓射线交界处就已形成根原体。

插条形成愈伤组织和发生不定根，多数情况下是同时发生而又各自独立进行，但有时先长愈伤组织是扦插生根的主要条件。如苹果梨扦插后愈伤组织发生比葡萄插条快且多，但却不生根。而葡萄枝条扦插时未长愈伤组织，就在节间或节部发出不定根。虽然愈伤组织与不定根不存在直接的关系，但愈伤组织可防止病菌入侵、伤口腐烂和减少营养物质流失，为发根创造了良好条件。

5.4.2.2 不定芽的形成

定芽是指发生在茎上叶腋间的芽；不定芽是指无一定位置分化发生的芽，如根、茎段、叶片上分化发生的芽。许多植株的根在未脱离母体时，特别是在根受伤的情况下容易形成不定芽。自然发生时，不同根龄的根发生不定芽的部位不同。在年幼的根上，不定芽是在中柱鞘靠近维管形成层的地方产生；在老年根上，不定芽是从木栓形成层或射线增生的类似愈伤组织中发生的。而在受伤的根上，不定芽主要发生在伤口面或切口处愈伤组织中。

5.4.2.3 极性

植物器官的生长发育均有一定的极性现象,即枝条总是在其形态学顶端抽生新梢,下端发生新根。用根段扦插时,在根段的形态学顶端(远离根颈部位)形成根,而在其形态基端(靠近根颈部位)发出新梢。因此,扦插时要特别注意极性,不能倒插。

5.4.2.4 影响扦插与压条生根成活的因素

(1) 内部因素

①种与品种。枝上发生不定根或根上发生不定芽的难易因树种和品种不同而异,这种差异主要是由遗传因素决定的。如核桃、苹果、梨、桃等枝条扦插生根困难,而葡萄、石榴、无花果等枝条扦插容易生根。枝条扦插生根能力与根插产生不定芽的能力没有必然联系。如山定子、秋子梨、枣等,其枝条很难再生不定根,而根再生不定芽的能力较强。即便是同一个属内的不同种,枝插发根难易也存在差异,如欧洲葡萄和美洲葡萄比山葡萄、圆叶葡萄扦插容易生根。同一树种不同品种扦插发根难易也有差别。葡萄中的龙宝、京超、红伊豆较红瑞宝、红香蕉扦插生根容易。

②树龄、枝龄和枝条着生部位。通常树龄越小,其上剪取的插条越容易生根;1年生枝比多年生枝扦插更容易成活。但醋栗中的大多数种,因其1年生枝纤细,营养物质含量较少,用2年生枝扦插容易发根。对于实生树,处于童期阶段的枝条比成年期的枝条更容易发根。硬枝扦插时,一般1年生枝的中下部比梢部更容易生根。

③营养物质。枝条营养物质的含量与扦插和压条生根关系密切。其中起主要作用的是碳水化合物和氮素化合物。通常高含量的碳水化合物有利于生根,如葡萄插条中淀粉含量高的,扦插发根率高达63%,含量中等的为35%,而含量低的仅为17%。而氮的含量过高会使生根数量减少,低氮可增加生根数量,但如果缺氮则抑制生根。

④植物激素。植物激素对不定根的形成具有重要的调节作用,且因激素类型的不同其作用有所差异。生长素(IAA)对植物茎的生长、根的形成和形成层细胞的分裂有促进作用;细胞分裂素(CTK)在无菌培养基上可促进根插中不定芽的形成;脱落酸(ABA)在矮化砧 M_{26} 扦插时,有促进生根的作用。

⑤维生素。维生素是植物营养物质之一,维生素在植物叶中合成并输导至根部参与整个植株的生长过程,已知维生素 B_1、维生素 B_2、维生素 B_6 和维生素 C 为生根所必需。维生素和 IAA 混合使用,对促进发根有良好的效果。

无论硬枝扦插或绿枝扦插,凡是插条带芽或叶片的,其扦插生根成活率都比不带芽或叶片的插条生根成活率高,这与叶片和芽可制造 IAA 和维生素,并输送到插条下部促进根的分化和生长有关。

(2) 外部因素

①温度。一般白天气温 21~25 ℃、夜间约 15 ℃ 时有利硬枝扦插或压条生根。插条生根适宜土温一般为 15~20 ℃,但各树种插条生根对温度要求不同,如葡萄在 20~25 ℃ 的土温条件下发根最好,中国樱桃则以 15 ℃ 最为适宜。插条先发芽不利于生根。而在我国北方春季扦插时,往往气温高,土温低,造成先发芽,从而影响生根。因此提高土壤(插床)温度,是春季扦插生根的关键措施之一。

②湿度。包括土壤(插床)湿度和空气湿度。土壤含水量最好稳定在田间最大持水量的50%~60%，空气湿度越大越好，以减少蒸腾失水。

③光照。扦插发根前及发根初期，强烈的光照可加剧土壤及插条中水分消耗，易使插条干枯，因此应避免强光直射。夏季带叶嫩枝扦插，应搭建遮阴棚和弥雾装置。

5.4.2.5 促进生根的方法

(1) 机械处理

主要包括对枝条进行剥皮、纵刻伤和环剥处理等。

①剥皮。对枝条木栓组织比较发达的树种，如葡萄，扦插前先将表皮木栓层剥去，有利于插条吸水和消除发根障碍，从而有利用于生根。

②纵刻伤。具体做法是在插条基部1~2节的节间纵向刻划3~4道，深达韧皮部(见到绿色皮为度)。葡萄枝条扦插时进行纵刻伤后，不仅在节部和剪口周围发根，还会促进通常不发根的节间发生不定根。

③环状剥皮。采插条前15~20 d对准备作插条的枝梢基部环剥3~5 mm，待环剥伤口长出愈伤组织而未完全愈合时，剪下扦插；或压条繁殖前进行环剥，可促进生根。其主要作用是提高了插条的营养水平。

(2) 黄化处理

一般在扦插前3周，用黑布或纸条等包裹新梢基部，可使叶绿素分解消失，枝条黄化，皮层增厚，薄壁细胞增多，生长素(IAA)积累，从而促进根原体的分化和发育。河北省农林科学院昌黎果树研究所利用黄化原理，实现了苹果矮化砧木SH系的扦插繁殖。

(3) 温度控制处理

早春扦插常因土温较低而影响生根。采取措施提高扦插基质温度，是提高扦插成活率的重要措施。如葡萄扦插时利用火炕增温，插条基质温度保持在20~28 ℃之间，气温8~10 ℃以下，并喷水保持适当湿度，可显著提高发根率。也可用阳畦、塑料薄膜覆盖或利用电热温床等热源增温，促进发根。

(4) 药剂处理

常用生长素类植物生长调节剂进行处理，其中以吲哚丁酸、吲哚乙酸和萘乙酸(NAA)效果较好。另外，中国林业科学研究院研制的ABT系列生根粉，以及用0.1%~0.5%高锰酸钾溶液浸渍数小时至一昼夜，对促进插条生根均有良好效果。药剂处理促进生根的原理主要是加强插条的呼吸作用，提高酶的活性，促进分生细胞分裂。药剂使用方法分为液剂浸渍和粉剂蘸粘2种，生产中以液剂浸渍应用最多。

①液剂浸渍。硬枝扦插时所用浓度一般为5~100 μg/L，浸渍12~24 h，嫩枝扦插一般用5~25 μg/L，浸12~24 h。也可采用短时间浸渍处理，使用浓度一般为300~1000 μg/L，浸渍时间为3~5 s。

②粉剂蘸粘。一般用滑石粉作稀释填充剂，配成500~2000 μg/L，混合2~3 h后即可使用。可先将插条基部用清水浸湿，然后蘸粉扦插。

5.4.3 自根繁殖方法

自根苗繁殖方法主要有扦插育苗、压条育苗、分株育苗和组织培养育苗等。

5.4.3.1 扦插繁殖

按照扦插所用的插条种类,可以分为枝插法和根插法两种,以枝插法应用更为普遍。

(1)枝插法

按照插条的老嫩程度,枝插法又分硬枝扦插和绿枝扦插。

①硬枝扦插。插条采用充分成熟的1年生枝条。通常在早春休眠期进行,方法简单,成本低。当前生产上应用硬枝扦插的有葡萄、无花果、石榴等。一般在落叶后结合冬剪采集插条,剪成约50 cm长,每50根或100根打捆,标明品种、采集日期和地点,放置阴凉处备用或贮藏。贮藏可采用窖藏或沟藏,分层埋在湿沙中,温度保持1~5 ℃,沙的湿度以手握成团,手触即散为度。扦插前将枝条剪成带2~4个芽的插条,长约10~20 cm。珍贵品种或插条较少,也可剪成一芽一条。插条上端距最上芽1.5~2.0 cm左右平剪,在插条下端近节部呈45°角斜剪,有利于发根。剪截插条的剪刀一定要锋利,保证剪口整齐,不带毛刺,不劈裂。露地扦插可平畦扦插,也可垄插。垄插较平畦扦插土温较高,通气性好,生根较快,根系发达。在春季干旱少雨地区,通常采用覆盖地膜保墒。对于生根容易的树种直接在圃地扦插即可,对于生根慢的树种进行室内穴盘、营养袋扦插时,可采用蛭石、珍珠岩、草炭、河沙等配成基质。扦插的角度一般为直插,如插穗过长,也可斜插。

②绿枝(嫩枝)扦插。插条采用半木质化的新梢进行扦插,生产上应用的有葡萄、猕猴桃等。一般绿枝扦插比硬枝扦插容易发根,但绿枝扦插对空气和土壤湿度的要求更加严格,因此多采用自动间歇弥雾。采用自动间歇弥雾可使插条周围空气保持高湿度,叶片表面保持一层水膜,同时降低了空气和叶面温度,可有效降低蒸腾作用、增强光合作用、减少呼吸作用,从而使难发根的插条保持较长时间的生活力,以利发根。绿枝迷雾扦插必须采用通气性和淋水性好的蛭石等基质,以防止基质湿度过大导致插条腐烂。露地绿枝扦插多在生长季进行,以雨季进行效果最好。通常采用带2~4节的新梢,去掉插条下部叶片,保留上部1~2片叶作为插条,叶片较大的,可剪去1/2。

(2)根插法

对枝插不易生根而根插容易发生不定芽的树种可选用根插方法,如枣、柿、核桃、山核桃等。李、山楂、樱桃、醋栗等采用根插也较枝插成活率高。杜梨、秋子梨、榅桲、山定子、海棠果、苹果营养系矮化砧等砧木树种,也可利用苗木出圃剪下的根段或留在地下的残根进行根插繁殖。根段粗度以0.3~1.5 cm为宜,剪成10 cm左右长,上口平剪,下口斜剪。根段可直插或平插,以直插容易发芽,但切勿倒插。

5.4.3.2 压条繁殖法

压条是在枝条不与母体分离的状态下压入土中,促使压入部位发根,然后剪离母体成为独立新植株的繁殖方法,可用于扦插不易生根的树种。压条方法有地面压条和高枝压条2种,以地面压条最为常用,下面重点介绍地面压条中的直立压条和水平压条。

(1)地面压条

①直立压条法。又称垂直压条或壅土压条。可用于苹果和梨的矮化砧、樱桃、李、石榴、无花果等树种。现将国外苹果矮化砧直立压条繁殖方法介绍如下(图5-8)。

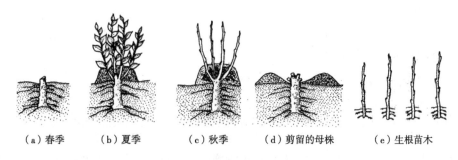

图 5-8　垂直压条过程示意图

春季，按 2 m 行距开沟做垄，沟深、宽均为 30~40 cm，株距 30~50 cm 定植矮化砧木。萌芽前，每株在地面上留 2 cm 短截，促使发出萌蘖。当新梢长达 15~20 cm 时进行第 1 次培土，培土高度约为新梢长的 1/2。约 1 个月后新梢长达 40 cm 时第 2 次培土，培土总高度约 30 cm。培土前应灌水，培土后注意保持土堆内湿润。培土后 20 d 左右开始生根。入冬前扒开土堆，自每根萌蘖基部，靠近母株处留 2 cm 短桩剪截，未生根的萌蘖也应同时短截，促进翌年发枝。

相对于土来说，锯末操作简易，保湿透气性好，易于生根，起苗时伤根较少，且有利于直接采用机械起苗，目前在国外广泛应用。

②水平压条法。苹果矮化砧采用水平压条时，可于定植当年将母株按行距 1.5 m，株距 30~50 cm 定植。植株与地面呈 45°角倾斜栽植。并将枝条压平，用枝杈固定。待新梢长至 15~20 cm 时培第 1 次锯末，新梢长至 25~30 cm 时第 2 次培覆。注意应及时抹去枝条基部强旺蘖枝。秋季落叶后即可进行分株（码 5-4）。

码 5-4　水平压条

(2) 高枝压条法

高枝压条法又称高压法。此法在繁殖荔枝、龙眼、柑橘类、石榴、枇杷、人心果、油梨、树菠萝等树种时有应用。该法具有成活率高，技术易掌握等优点；但繁殖系数低，对母株损伤大。

高压法在整个生长期都可进行，但以春季和雨季进行较好。多用椰糠、锯木屑作基质，也可用稻草与泥混合物。高压对象应选用充实的 2~3 年生枝条，在枝近基部进行环剥，宽度 2~4 cm，于剥皮处包以湿润的高压基质，并用塑料薄膜包裹保湿。

5.4.3.3　分株繁殖法

分株繁殖的方法很多，但在北方经济林树种中，主要采用根蘖分株法。

根蘖分株法适用于根系容易发生不定芽而长成根蘖苗的树种，如枣、山楂、树莓、榛子、樱桃、李、山定子、海棠果等，生产上多利用自然根蘖进行分株繁殖。在秋季落叶后至土壤封冻前或发芽前，在母株树冠外围开环状沟或直沟，切断 2 cm 以下的根，可有效促发根蘖苗发生。

5.5　工厂化育苗

工厂化育苗是以先进的育苗设施和设备装备种苗生产车间，将现代生物技术、环境调控技术、施肥灌溉技术、信息管理技术贯穿种苗生产过程，以现代化、企业化的模式组织种苗生产和经营，从而实现种苗规模化生产的一种方式。植物组织培养技术是经济林树种工厂化育苗的重要技术手段之一。

5.5.1 植物组织培养

采用植物体的器官、组织和细胞，通过无菌操作接种于人工配制的培养基上，在一定的温度和光照条件下，使之生长发育为完整植株的方法称为组织培养。根据培养材料的不同可分为茎尖培养、茎段培养、叶片培养和胚培养等，进行组织培养快繁时，经济林树种多采用茎尖或茎段培养。

茎尖或茎段培养程序主要包括培养基的制备、起始培养(初代培养)、继代培养、生根培养以及组培苗的驯化和移栽。

(1)培养基及其制备

①培养基。培养基是离体培养材料的主要营养来源，其营养成分和理化性质决定着组织培养的成败。培养基一般由水、无机盐、有机营养成分、植物生长调节剂、天然附加物、凝固剂等几类物质组成。水一般采用蒸馏水；无机盐按用量多少又分为大量元素(氮、磷、钾、钙、镁、硫、钠、氯等)和微量元素(铁、锰、锌、硼、钴、钼、铜等)；有机营养成分主要包括糖类、维生素、氨基酸、肌醇、有机附加物等；植物生长调节剂常用的有生长素类、细胞分裂素类、赤霉素、多效唑等；凝固剂常用的是琼脂和脱乙酰吉兰糖胶。

一般将没有添加生长调节剂的培养基称为基本培养基。不同树种对基本培养基的要求不同，常用的基本培养基有 MS、LS、B_5、N_6、WS、White 等。这些基本培养基主要在无机盐的种类和浓度上存在差别。

②培养基的制备。为了快速准确地配制培养基，通常将培养基的各组分配成 10 倍、100 倍甚至 500 倍的浓缩液，即母液。配制培养基时，分别将各组分按量加入蒸馏水中，定容至所需体积的 90% 左右后加热。随后加入糖、琼脂，不断搅拌直至沸腾并完全溶解，最后加入蒸馏水定容至所需体积。用 pH 试纸测定培养基的酸碱度，并用 1 mol/L 的氢氧化钠或盐酸调节 pH 值至 5.8 左右。然后用灌装机进行分装，用高压蒸汽灭菌锅进行灭菌，灭菌条件为 121 ℃ 下保持 20~25 min。灭菌完成后出锅，于室温下平放凝固备用。

(2)初代培养

初代培养又称起始培养，是指将田间植株上的组织或器官(通常为茎尖或茎段)经过药剂灭菌处理，接种到培养基上，形成无菌培养物并正常生长的过程。植物离体培养中的起始接种材料称为外植体。外植体可选用度过休眠的 1 年生枝经催芽获得的茎尖，也可选用春夏季的新梢。

外植体灭菌通常采用 70% 酒精、0.1% 的氯化汞和 10%~30% 的次氯酸钠等。新梢灭菌的一般流程为：田间采集新梢并去掉叶片(保留 1 cm 左右叶柄)、流水冲洗 15~20 min、剪成单芽茎段、70% 酒精浸泡 10~20 min、无菌水泡洗 2~3 次。或者用次氯酸钠、氯化汞溶液代替酒精浸泡 10~15 min，无菌水泡洗 3~4 次。消毒液处理要在无菌工作台上进行。处理完毕后，将外植体接种于准备好的培养基上，一般采用单瓶单茎段，然后放于培养室内培养。对于容易褐变的树种，接种后可先暗培养，待芽萌发后再置于光下培养。初代培养期间，要不断淘汰污染的材料，最终获得无菌的材料。河北农业大学(2010)所用苹果初代培养基为：MS+BA 0.5~1.5 mg/L+NAA 0.02~0.05 mg/L+蔗糖30~35 g/L+琼脂5.5~7.0 g/L，pH值5.8。培养室培养条件为气温(23±2)℃，光周期16/8 h，培养瓶上光强为2000 lx。

(3) 继代培养

继代培养是指在无菌条件下将初代培养获得的无菌材料，每隔一段时间进行分割并置于新的培养基上不断增殖的过程。继代培养的继代周期一般为3~5周。继代培养基中通常采用较高浓度的细胞分裂素(CTK)与较低浓度的生长素(IAA)进行组合。河北农业大学(2010)苹果继代培养的通用培养基为：MS+BA 1.0 mg/L+NAA 0.05 mg/L+蔗糖30 g/L+琼脂7 g/L，pH值5.8。培养室条件同初代培养。

(4) 生根培养

生根培养是指将继代培养的茎段接种到生根培养基中生根，长成完整植株的过程。通常切取继代培养约30 d、长约2 cm的粗壮嫩梢，接种在生根培养基中，放置于培养室内培养。对于难生根的树种，可先暗培养5~7 d，再置于光下培养。生根培养基多采用含盐量较低的1/2MS、1/2B₅、White、Knop等基本培养基，蔗糖浓度减半，提高IAA浓度，降低CTK浓度(甚至可以不要CTK)。河北农业大学(2010)苹果组培生根的通用培养基为：1/2MS+IAA 1.0 mg/L+IBA 0.2~0.6 mg/L+蔗糖15~20 g/L+琼脂7 g/L，pH值5.8。培养室条件同初代培养。

(5) 组培苗的驯化和移栽

组培苗的驯化和移栽是指将生根培养阶段获得的生根组培苗移至温室过渡培养，然后移栽至大田的过程。生根苗从培养瓶中移栽于土壤(基质)中，常因外部环境条件的变化较大而影响成活，因此移栽前一般通过强光闭瓶锻炼加以驯化，提高组培苗适应外界环境的能力。移栽后的最初2~3周，维持较高的空气相对湿度(80%~100%)，以防止植株失水，促发新根和新梢生长。随后，逐渐防风，降低空气湿度，直至适应外界环境，最后移栽至大田。过渡移栽要求基质疏松透气、排水良好，通常采用蛭石、泥炭混合物。在大规模生产中，组培苗移栽至大田可选用移栽机(码5-5)。

码5-5 组培苗机械移栽视频

5.5.2 工厂化育苗的设施设备

以下介绍以植物组织培养技术为核心的工厂化育苗所需的设施设备。

(1) 组培室

组培室通常包括准备室、灭菌室、接种室、培养室及贮藏室等。

①准备室。准备室的功能包括器皿的洗涤、培养基的配制与分装等。通常可间隔为洗涤室、培养基配制室。准备室内需要配置不同精度的天平2~3台，即用于一般称量的0.1或0.01 g感量的天平，和用于微量称取的0.001 g或0.0001 g感量的天平。冰箱1~2台，用于一般药品的贮藏和培养基母液的保存。精度0.01的酸度计1台，用于pH值的测定。还有磁力搅拌器、加热器、纯水器及培养基分装设备，以及分装培养基的培养瓶等。

②灭菌室。从用电和使用安全的角度考虑，需要单独设置灭菌室。主要用于培养基的灭菌，以及污染物的灭菌处理等。灭菌室内需要配置高压蒸汽灭菌锅，可配置不同规格的

灭菌锅 2~3 台。

③接种室。接种室的主要功能是进行无菌操作。要求封闭性好，干燥清洁，避免空气对流。需要配置无菌工作台、紫外杀菌灯、干热灭菌器（镊子、解剖刀灭菌）、空调、酒精灯、镊子、解剖刀等。

④培养室。培养室的主要功能是对离体材料在控制条件下进行培养。基本要求是能够控制温度和光照，便于清洁并保持相对的无菌环境。一般每个培养室的空间不宜过大，以便均匀控制环境。通常培养室内放置 4~5 层的培养架，培养架上安装光源，要求培养瓶上的光强不低于 2000 lx，利用自动控制系统调控光周期，利用空调调控温度。还可放置光照培养箱，用于特殊材料的存放。

(2) 温室大棚

主要用于生根苗的过渡移栽。要求有遮阳装置、自动卷帘功能，进行周年生产的还要有暖气等加温设备，以及喷淋装置。

5.6　苗木出圃

苗木出圃是育苗工作的最后一个环节。出圃准备工作和出圃技术直接影响苗木的质量，并对建园成活率、前期生长和早期丰产有着深远影响。

5.6.1　出圃前的准备

出圃前的准备工作主要包括以下几个方面：

(1) 苗木调查

对苗木种类、品种、各级苗木数量等进行核对和调查。

(2) 制定苗木出圃计划

根据调查结果及订购苗木情况，制定出圃计划及苗木出圃操作规程。与购苗和运输单位联系，及时分级、包装、装运，缩短运输时间，保证苗木质量。

(3) 其他准备工作

包括农机具的保养维修、人员的调配及土壤墒情的调查等。土壤墒情较差时，一般在起苗前 5~7 d 进行灌溉，以减少起苗时伤根。

5.6.2　起苗

(1) 起苗时间

①春季起苗。一般在春季土壤解冻后至苗木发芽前进行。起苗过晚，芽萌动或根系生长会消耗营养，且苗木容易失水，对定植成活不利。春季起苗后，可直接运送到建园地点，可免去或缩短贮藏与假植时间。但在冬季严寒，苗木越冬易出现冻害或抽条的地区，不宜春季起苗。

②秋季起苗。一般在秋季落叶后至土壤上冻前进行。秋季起苗既可避免苗木冬季在田间受冻或早春抽条，又有利于根系伤口的愈合，对提高苗木栽植成活率有明显作用。在冬季较温暖的地区，秋季起苗后可直接用于建园。在冬季严寒、越冬容易出现冻害和抽条的

地区，必须在秋季起苗。秋季起苗而春季栽植时，一般需要较长时间的贮存或假植，其间要注意防止苗木失水和受冻，否则会显著降低翌年春季栽植成活率。

(2) 起苗方法

①人工起苗。人工起苗分裸根起苗和带土球起苗，一般北方落叶经济林树种采用裸根起苗。人工起苗一般用铁锹或起苗铲进行。人工起苗通常伤根较多，并且费工费力，适合苗木数量较少，或地块较小而分散的苗圃采用。

②机械起苗。国外苗圃已普遍采用机械起苗，目前国内规模化苗圃也在逐步推广。机械起苗一般采用专用的起苗机，由拖拉机带动实现作业。机械起苗对根系的损伤小，根系更加完整，规格一致；同时节省人工，起苗效率大大提高(码 5-6)。

码 5-6　机械起苗视频

5.6.3　苗木分级

(1) 分级的意义

为了保证出圃苗木质量，提高栽植成活率和建园的整齐度，也为了便于苗木的包装和运输，要根据苗木的大小、质量优劣进行分级。

(2) 分级的原则与依据

不同树种都有各自的苗木质量分级标准，但优质苗木都具有以下基本特征：品种纯正，砧木正确；地上部枝条健壮、充实、具有一定高度和粗度，芽体饱满；根系发达，须根多，断根少；无严重病虫害和机械损伤；嫁接苗的接合部愈合良好。现将苹果和核桃苗木出圃规格列于表 5-6 和表 5-7 供参考。

表 5-6　苹果苗木等级规格指标

项目		等级		
		Ⅰ级	Ⅱ级	Ⅲ级
基本要求		品种和砧木类型纯正，无检疫对象和严重病虫害，无冻害和明显的机械损伤，侧根分布均匀舒展、须根多，接合部和砧桩剪口愈合良好，根和茎无干缩皱皮		
粗度≥0.3 cm，长度≥20 cm 的侧根数量(条)(非矮化自根砧)		≥5	≥4	≥3
粗度≥0.2 cm，长度≥20 cm 的侧根数量(条)(矮化自根苗砧)		≥10		
根砧长度(cm)	乔化砧苹果苗	≤5		
	矮化中间砧苹果苗	≤5		
	矮化自根砧苹果苗	15~20，但同一批苹果苗木变幅不得超过 5		
中间砧长度(cm)		20~30，但同一批苹果苗木变幅不得超过 5		
苗木高度(cm)		>120	100~120	80~100
苗木粗度(cm)	乔化砧苹果苗	≥1.2	≥1.0	≥0.8
	矮化中间砧苹果苗	≥1.2	≥1.0	≥0.8
	矮化自根砧苹果苗	≥1.0	≥0.8	≥0.6

(续)

项目	等级		
	Ⅰ级	Ⅱ级	Ⅲ级
倾斜度(°)	≤15		
整形带内饱满芽数(个)	≥10	≥8	≥6

注：引自《苹果苗木》(GB 9847—2003)。

表 5-7　核桃嫁接苗质量等级

项目	特级	Ⅰ级
嫁接部位以上高度(cm)	≥120	≥90
嫁接口上方直径(cm)	≥1.5	≥1.0
主根长度(cm)	≥25	≥20
>10 cm 长的Ⅰ级侧根数量(条)	≥15	≥10

注：引自《核桃标准综合体 第3部分：核桃嫁接苗培育和分级标准》(LY/T 3004.3—2018)。

5.6.4　苗木检疫

(1) 检疫的概念及意义

检疫是国家以法律手段和行政措施，禁止或限制危险性病、虫、杂草等有害生物人为传播蔓延的一项国家制度。由国家或地方政府制定法规并强制执行。由设在口岸和产地的检疫部门根据国家颁布的有关法规负责实施。苗木检疫主要是严防危险性病虫随植物体、植物产品、交通运输工具和包装材料输入和输出。将局部地区发生的危险性病虫封锁在一定范围内，防止向未发生地传播，同时采取各种有效措施，逐步缩小发生范围直至消灭。

(2) 检疫对象

是指国家规定禁止从国外传入和在国内传播并且必须采取检疫措施的病、虫、杂草及可能携带这类病虫的植物等的名单。国际间有共同的检疫对象，各国还有自定的检疫对象。经济林苗木检疫对象是指对经济林树种危害严重、防治困难、可以通过人为方式传播的病虫种类。

我国于1991年10月颁布了《中华人民共和国进出境动植物检疫法》，中华人民共和国国家质量监督检验检疫总局2003年5月实施了新的中华人民共和国出入境检验检疫行业标准《进出境植物苗木检疫规程》(SN/T 1157—2002)（现已废止），进一步规范了进出境植物苗木检疫规程。农业部与国家质量监督检验检疫总局共同制定，于2007年5月发布实施了《中华人民共和国进境植物检疫性有害生物名录》，明确我国进境植物检疫性有害生物共计435种。检疫法规定应实施检疫的植物材料和物品包括植物（苗木）、植物产品（种子、果实、枝条等）、运载工具及包装铺垫材料等。为防止国内地区间危险性病虫的传播，我国也提出了对内植物检疫对象名单。

从国外引种或国内地区间调运种苗和繁殖材料，须事先提出引种或调运计划和检疫要求，报主管部门审批后，持审批单和检验单到检疫部门检验，确认无检疫对象的，发给检疫合格证，准予引进或调出。

5.6.5 苗木的包装运输和贮藏

(1) 包装与运输

根据苗木大小对分好级的苗木进行打包，一般按每10~50株1捆进行打包，并系上标签，注明树种、品种、砧木、等级、数量、产地等。

一般短距离运输苗木只做根部蘸泥浆即可，长距离运输苗木应进行细致包装。包装材料可就地取材，一般以廉价、质轻、坚韧并能吸水保湿，且又不易迅速霉烂、发热、破散者为佳，如草帘、草袋、蒲包、谷草等。填充物可用碎稻草、锯末、苔藓等。打包时，用草帘或塑料布将根包住，里面填加湿润的填充物。装车后最上层用草帘等湿润物覆盖，再用塑料布和苫布密封保湿。

长距离运输过程中，要勤检查包装内的温度和湿度。如温度过高，要打开包装通风降温；如湿度不够，要适当喷水。另外运输途中如有零下低温，还要在车厢外围加盖棉被，以防止苗木根系发生冻害。为了缩短运输时间，要选择速度快的运输工具和送货途径。苗木到达目的地后，要立即对苗木进行检查，及时假植。如失水过多，可先将苗木在清水中浸泡一昼夜再假植。

(2) 假植与贮藏

①苗木假植。苗木起出后定植前，为了防止因苗木过分失水，影响苗木质量和成活，将苗木根部及部分枝干用湿润的土壤或河沙埋植，称为假植。假植分为临时假植和越冬假植。因苗木不能及时外运或栽植而进行的假植叫临时假植，因时间较短也叫短期假植。苗木起出后，进行埋植越冬，翌年春季外运或定植的假植称作越冬假植，也称长期假植。

假植地点应选择背风庇荫、排水良好、不低洼积水的地点，并尽量接近苗圃干道，以便运输。临时假植可挖浅沟，沟深、宽各50~60 cm，将苗木根部及植株下部1/4左右埋入土中即可。越冬假植沟依据苗木大小而定，一般沟深60~100 cm，宽100~150 cm，沟长依苗木数量而定，覆土到苗高的2/3左右，干寒地区最好将苗木全部埋住，以防冻害和抽条。假植时要分次分层覆土，以便根系和土壤密接。

②苗木贮藏。苗木贮藏的目的是为了更好地保证苗木安全越冬，推迟苗木发芽、延长栽植或销售的时间。苗木贮藏可用冷库、地下室和地窖等。贮藏的条件要求温度0~3℃，空气相对湿度70%~90%，并有通风设备。国外大型苗圃和种苗销售商，多采用冷藏库贮藏苗木，可延迟发芽2~3个月。

本章小结

苗木是发展经济林的基础材料。采用优质苗木建园，是实现经济林早果、丰产、优质高效的先决条件。经济林树种苗木分为实生苗、嫁接苗和自根苗等类型。实生苗主要用作经济林木嫁接繁殖的砧木，少数树种直接用于建园。实生繁殖包括种子采集或采购、解除休眠、播种和播后管理等关键环节。休眠与解除休眠是实生繁殖的重要理论与技术。嫁接繁殖包括砧木的选择与培育、嫁接、接后管理等环节。选择适宜的砧木、嫁接时间和熟练的嫁接技术是嫁接成功的技术关键，嫁接亲和力、砧穗互作是嫁接繁殖的重要理论基础。

自根繁殖包括扦插、压条、分株、组织培养等方法。扦插繁殖分为枝插和根插，枝条扦插又分为硬枝扦插和嫩枝扦插。扦插成功的关键在于插枝生根或插根发芽，生长调节剂处理是扦插常用的重要技术措施，枝条扦插繁殖仅限于插条容易生根的基因型。压条繁殖多采用水平压条和直立压条，用于扦插不易生根的树种和品种。以植物组织培养技术为核心的工厂化育苗技术，正逐渐成为规模化经济林木繁育的选择。科学制定出圃计划，采用先进的出圃技术，是生产优质苗木最后且重要的技术环节。选择适宜的圃地、培育品种纯正、砧木适宜、生长健壮、根系发达、无检疫对象的优质苗木，是经济林苗木繁育的基本要求。

思考题

1. 繁育经济林苗木的苗圃应具备哪些条件？
2. 苗圃规划的主要内容有哪些？
3. 什么是实生苗？其特点和主要用途是什么？
4. 简述种子休眠的原因与解除途径。
5. 什么是嫁接苗，有何特点？
6. 影响嫁接成活的因素有哪些？
7. 什么是自根苗？自根苗繁殖的方法有哪些？
8. 影响扦插或压条生根的因素有哪些？
9. 促进扦插或压条生根的技术措施有哪些？
10. 优质苗木应具备哪些特征？

第 6 章

经济林建园

经济林建园是经济林栽培的一项重要基础建设工作，直接关系到经济林经营成败和经济效益的高低。经济林建园涉及多学科理论知识和专门技术，既要考虑经济林树种本身的遗传特性和环境条件，还要考虑到市场需求和流通。因此，经济林建园必须在经济林栽培区划和适地适树的基础上，对园地进行科学、合理地规划设计，并采用先进的栽植与管理技术，才能为经济林优质、丰产和高效经营奠定基础。

6.1 经济林园地选择

园地选择是从整体生境中选择适宜经济林生长发育的小生境，如小气候、土壤特性、小地形等。在小生境中，一个环境因素可以单独起作用或几个因素共同作用，影响经济林木的生长发育，直接关系经济林建园的成败。

6.1.1 园地选择的基本原则

园地选择应以园地评价为依据，并遵循满足建园目的和适地适树的原则，使经济林木的生态特性与园地的立地条件相一致，以发挥经济林的最大生产潜力。

(1) 适地适树的内涵

适地适树是园地选择的基本原则。所谓适地适树，就是所选定的经济林树种本身的生态特性和栽培要求与拟栽植地的立地条件相适应，从而发挥出最大的生产潜力，达到该树种在该立地条件和现有经济技术条件下优质和高产水平。

适地适树中的"地"包含种植地区的自然环境条件和社会经济条件。自然环境条件主要考虑立地条件，而社会经济条件需要考虑当地农林业生产中，经济林所占比重、群众的生产经验和经营方式以及交通条件，国家对该地区的生产布局和要求等，要全面权衡发展前景。

适地适树中的"树"也包括两方面的内容：首先，对经济林而言，不仅要考虑树种，更重要的是要考虑品种(类型)与当地立地条件之间的关系；其次，要考虑选择该树种的生产目的，是否能达到预期的产量和要求的品质。

(2) 适地适树的途径

适地适树的途径可分为3种：一是选树适地和选地适树，即是在特定的地区选择适合于该地立地条件的树种和给某一选定树种找一个适合于它的生物学和生态学特性的地区进行栽植；二是改树适地，某树与某地不太适应，可以通过选种、引种驯化、育种等方法，改变树种的某些特性，如通过育种增强其抗寒、抗旱、耐盐碱性能，通过驯化使某树种逐步适应某引种地区的立地条件。例如，茶树为热带、亚热带树种，引种至山东后常发生冻害，但经过3~4代实生繁殖建立的子代茶园，对低温的适应能力大大提高，受冻害的程度逐渐减轻。三是改地适树，就是通过整地、施肥、土壤改良等技术措施，改变引种地的生长环境，使其适合于原来不适应的树种生长。例如，新疆南疆地区通过灌溉排水、明沟排盐、竖井排盐等措施，改良盐碱地建立枣园。

6.1.2 园地选择的依据

园地选择受自然条件、经济状况、生产方式等诸多因素影响。选择园址时，应在适地适树原则基础上，着重从自然条件、社会经济条件和有害因素等3个方面考虑。

(1) 自然条件

园地选择需考虑的自然条件主要包括：光照、气温和降水等气候条件，拟选园地所在地区灾害性天气（冻害、霜害、冻旱、雪害、风害等）发生情况；土壤物理性状、土层结构、土层类型、土壤肥力、有无植物缺素历史等土壤条件；海拔、坡度、坡向、地面径流、河流、沟渠、道路等地形、地貌、水源、肥源情况。

(2) 社会经济条件

园地选择需考虑的社会经济条件主要包括：消费市场、消费习惯及消费水平、销售对象、销售范围、加工情况、贮藏条件等市场供需状况；产品拟采用的运输形式、运输能力等流通情况；拟建园地的劳力状况、经济状况、农业生产及其技术状况、水电路等基础设施、设备状况、生产水平等其他相关情况。

(3) 有害因素

园地选择需考虑的有害因素主要包括：建园地病虫害的种类、发生时期、危害情况以及当地对病虫害的防治经验，兽、鼠害的种类、危害时期、危害程度和消灭办法等，选择的拟建园地应避开污染源。

绿色食品和有机食品生产除满足以上基本条件外，还要达到中华人民共和国农业行业标准中的土壤、空气、灌溉用水等产地环境质量标准（码6-1）。

码6-1 产地环境质量相关标准

6.1.3 园地主要类型及其评价

(1) 平地

地势较为平坦或向一方稍倾斜或高差不大的波状起伏地带，相对高度一般不超过50 m。在同一平地范围内，气候和土壤因子基本一致。通常情况下，平地经济林园水土流失较少，土层较深厚，有机质含量较高，经济林根系入土深，有利于生长结实。海拔较低的平地经济林园虽然水分较充足，但通风、日照和排水均不如山地经济林园。平地因成因不同可分为冲积平原、山前平原、泛滥平原和滨湖滨海地等，其地形及土壤质地存在一定差异。

冲积平原地势平坦，土层深厚、土壤肥沃，便于使用农业机械；在冲积平原建经济林园，树体生长健壮、产量高，但要注意在地下水位过高的地区，应选排水良好、地下水位 1 m 以下的地方建园。山前平原在近山处常有山洪或泥石流危害，不宜建立经济林园，在距山较远处，土壤石砾少，土层较深厚，地面平缓，具有一定的坡降，排水良好，可以建园。泛滥平原指河流故道和沿河两岸的沙滩地带，例如，黄河故道是典型的泛滥平原，中游为黄土，肥力较高；下游会形成沙荒地，土壤贫瘠，大部分盐碱化，在沙荒地建经济林园，应注意防风固沙，增施有机肥，排碱洗盐并解决排灌问题。滨湖滨海地气温较稳定，但春季回暖较慢，经济林萌芽迟；昼夜温差小，对果实着色不利；地下水位较高，土壤通气不良；风速较大，树体易遭受风害，因此在滨湖滨海地建园时应先营造防风林。

(2) 丘陵

通常将地面起伏不大，相对高差不超过 200 m 的地形称为丘陵地，是我国经济林栽培的主要地区。丘陵有深丘、浅丘之分。丘陵顶部与麓部相对高差小于 100 m 的为浅丘，相对高差 100~200 m 为深丘。浅丘土层较深厚，坡度较平缓，水土流失较小，建园时水土保持工程和灌溉设备的投资较少，交通方便，便于机械化作业，是较为理想的建园地点。深丘具有山地的某些特点，如坡度较大，土壤冲刷较重，顶部与麓部的土层厚薄差异较明显，有时顶部母岩裸露，麓部则土壤深厚肥沃，土壤水分与肥力高于上部，建园水土保持工程费工，灌溉设备投资较高。海拔与坡向对小地形气候有明显影响，实施栽培技术较为复杂，交通不便。

(3) 山地

山地是指海拔 500 m 以上，相对高差 200 m 以上的高地。山地按高度可分为高山、中山和低山，海拔在 3500 m 以上的称为高山，海拔在 1000~3500 m 的称为中山，海拔低于 1000 m 的称为低山。

山地日照充足，昼夜温差较大，有利于糖分的积累、果实着色好和优质丰产。选择山地建立经济林园，应注意海拔、坡度、坡向及坡形等地形条件对温、光、水、气的影响。坡度的影响主要表现在土壤侵蚀、农田基本建设、交通运输、灌溉和机耕条件等方面。一般坡度越大，农田平整的土方量也越大，小于 1~2 m 的地面微起伏可以平整，更大的起伏要考虑修筑梯田。自流灌溉通常要求较小坡度；喷灌可容忍较大的坡度。地形起伏越小，对农田水利化与机械化越有利。坡度在 8°以下时适宜机耕，8°~17°时尚可机耕，超过 17°则难以机耕。一般山地营建经济林或多或少都存在着缺水问题，要根据水资源分布状况，合理安排树种和品种。

山地由于地貌的起伏变化，坡向（或谷向）、坡度的差异，常常出现小气候带。山地气候垂直分布带与小气候带之间的犬牙交错和互相楔入，使经济林垂直分布地带出现较复杂的变化。在有高山屏障的山麓地带也很容易出现小气候地带。例如，陕西省城固县由于秦岭挡住了南下的冷气流，而能生产柑橘。山地气候变化的多样性，决定了在山地选择宜园地的复杂性。在山地建园时，应充分进行调查研究，掌握山地气候垂直分布带与小气候带的变化特点，正确选择生态最适带及适宜小气候带建园，因地制宜地选择栽培技术。

6.1.4 立地分类

立地是指经济林建园的具体环境，即与经济林木的生长发育有密切关系并能为其所利用的气候、土壤等条件的总和，即自然环境中，影响经济林生长发育的那些生态因子的总和。构成立地的各个因子称为立地条件（或立地因子）。

根据拟建园地调查结果进行立地分类，立地分类与评价是实现经济林科学营建管理的一项十分重要的基础工作。通过这一项工作才能选择出最有生产力的经济林树种，提出适宜的经济林园管理措施。

(1) 立地条件分析

影响经济林生长的自然环境因子，主要有地形（包括海拔、坡向、地形部位、坡度、小地形等）、土壤（包括土壤种类、土层厚度、腐殖质层厚度、酸碱度等）、水文（地下水位深度及季节变化、地下水的矿化度及其盐分组成等）生物（植被和微生物等）、人为活动等。

上述环境因子有独立的生态作用，但大多数因子相互之间存在着错综复杂的关系，它们是通过这种联系而对林木生长共同起作用。尤其是地形因子（间接生态因子），是通过对其他环境因子的再分配而起作用的，因此它们与其他环境因子的关系更为密切。在一个具体地区内，如果不把各方面的环境因子联系起来做具体分析，就很难对立地条件做出正确的评价。

(2) 主导因子的确定

在一块园地上，作用于经济林木生长的生态因子很多，但每个因子对树木生长发育的影响程度不同，这就要从许多因子中找出影响经济林生长的主要因子（即主导因子）。要找出主导因子，应从两方面进行具体分析：一是逐个分析各环境因子与树木必需的生活因子（光、热、气、水、养）之间的关系，从分析中找出对生活因子影响面最广、影响程度最大的环境因子；二是找出处于极端状态、有可能成为树木生长的限制性环境因子。按照规律，限制因子一般是起主导作用的因子，如干旱、严寒、强风、过高的土壤含盐量等。把这两个方面结合起来，就可以找出主导因子。许多专家多年来的研究认为，我国北方地区立地分类时，应以地形因子和土壤因子作为主导因子。

地形因子虽不是经济林木生长所必需的生活因子，但可通过对光、热、水等生活因子的再分配影响园地小气候条件和土壤水分状况，从而导致树木生长发育差异显著，对局部生态环境起综合决定性作用。

土壤因子既是立地条件的基础，又是经济林木赖以生存的载体，不仅是光、热、水分、植物等因子的直接承受者，也是各种生态因子的综合反映者。因此，土壤因子也是划分立地类型非常重要的因子。

(3) 立地分类方法

把立地条件及其生长效果相近似的造林地归并成类型的方法称为立地条件类型划分，也称为立地分类。目前常用的立地分类方法主要有以下 2 种：

①主导环境因子分级、组合、命名法。这种做法简单明了，易于掌握，因此在实际工作

中应用较为普遍,即在立地因子分析的基础上,确定主导因子,并对主导因子进行分级、组合、命名。根据此法,陕西省淳化县立地可划分为Ⅰ,Ⅱ,…,Ⅻ,12个类型(表6-1)。

②立地数量化-模糊聚类分类法。张康健等(1988)将数量化方法和模糊聚类分析方法相结合,研究总结出"立地数量化-模糊聚类分类法"。一是用数量化理论Ⅰ方法编制出"数量化立地质量得分表",对立地质量进行数量化评价;二是用数量化得分值作为"性状数值"进行模糊聚类分析,最后编制出立地分类表。这一方法既对立地质量进行了定量评价,又对立地进行了定量分类,达到了评价与分类相结合的目的。应用此方法对黄土高原无林地区采用限制因子(主导因子)——土壤水分作基准变量编制了数量化立地质量得分表和立地分类表,使黄土高原无林地区的立地评价和分类由定性分析上升到定量分析。

表6-1　陕西省淳化县立地类型

立地条件					立地类型名称	代号
地貌	坡向	土壤	坡度	部位		
南山	阴坡	褐土	陡坡	上部	南山阴坡上部	Ⅰ
		褐土(部分红胶土)		下部	南山阴坡下部	Ⅱ
北山	阳坡	褐土	斜缓坡	下部	北山阳向斜缓坡	Ⅲ
		褐土(部分粗骨土)	陡坡	上部	北山阳向陡坡上部	Ⅳ
		褐土		下部	北山阳向陡坡下部	Ⅴ
沟坡	阴坡	白土	陡坡	上部	高原沟壑阴向沟坡上部	Ⅵ
				下部	高原沟壑阴向沟坡下部	Ⅶ
	阳坡	白土	陡坡	上部	高原沟壑阳向沟坡上部	Ⅷ
				下部	高原沟壑阴向沟坡上部	Ⅸ
沟底		潮土			沟底	Ⅹ
塬面		黄绵土			塬面	Ⅺ
梁峁顶、迎风坡					梁峁顶、迎风坡	Ⅻ

(3)立地分类的应用

立地类型划分是规划设计工作的基础。在进行经济林园地规划设计时,将小区(作业区或小班)分别归并为几个立地类型,按立地类型进行树种选择、栽植技术、管理措施等设计,就可以提高工作效率。

6.2　经济林园规划设计

6.2.1　园地基本情况调查

在进行园地规划时,应按照国家发展经济林的总体布局规划和当地发展多种经营的任务，结合当地的环境条件及树种品种生物学、生态学特性进行。首先进行拟建园地调查、测量、绘制地形图，立地类型划分，园地调查主要包括以下几个方面：

(1) 自然气候条件

自然气候条件包括平均气温、最高与最低气温、生长期积温、休眠期的低温量、无霜期、日照时数及百分率、年降水量及主要时期的分布、当地灾害性天气出现频率及变化。

(2) 社会经济情况

社会经济情况包括建园地区及其邻近地区的人口、劳动力数量和技术素质；当地的经济发展水平、居民的收入及消费状况、乡镇企业发展现状及预测、经济林产品贮藏和加工设备及技术水平；能源交通状况；市场需求状况及发展趋势预测等。

(3) 经济林生产现状及预测

经济林生产现状及预测的内容主要包括当地经济林栽培历史、兴衰变迁原因和趋势；现有经济林的总面积、单位面积产量、总产量；经营规模、产销机制及经济效益；主栽树种和品种生长发育状况；经营管理技术水平等。

(4) 地形及土壤条件

调查掌握海拔、垂直分布带、坡度、坡向与降水量、光照等气象因子和经济林分布的相关性。土壤条件应调查土层厚度、土壤质地、土壤结构、土壤酸碱度、土壤有机质含量、土壤主要营养元素含量、地下水位及其变化动态、土壤植被和冲刷状况。

(5) 水利条件

主要包括水源，现有灌、排水设施和利用状况。

调查结束后，形成调查分析报告，并绘制比例尺 1∶1000 或 1∶2000 的地形图，在地形图上绘出等高线、高差和地物，以地形图作基础，绘制出土地利用现况图、土壤分布图、水利图等供设计规划使用。

6.2.2 经济林园土地规划

在经济林园土地规划中应保证生产用地的优先地位，通常各类用地比例为：经济林栽培面积 80%~85%；道路 5% 左右；防护林和辅助建筑物等占 15% 左右。

(1) 园地小区规划

经济林种植基地小区，为经济林基地的基本生产单位，是为方便生产管理而设置的。划分小区将直接影响到经济林的经营效益和生产成本，是园地规划中的一项重要内容。

①划分小区的依据。第一，同一小区内气候和土壤条件大体一致，以保证同一小区管理技术内容和效果的一致性；第二，在山地和丘陵地，有利于防止土壤侵蚀和发挥水土保持工程的效益；第三，有利于防止风害；第四，有利于基地内的运输和机械化管理。

②小区的面积。小区的面积因立地条件而不同，在平地或立地条件较为一致的种植基地，小区的面积可设计 8~12 hm^2；在地形复杂、立地条件差异较大的地区，每个小区可以设定为 1~2 hm^2；在地形极为复杂，切割剧烈或起伏不平的山地，小区面积可以缩小，但不应小于 0.1 hm^2。

③小区的形状与位置。小区形状为长方形较为有利，机械化作业效率高（沿长边运行）。在平地种植基地小区的长边，应与当地主要有害风向垂直，使经济林木的行向与小

区的长边一致，如新疆沙漠边缘经济林小区长边通常为东西向。防护林应沿小区长边配置，以加强防风效果。山地与丘陵地经济林种植基地小区可成带状长方形，带状的长边与等高线走向一致，可提高农业机械运转和各种管理活动的效率，保持小区内立地条件一致，提高水土保持工程的效益。小区的划分、设立，既要考虑耕作的方便，同时也要注意保护生态环境，做到因地制宜。

(2) 道路系统规划

大、中型经济林基地的道路系统是由主道、干道、支道组成。主道要求位置适中，贯穿整个种植基地，通常设置在栽植大区之间，主、副林带一侧，便于运送产品和其他生产资料。在山地营建经济林基地，主道可以环山而上，或呈"之"字形，纵向路面坡度不宜过大，以卡车能安全上下行驶为度。干道常设置在大区之内，小区之间，与主路垂直。干路顺坡修筑，不能沿等高线修筑时，须有3/1000的比降。小区内或环绕经济林基地可根据需要设置支道，以人行为主或能通过大型机动喷雾器。山地经济林基地的支道可以根据需要顺坡筑路，顺坡的支道可以选在分水线上修筑，不宜设置在集水线上，以免塌方。大、中型经济林种植基地不论平地与山地各种道路的规格质量如下：

①主道。宽6~8 m，须能通过大型汽车，在山地沿坡上升的斜度不能超过7°。

②干道。宽4~6 m，须能通过小型汽车和机耕农具，干道一般为小区的分界线。

③支道。宽2~4 m，主要为人行道及通过大型喷雾器等农具，在山地支道可以按等高线通过种植行行间，在修筑等高台地时可以利用边埂作人行小路，不必另开支路。

小型经济林基地为减少非生产占地，可不设主道与干道，只设支道。

(3) 辅助建筑物规划

辅助建筑物包括办公室、贮藏房、车辆库房、农具室、肥料农药库、配药场、包装场、晒场、职工宿舍和休息室等。其中办公室、包装场、配药场、果品贮藏库及加工厂等，均应设在交通方便和有利作业的地方。在2~3个小区的中间，常近主道和干道处设立休息室及工具库。在山区应遵循量大沉重的物资运送由上而下的原则，畜牧场与配药场应设在较高的部位，以便于肥料(特别是体积大的有机肥料)由上而下运输或沿固定的沟渠自流灌溉，包装场、果品贮藏库等应设在较低的位置。

6.2.3 树种和品种的选择与配置

(1) 品种区域化、良种化和商品化的意义

经济林建园必须采用良种，促进品种的标准化和商品化。因此，区域化、良种化和商品化是经济林生产集约化和现代化的必然趋势，是发展经济林的必由之路。

我国一些地方经济林树种平均单产很低、产量差异悬殊，主要原因是品种混杂、良莠不齐，而且在同一经济林园中，丰产植株所占比例较少。因此，在经济林生产中实现品种区域化、良种化和商品化是丰产、优质和高效的根本保证。良种选择的要求主要是早产、高产、稳产和优质，其次是抗逆性，另外还要考虑经济树种、品种的经济性状和耐贮性等指标。

(2) 树种与品种选择

经济林种植基地是以生产各类经济林产品投放市场，为广大消费者服务并取得高效益

为根本目的,选择适宜的树种、品种是实现经济林营建目的的重要前提之一。在选择树种和品种类型时应注意以下条件:

①具有良好的综合性状和独特的经济性状。具有生长强健,抗逆性强(北方地区强调耐旱、耐寒)、丰产、质优等综合优良性状。木本油料经济林,如核桃,需具有高产、出仁率高和含油率高的优良性状;果用经济林还必须注意其独特的经济性状,如果形果色、成熟期、种子有无或多少、风味或肉质的特色以及加工特性等。

②适应当地的气候和土壤条件。优良品种并不是栽之各地而皆优的,而是有其一定的适应范围,超出此范围,就可能不再表现优良性状。因此,在选择树种和品种时,必须选择适应当地气候、土壤条件,表现丰产优质的品种。

③适应市场需求,经济效益高。种植经济林的经济效益最终是通过产品在市场上销售效益而实现的。对某个树种或品种质量优劣的评价必须接受市场和消费者的检验。因此,根据市场的需求选择树种、品种应成为商品经济林生产的基本出发点,切忌一哄而上,盲目发展。

(3)种类和品种的配置

①种类和品种的配置。园地环境条件越均衡,树种和品种的配置越容易。园地地形越复杂,树种和品种的配置越困难。在地形复杂的地区建立经济林商品基地时,树种和品种容易单一化。但是我国地域辽阔,地形复杂多样,一地的具体方案不可能在各地都适用。配置树种、品种的总原则是,因地制宜、适地适树。在同一地点,由于地形、土壤和小气候不同,也要注意选择与之相适应的树种品种。

通常仁果类树种应配置在肥水条件较好的地段上面,而核桃、葡萄、杏、枣等树种,则可配置在砾质和较干燥的地段上。在山地建园,为了延长供应期,也可将相同树种栽植在不同高度地段,使成熟有先后,以延长市场供应期。在南坡,通常栽植比较喜光的核果类。在砾层分布不深的土壤上栽植杏、桃比较合适,在易遭风害的地区不宜栽植仁果类树种。

在配置树种、品种时,还要考虑到基地劳动组织和经济因素。在同一小区内最好栽植同一树种,由于它们对环境条件的要求相似。栽植同一种树种,可以采用相同的管理措施,这在劳动组织或技术上都比较经济。同时栽植几个品种时,最好选择成熟期相同的品种或成熟期相衔接的品种,采收时间较集中,管理也较方便。

②授粉树的选择和配置。雌雄异株或异花结实的树种或品种,必须配置授粉树。即便是自花结实的树种或品种,配置授粉树也能提高其结实率和品质。

授粉品种应具备以下条件:一是与主栽品种花期一致,且能产生大量发芽率高且与主栽品种亲和力强的花粉;二是与主栽品种同时进入结果期,且年年开花,经济结果寿命长短相近;三是与主栽品种的果实成熟期相近或早晚衔接,经济价值较高;四是当主栽品种花粉量少或无活力花粉时,应至少配置两个授粉品种,以便授粉品种正常结实。

授粉树配置的方式有中心式、行列式和等高栽植3种(图6-1)。经济林树种进行正方形栽植时,常用中心式配置授粉树,即1株授粉品种四周栽8株主栽品种。授粉品种与主栽品种间的距离不应超过50~60 m。一般主栽品种离授粉品种越近,授粉效果越佳。授粉品种间的距离:仁果类应相隔4~8行,核果类相隔3~7行。在环境条件不太适合的情况

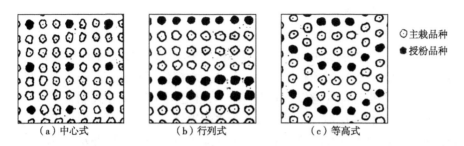

图 6-1 经济林园授粉树的配置方式
(张玉星，2015)

下，比如花期常有大风危害的地方，授粉树之间的距离最好小些，而在该品种的最适生长地，特别是栽植自花结实的品种，授粉树之间的距离可大些。在梯田化的坡地，可隔 3~4 行栽植 1 行授粉品种。如授粉品种与主栽品种经济价值相近时，可采用等量式配置，但要有相同的花期才有利于授粉。雌雄异株的树种，雄株花粉量大，靠风传播的，如银杏，雄株可作为边界树少量配置。

6.2.4 经济林种植园排灌系统规划设计

随着灌溉技术的不断进步，灌溉系统也在不断更新，目前各国运用的灌溉可分为地面灌、喷灌、滴灌 3 大类，在我国以地面排灌系统应用最为广泛。

6.2.4.1 灌溉系统

地面灌水系统由水源与各级灌溉渠道组成。

(1) 水源

经济林地的灌溉水源主要是蓄水和引水。

①蓄水。主要是修建小型水库和蓄水池。应在种植地适当的位置修建蓄水池，一般每公顷地修建 30~50 m³ 的蓄水池 1 个，有条件的地方最好每 15~20 hm² 修建 1~2 个小型水库或池塘，同时建好相应的排水及灌溉系统。小型水库的地址，宜选在溪流不断的山谷，或三面环山，集流面积大的凹地。要求地质状况较为稳定，岩石无节理和裂缝，无渗漏的地方。水库的堤坝修在库址的葫芦口处。这样坝身短，容量大，坝牢固，投资少。母岩为石灰岩的地区，常有暗河溶洞，渗漏现象严重，不能选作库址。堰塘与蓄水池也要选在山坳地以便蓄积水，为了进行自流灌溉，水库和蓄水池的位置应高于种植地。

②引水。从河中引水灌溉园地。在园地高于河面的情况下，可进行扬水式取水。提水机器功率按提水的扬程与管径大小核算。园地建立在河岸附近，可在河流上游较高的地方，修筑分洪引水渠道，进行自流式取水，保证自流灌溉的需要。在距河流较远、利用地下水作灌溉水源的地区，地下水位高的可筑坑井，地下水位低的可修成管井。

(2) 输水系统

输水系统有渠道灌溉、喷灌、滴灌方式。生产上常用的是渠道灌溉，其优点是投资小，见效快；缺点是费工，水资源浪费大，易引起土壤板结，水土肥流失较严重，同时又降低地温。滴灌可以避免渠道灌溉的缺点，但一次投资大。喷灌的投资和效益介于渠道灌溉和滴灌之间。山地经济林种植地用喷、滴灌可以不用造台地、平整土地及辅之其他水土保持措施，可大大节省投资。

①渠道灌溉。渠道包括干渠、支渠和毛渠(灌水沟)3级。干渠是将水引到林地内并纵贯全园，支渠将水从干渠引到种植地小区或小班，毛渠则将支渠中的水引至行间及株间。

渠道灌溉规划设计，应考虑种植地地形条件，水源位置高低，并与道路、防护林和排水系统相结合。具体设计应注意以下原则：第一，位置要高，便于控制最大的自流灌溉面积。丘陵和山地经济林种植地，干渠应设在分水岭地带，支渠也可沿斜坡分水线设置。第二，与道路系统和小区形式相结合。支渠与小区短边走向一致，而灌水沟则同小区长边一致。第三，输水的干渠要短，既可减少修筑费用，也可减少水分流失。第四，最好用混凝土或石材修筑渠道，减少干渠的渗漏损失，增强其牢固性。第五，渠道应有纵向比降，以减少冲刷和淤泥。比降过大，易造成土质干渠冲刷，比降过小，流速小，流量低。带泥沙的水源，易造成渠道淤积堵塞。一般干渠比降为1/1000，支渠的比降为1/500。

渠道灌溉的横断面，尽量采用半填半挖的形式，便于向下一级渠道分水，且修筑工程量较小。渠道断面横距与竖距的比值，称为边坡比，是表示边坡陡缓的指标。设计边坡比大小取决于土壤质地，质地疏松则边坡缓，边坡比较大。各种土壤的边坡比分别为：黏土1.00~1.25，沙砾土1.25~1.50，沙壤土1.50~1.75，沙土1.75~2.25。

②喷灌。喷灌是在一定压力下，把水通过管道和喷头以水滴的方式喷洒在树体上。喷头可高于树高，也可低于树高，水滴自上而下类似下雨。喷灌一般比渠道灌溉节省水量50%，并可把水通过管道和喷头以水滴的方式喷洒在树体上，可降低冠内温度，防止土壤板结。喷灌的管道可以是固定的，也可以是活动的。活动式管道一次性投资小，但用起来麻烦。固定式管道不仅用起来方便、效率高，而且还可以用来喷药和施肥，但单位面积投资高(码6-2)。

码6-2 喷灌和滴灌

③滴灌。滴灌是通过一系列的管道把水滴入土壤中，设计上有主管、支管、分支管和毛管之分。主管直径80 mm左右，支管直径40 mm，分支管细于支管，毛管最细，直径约10 mm，在毛管上每隔70 mm安装一个滴头。分支管按树行排列。每行树一条，毛管每棵树树冠边缘环绕一周。滴灌的用水比渠道灌溉节约75%，比喷灌可节约50%(码6-2)。

6.2.4.2 水肥一体化设计

(1)水肥一体化概念

水分和养分(肥料)是经济林生长的最基础条件，水与肥是联因互补、互相作用的因子，充分利用水肥之间的交互作用，将节水灌溉及按需供肥相结合的水肥一体化技术在经济林产业的发展中具有良好的应用前景。

水肥一体化是借助压力系统(或地形自然落差)，将可溶性固体或液体肥料配兑成的肥液与灌溉水一起，均匀、定时、准确地输送到树体根部土壤。水肥一体化技术主要的灌溉方式有喷灌、微灌(滴灌和微喷灌)和渗灌，以滴灌为主。微灌施肥系统基本与上述喷灌系统相同，由水源、首部枢纽、输配水管道、灌水器共4部分组成。水肥一体化具有节水节肥、省工省力、降低湿度、减轻病害、改良土壤、增产高效等优点。

(2)技术要领

水肥一体化是一项综合技术,涉及经济林林地灌溉、栽培和立地条件等多方面,其主要技术要领须注意以下5个方面:

①设施设备。在对当地的土地、气象、地块、单元、地形地貌、水资源等多种因素进行综合研究和分析的基础上,对水肥一体化的设施和设备(主要是灌溉设备和施肥设备)进行系统设计和建设。在选择施肥设备时,应该考虑树种特点、种植面积、设备条件等因素。在布置管线时,应该考虑水源、地形、灌水器以及植株分布等因素。

②养分管理。施肥时,应搭配不同种类的肥料,并考虑各种肥料之间的相容性,防止肥料沉淀。应优先使用能够满足经济林生长需要的水溶性肥料。根据预定产量、需肥量、土壤情况和灌溉情况制定相应的施肥制度。

③水分管理。根据经济林生长规律、土壤情况、需水规律、根系发育、设备条件和方法,制定严格的灌溉措施。这些措施主要包括整个生长发育期的灌溉量、灌溉次数、灌溉时间和每次灌溉用水量等。

④水肥耦合。根据少量多次、肥随水走、分阶段施肥的原则,分配总施肥量和灌水量。另外,还应制定相应的施肥措施,包括不同生长发育时期的灌溉施肥时间、次数、水量、肥量以及追肥和基肥的比例等,从而满足经济林的生长发育需求。

⑤维护保养。在每次进行施肥之前,应先滴清水,在压力稳定之后再进行施肥,当施肥完成之后,再用清水对管道进行清洗。在施肥过程之中,应该定时对灌水器中的水溶液浓度进行监测,从而减少肥害。对系统设备要及时维修和定期检查。

6.2.4.3 排水系统

(1)明沟排水

即在地面挖渠,直接排除地表径流,在地下水位过高地也用明排(新疆盐碱地区明排有排水洗碱双重作用)。山地也适于采用明沟排水,排水系统宜按自然水路网的趋势,由集水的等高沟和总排水沟所组成。排水渠比降为0.3%~0.5%。新疆农垦团场的排水渠系基本与灌水渠系相对应,前灌、后排。灌水渠系位置高于排水渠系。

(2)暗沟排水

在地下埋置暗管或其他填充材料,形成地下排水系统,将地下水降低到要求高度。优点是不占用行间土地,利于机械操作。只是所用劳力、物资、器材较多。沙壤土透水性强,管子埋深一些,黏重土壤透水性差,埋得浅些。一般埋管深度为0.8~1.0 m。深度与沟间距离依土质而定(表6-2)。

此外,排水的方法还有竖井排水、机器抽水等,总之要根据各地具体情况,因地制宜进行设计。

表6-2 各类土质的埋管深度与沟间距　　　　　　　　　　　　单位:m

土类	沼泽土	沙壤土	黏壤土	黏土
暗沟深度	1.25~1.5	1.1~1.8	1.1~1.5	1.0~1.2
暗沟间距	15~20	13~35	10~25	12

6.2.5 防护林规划

防护林规划，必须从当地具体情况出发，实行山、水、园、林、路综合治理，统筹安排，全面规划。建立防护林应本着因害设防，适地适栽的原则，达到早见效益的目的。防护林一般包括主林带和副林带（小面积经济林园，只设环园林带）。防护林的防风效果与当地主要害风方向的交角有关，因此主林带应与当地主要害风的风向垂直。如因地势、地形、河流、沟谷的影响，不能与主要害风方向垂直时，可以允许有25°~30°的偏角，大于30°，则防风效果明显降低。

6.2.5.1 防护林的结构及其效应

防护林的结构依据其外貌和通风状况分为紧密结构、疏透结构和透风结构3种。划分林带结构的依据是：林木组成、林木密度、林墙透风孔隙的大小（即透风性）以及透风的多少（即透风系数）。疏透度和透风系数是反映林带特征的重要指标。

$$\text{疏透度}(\%) = \frac{\text{林带纵断面上的空隙面积}}{\text{林带纵断面的总面积}} \times 100 \tag{6-1}$$

$$\text{通风系数} = \frac{\text{背风林缘处林带高度范围内平均风速}}{\text{无林空地相同林带高度范围内的平均风速}} \tag{6-2}$$

疏透度的大小表示林带纵断面上孔隙的大小，疏透度越大，林带纵断面上的孔隙面积越大。透风系数越大，说明林越稀疏，透风性越强（表6-3）。

表6-3 林带结构及其防风效应

林带结构	紧密结构	疏透结构	透风结构
林带组成	由3层标准林冠组成，上、下均密，3~4 m/s风不易透过	由2层林冠组成，林墙孔隙均匀分布	由2~6行树组成，一层或二层林冠，下部为光秃树干
疏透度%	<2%	30%~40%	>50%
透风系数	<0.1	0.3左右	>0.75
弱风区	1~3H	3~5H	7~10H
有效防护距离	15H	23~31H	24~38H
有效防护距离内的防风效果(%)	48.9%	40%~47%	34%~41%

注：H表示防护林带树高，$3H$表示3倍树高。

3种结构以通风结构防护范围最大，但风速减低不多；紧密结构减低风速最大，但防护范围最小，弱风区离林带太近；疏透结构防护范围大，防风效果好，弱风区离林带较远（表6-3）。所以3种结构以稀疏结构的防护效果为最佳，林带比紧密结构窄，减少了林带占地面积。

紧密结构由高大乔木、中等乔木、灌木组成，有3层林冠，透风系数小，上下郁闭，在迎风面易形成高压区，风越过林带后，迅速下降，风速很容易恢复。所以防护范围小，但防护范围内防护效果好。这种结构，调节温度和增加湿度的效果很显著。但易形成辐射霜体，集中积雪和风沙下降。这种结构宜于在山谷、坡地上部设置。通风结构林带防护范围内，风速恢复慢，辐射霜冻轻，积雪积沙均匀而普遍。但防护效果较差，保持水土作用也差。疏透结构介于二者之间。

6.2.5.2 防护林树种选择

防护林树种应具备的条件是：生长迅速，树体高大(乔木)，枝叶繁茂，寿命长，防风效果好，灌木要求枝多叶密；适应性广泛，抗逆性强；与经济树木无共同病虫害，根蘖少，不串根；尽量选用乡土树种，适当选用针叶树；具有一定经济价值。

可选择的乔木树种有：毛白杨、小叶杨、银白杨、柳树、泡桐、臭椿、枣、柿、榆、刺槐、侧柏、樟子松、落叶松、云杉、橡树、苦楝、马尾松、杉木、喜树、乌桕、石楠、合欢、枫杨、桉树、杜仲等。

可选择的灌木树种有：紫穗槐、胡枝子、小叶锦鸡儿、沙棘、山桃、山杏、柠条、胡枝子、酸枣、花椒、枸杞、油茶、木麻黄、杨梅、枳等。

6.2.5.3 防护林规划

结合经济林建园实际，防护林规划可分为平地防护林和山地防护林2类。

(1) 平地防护林规划

平地防护林以防风为主要目的，林带间距与带宽、带高及当地最大风速有关，要因地制宜，灵活掌握，在一般条件下，主林带间距可按300~400 m配置，在恶劣的气候条件下(如风沙大的地区和滨海台风频繁地区等)，可缩小到200~250 m。河南省豫东风沙地区一般采用150~200 m的间距，最大不超过300 m。条件较好地区，间距可适当加大。副林带的间距在条件好的地区可加大到500~800 m，风沙严重地区可缩小到300 m。主林带3~5行以上，与主风向垂直，林带间距以20~30倍树高为宜；副林带与主林带垂直，2~3行即可，林带间距30~40倍树高。林带与末行经济树木的距离，在充分利用土地的原则下，应考虑为机械作业留余地，同时防止林带遮阴和向林果地串根等。一般要求南面林带距末行经济树木不少于20~30 m，北面不少于10~15 m。

(2) 山地防护林规划

山地防护林受自然条件及地形等因素的制约，且小气候表现突出，对造林树种的选择和造林整地等技术措施更为严格。因此，山地防护林结构应是由乔、灌、草等组成多层次、多结构、多效益的复合生态系统，由主林带和副林带组成。

①主林带。山地多宽窄不一，土壤气候条件差别较大，应坚持因地制宜，因害设防的原则规划林带。根据青海西宁湟中区调查结果，主林带与山沟走向垂直，间距为林带树高的15~20倍，其防护效益最佳。个别地区若受地形、田间工程设施影响，可有30°偏角，但不得超过45°，株行距2 m×2 m，以4~6行乔灌组成混交型的疏透结构林带为佳。

②副林带。沿地边、渠旁、路两侧栽植1~2行树木组成"小网格、窄林带"的防护屏障。此外，营造山地林网还应与村宅绿化、荒山荒地造林综合考虑。

6.2.6 水土保持规划设计

6.2.6.1 水土保持的意义

在山地及丘陵地营建经济林基地时，地表径流对土壤的侵蚀和冲刷会引起水土流失，尤其在大雨季节，地面径流沿着坡地冲走泥土和有机质，使土层变薄，土粒减少，含石量增加，土壤肥力下降；经济林根系裸露，树势衰弱，经济产量降低，寿命缩短；严重的造成泥石流或大面积滑坡，使生态环境急剧恶化，甚至危及经济林种植基地的生存。因此，做好水土保持是决定山地、丘陵地经济林建园成败的关键。

6.2.6.2 水土保持措施

(1) 工程措施

水土保持的工程措施有修筑梯田、鱼鳞坑和等高撩壕等形式。在坡面较陡或破碎的沟坡上，不便修筑梯田，可以修筑鱼鳞坑。等高撩壕，是我国北方农民创造的一种简单易行的水土保持方法，适宜于降水量少的地区采用。撩壕时先在坡地按等高开浅沟，将土在沟的外沿筑壕，使沟的断面和壕的断面成正反相连的弧形。经济林植于壕的外坡。由于壕的土层较厚，沟旁水分条件较好，幼树的生长发育好。

(2) 生物措施

水土保持是一个复杂的系统工程，如单靠工程措施，垦殖后基地的水土流失可能比垦殖前更严重。因此，将工程措施与生物措施(如在梯田阶面，树体间种作物或自然生草)相结合，可大大提高工程措施的效益。

美国加利福尼亚州的试验证明，以块茎作物耕翻后的土壤流失量为100%，则小麦留茬地为10%，牧场为5%～10%，茂密的禾本科草地和森林均为0.001%～1.0%。保加利亚的试验也证明，在侵蚀土壤上种草，土壤流失减少至1/2。由此可见，植被防止土壤侵蚀的作用是十分显著的，不同植被保持水土的效能有所差别，森林的效能最高，草被、作物依次降低，清耕休闲地最差。

在充分掌握必需资料的基础上，首先对种植地进行总体规划，即根据适地适树原则及市场需求，制定种植地的发展规模、发展树种及品种、经营方式、经营强度、预计产期及产量、资金筹集及经营效益、产品收获处理及销售等计划。然后，根据总体规划进行营建技术设计，主要有树种选配、种植形式及种植密度、整地及改土、种植材料及种植技术、投产前抚育管理、道路及排灌系统、防护设施及其他辅助设施等设计，并形成经济林规划设计文件。

各种规划设计文件和图表产生之后，应报上级管理部门组织同行专家进行评审，通过之后即可组织实施，各种规划设计文件和图表包括调查资料整理分析、规划设计指标制定、典型设计表、土地利用现状图、立地类型分布图、规划设计图和规划设计说明书等。

6.3 经济林栽植和栽后管理

要使经济林健康、持续、有效地发展，必须弄清经济林的特点及其立地条件类型和特点，使二者在人为干预下有机地统一起来。以此为依据，采用科学先进的、行之有效的营造技术有计划地营造经济林，从而获取丰富优质的经济林产品，创造尽可能高的经济效益、生态效益和社会效益。

6.3.1 栽植前准备

6.3.1.1 土壤改良

(1) 瘠薄地土壤改良

经济树木在贫瘠缺肥的土壤上栽植，要进行深翻（深度60~80 cm），同时施入腐熟的厩肥或绿肥，这样既改变了土壤物理性状，又增加了土壤耕作层和心土的肥力。如果劳力和资金不足，可以先按大穴定植，局部改良，定植后再逐年扩大定植穴，逐步使全园土壤都达到熟化标准。经济林整个生产过程中，每年都要进行土壤耕作，北方以秋季深翻最好。

河滩地、戈壁、山地建立经济林基地，更要深翻改土，定植前挖直径1.5 m，深0.8~1.0 m大坑，将石块、粗砂或卵石取掉，填入好土，同时加入有机肥，混匀后再植树，以后每年扩大定植穴。

(2) 沙荒地土壤改良

三北地区，尤其是新疆南北两大盆地沙漠边缘，土壤的特点是无团粒结构，有机质含量极少。这些地方地下水常因淤泥层或黏土间层的影响形成低水位，不透水，易返碱，且地面常有风蚀。这些地方建立经济林商品基地有辽阔的土地资源，关键是要进行土壤改良。根据新疆生产建设兵团各农垦团场几十年的经验，首先要营造防护林，以防风袭沙。在有黏土层的地方要深翻，使沙黏土掺和，可改变沙土结构，提高沙地肥力，有条件的地方可以进行全园客土，条件达不到的地方可以逐步进行，先挖大定植穴，加施有机肥或绿肥等进行定点改良，以后每年扩大。

通过以上土壤改良措施，不但可利用广阔的土地资源，而且可以达到高产、优质、高效的栽培目的。

6.3.1.2 整地

经济林栽植地多种多样，包括未经开垦的荒山荒坡、杂灌林地，种植后形成的荒老残林，更新的迹地。总体表现为有效土层薄、土壤物理结构差、肥力水平低、水分状况不良等，种植后不利于苗木成活和幼林生长。栽植前整地是改善种植地环境条件（主要是土壤条件）的一项重要工序。

经济林整地可以有效地改善土壤水分、养分、通气性，增强蓄水保墒能力，有利于消灭病虫害，有利于保持水土，便于建园施工，更主要的是改善了经济林的生存环境，既利于提高苗木定植成活率，又利于经济林树木的生长、发育和获得较好的经济效益。

(1) 整地季节

一般来说，春、夏、秋、冬四季均可整地，但冬季土壤封冻的地区除外。以伏天为好，既有利于消灭杂草，又利于蓄水保墒。从整个种植过程来说，一般应做到提前整地，最好能使整地和种植之间有一个降水较多的季节，因为提前整地可以促进灌木、杂草的茎叶和根系腐烂分解，增加土壤中有机质，调节土壤的水分状况，在干旱地区可以更好地蓄水保墒，提高种植成活率。

(2) 整地方法

整地方法应根据地形、土壤条件及当地的经济状况及经济树种的要求确定。一般来说，平地可进行全面整地，或在机械全面深翻的基础上进行条状整地，山地应视地形和坡度而定，一般采用局部整地。

①全面整地。即翻垦种植地全部土壤的整地方法。可用于平原地区，主要是草原、草地、盐碱地及无风蚀危害的固定沙地。这种方法改善立地条件的作用显著。北方草原，草地可实行雨季前全面深耕，深度30~40 cm，秋季复耕，当年秋季或翌春耙平。盐碱地可利用雨水或灌溉淋盐洗碱，种植绿肥植物等措施的基础上深耕整地。

②局部整地。局部整地是翻垦种植地部分土壤的整地方式，利于水土保持。局部整地可分为梯级整地、带状整地和块状整地3种。

a. 梯级整地。又称梯土整地。适于坡度在25°以下的坡面整地。这种方法利于保水、保土、保肥。梯土整地是最好的一种水土保持方法，用半挖半填的办法，把坡面修成若干水平台阶，形成阶梯，梯土是由梯壁、梯面、边埂、内沟等构成。梯面宽度因坡度和栽培经济林木的行距要求不同而异。

b. 带状整地。适于坡度25°以上地带。方法是：沿等高线按一定宽度进行带状开垦，带与带之间留生土带，每隔3~5条种植带开一条等高环山沟截水。沟深30~40 cm，宽40~50 cm。带状整地主要用于坡度平缓或坡度虽陡但坡面平整的山地和黄土高原，以及伐根数量不多的采伐迹地、林中空地和林冠下的种植地。山地带状整地方法主要有水平带状、环山水平带、水平阶、水平沟、等高沟埂及撩壕等。此法利于立地条件的改善，利于保持水、土，也便于机械操作。

c. 块状整地。块状整地是呈块状翻垦种植地土壤的整地方法。此法灵活、省工，引起水土流失的危险性小，但改善立地条件方面的作用相对较差，蓄水保墒的作用不如带状整地。方法是在种植点周围翻松土壤，定植穴深40~60 cm、宽50~70 cm。此法适于坡度大、地形破碎的山地或山区造林地，也可用于平原的各种种植地。块状整地方法山地有穴状鱼鳞坑等，平原有坑状、凹穴状、高台等。

6.3.1.3 定点挖穴

平整土地或修筑好水土保持工程之后，按预定的栽植设计，测量出经济林木的定植点，并按点（株行距）挖栽植穴。挖穴时可人工挖掘也可用挖坑机挖掘，密植经济林种植地可不挖穴而挖栽植沟，无论挖穴或挖沟，都应将表土与心土分开堆放，有机肥与表土混合后再行植树。穴深与直径和沟深与沟宽依树种和立地条件确定，在条件较差的地区应挖大坑，结合改土后进行苗木栽植，以利于根系的生长。栽植穴或沟应于栽植前一段时间挖好，使心土有一定熟化的时间，挖穴可结合整地同时进行。

6.3.1.4 苗木准备

自育或购入的苗木，均应于栽植前进行树种、品种核对、登记、挂牌。发现差错应及时纠正，以免造成品种混杂和栽植混乱，还应进行苗木的质量检查与分级。经长途运输的苗木，因失水较多应浸泡根系一昼夜，充分吸水后再行栽植或假植。为实现早期丰产，应栽植健壮大苗（一级、二级苗），做到栽后不缓苗、早丰产的良好效果。

6.3.1.5 肥料准备

在土壤条件差的经济林营建基地，为了改良土壤应增施一定量的优质有机肥。可按每株 50~100 kg，每公顷 40~70 t 准备。

6.3.2 栽植密度

栽植密度就是单位面积上栽植苗木的株数。栽植密度关系着经济林的群体结构及光能和地力的利用，直接影响着产量的高低，质量的优劣，是经济林栽培的重要技术之一。适当密植可以增加叶面积指数，充分利用光能，减少空闲地面，合理利用土地。但不是愈密愈好，而要适度。

6.3.2.1 确定栽植密度的依据

确定栽植密度是一个复杂的问题。密植增加了单位面积上的栽植株数，提高了种植地覆盖率及叶面积指数，从而提高单位面积的生物产量和经济产量，产量高峰期提前。但如果密度超过某一限度，将导致树冠交接及群体郁闭，光照状况恶化，削弱了光能利用率，降低生物学产量和经济产量，导致树势早衰，缩短经济寿命。生产中应根据具体情况，合理确定种植密度。

(1) 树种、品种和砧木特性

不同树种、品种生长发育特性不同，植株高矮大小相差很大，树冠的大小和形状，分枝角度，根系的分布范围及其嗜性，对光照和肥水条件的要求等各不相同。因此栽植时，必须根据具体情况确定密度。树体高大，树冠宽大开张，根系分布范围大，嗜肥嗜水性强，喜光不耐阴的树种或品种，栽植密度应减小，如枣、板栗、苹果、柿、核桃。反之，则应加大栽植密度。每一植株所占营养面积要大于它本身的树冠投影面积。不同的树种、品种有各自的适宜密度，要因地因树制宜。

砧木类型可简单分为乔砧和矮化砧两大类，乔砧经济林栽植时应稀植，矮化砧经济林具有矮化特性，可适当加大栽植密度。不同类型的砧木对树体的大小有很大影响。

(2) 气候条件

在北方低温、干旱，有大风的地区，植株生长发育缓慢，可适当加大栽植密度，以发挥群体抵御能力；在气候温暖，雨水较多、无大风灾害，条件较好地区，植株生长旺盛、高大，要适当稀植。

(3) 经营目的

一般而言，以生产果实或种子为目的的经济林，如核桃、板栗、柿、枣、花椒、石榴等，由于花芽分化、开花坐果及果实分发育均需要充足的光照，因而栽植密度应适当减小，以生产树皮、芽叶、汁液为目的的经济林，如茶树、香椿、竹子、漆树、杜仲等，其产量与株数、枝梢数关系密切，适当增大栽植密度有利于提高产量。如：银杏叶用林地的密度为每 3000 株/亩，而果用银杏林地的密度通常为 30~60 株/亩。

(4) 地势和土壤肥力

一般高海拔园地较低海拔园地树势生长较弱，应适当加大密度。同种或同品种在土壤肥力条件好的地方生长快，树形高大宜稀；土壤肥力条件差的地方生长慢，树形矮小宜密。在土壤肥力条件差的地方不管密植、稀植生长都差，要加强肥水管理。

(5) 栽培模式和经营方式

不同栽培模式和经营方式下，栽植密度也不同。设施栽培改善了栽培的环境条件，可以适当加大栽植密度，提高种植效益。在旱地或缓坡地栽培经济林，并长期混农间作，应稀植。

影响栽植密度的因素很复杂，要因地、因树制宜，全面考虑，具体分析，慎重决定。总的原则是要在充分利用立体空间的前提下，保证经济林园内有良好的通风透光条件，确保高产、优质。

6.3.2.2 主要经济林树种常用的栽植密度

我国经济林种类、品种和砧木繁多，气候、土壤条件复杂多变，栽植密度也表现多种多样，我国北方主要经济林常用栽植密度见表6-4。

表6-4 北方主要经济林树种常用栽植密度参考

树种	株距(m)	行距(m)	株/亩	树种	株距(m)	行距(m)	株/亩
苹果(乔化)	4~6	5~8	13~33	核桃	4~5	6~8	16~27
苹果(半矮化)	2~4	3~6	27~111	枣	1.5~3	4~6	37~111
苹果(矮化)	1~2	2.5~5	66~266	板栗	3~5	4~6	27~56
梨(乔化)	3~4	4~5	33~55	猕猴桃	2~3	3~4	55~111
梨(半矮化)	2~2.5	3.5~4	66~95	杏	2.5~4	4~5	33~66
梨(矮化)	1~1.5	3~4	111~222	柿	5~6	7~8	13~19
葡萄(棚架)	1~2	4~6	55~166	阿月浑子	4~6	5~6	18~33
葡萄(篱架)	1~2	2~3	111~333	扁桃	2~4	4~6	27~83
桃(开心形)	3~4	5~6	27~44	石榴	2~3	3~4	55~111
桃(Y形)	1.5~2	5~6	55~66	树莓	0.3~1	2~2.8	238~1111
樱桃(矮化)	1.0~2.0	3.5~4.5	74~190	沙棘	2~2.5	3~4	66~111
杜仲	2~3	3~4	55~111	枸杞	1~2	3~4	27~222
榛	2~3	3~4.5	49~111	花椒	2~3	3~5	44~111

6.3.2.3 计划密植

计划密植是一种先密后稀的栽植方式。当枝条交叉影响永久树的正常生长和结果时，采用有计划的间伐或间移，以保证永久树的后期高产、稳产。计划密植具有结果早、投产快、抗性强、土地利用率高等优点。计划密植的方式和密度，应根据品种、砧木、土壤和地形而定。一般平地常以栽植距离的1/2进行栽植，用苗量为永久树的4倍。分两次间伐或间移(图6-2)。

6.3.3 栽植方式

栽植方式应在确定了栽植密度的前提下，应以经济利用土地，便于机械管理，以及当地自然条件和经济树木种类、品种的生物学特性来决定。常用的栽植方式如下：

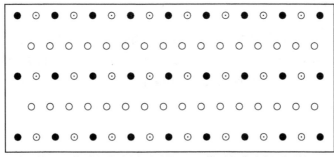

图 6-2 经济林计划密植模式示意图

(1) 长方形栽植

是当前生产上广泛采用的一种栽植方式，特点是行距大于株距，通风透光，便于机械化管理，方便采收。

$$栽植株数 = 栽植面积 / (行距 \times 株距) \tag{6-3}$$

(2) 正方形栽植

行距与株距相等。优点是通风透光，便于管理。但若过于密植则树冠易郁闭，通风透光较差，不利于间作。

$$栽植株数 = 栽植面积 / 栽植距离^2 \tag{6-4}$$

(3) 三角形栽植

株距大于行距，各行互相错开而呈三角形排列。单位面积栽植株数比正方形多11.6%。缺点是不便管理和机械操作。

$$栽植株数 = 栽植面积 / (栽植距离^2 \times 0.86) \tag{6-5}$$

(4) 带状栽植（双行栽植、篱栽）

一般2行为一带，带距一般为行距的3~4倍。带内可采用株行距较小的长方形栽植。由于带内密度大，群体抗逆性较强。但带内光照较差，操作管理不方便。

(5) 山地等高线栽植

适于坡地采用。实际上为长方形栽植在坡地中的应用。

$$栽植株数 = 栽植面积 / (行距 \times 株距) \tag{6-6}$$

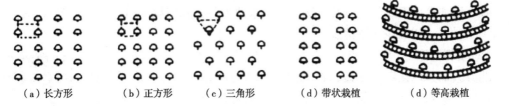

(a) 长方形 (b) 正方形 (c) 三角形 (d) 带状栽植 (d) 等高栽植

图 6-3 经济林栽植方式

(张玉星，2015)

6.3.4 栽植时期

栽植时期应根据各种经济林木不同的生长特点和地区气候特点而定。一般落叶树在落叶后到春季萌芽前栽植。北方冬季较温暖地区，萌芽前春栽或落叶后栽植均可。冬季严寒地区，易因生理干旱造成"抽干"或出现冻害而降低成活率，故以萌芽前春栽为宜。

6.3.5 栽植技术

(1) 栽植方法

先将表土混好肥料，取一半填入坑内，培成丘状，将苗木放入坑内使根系均匀分布在坑底的土丘上，同时校正栽植的位置，使株行之间尽可能对正，并使苗木主干保持直立。然后将另一半掺肥土分层填入坑中，每填一层都要踩实，做到"三埋、两踩、一提苗"，使根系与土壤密接，最后将心土填入定植穴，直至填土接近地面时，使根颈高出地面 5 cm 左右，并将苗木四周筑起直径 1 m 的灌水盘。如是容器苗，先在定植穴内挖长、宽、深与容器苗相适宜的植苗穴，除去苗木根部的容器，将苗木放入植苗穴内。如是嫁接苗，应使嫁接口露出地面 3~5 cm，将土回填并踩紧压实。栽后立即灌水，要灌足灌透。栽植深度以水渗下后，苗木根颈与地面相齐为准，然后封土保墒。矮砧苗为防止接穗生根，接口应高出地面 10 cm。最后在苗木树盘四周筑环形土埂，并立即灌水。

(2) 大树移栽

由于栽植过密或过稀，对已进入盛产期的大树需移出或移入经济林园。大树移栽时期北方以早春土壤化冻到发芽前为宜。

移栽方法可与一般栽树方法相同。在前一年春天围绕树干挖半径为 70 cm、深度 80 cm 的环沟，切断根系后，沟内填入表土，使环沟以内的土团里长出新根，称之为回根，移栽时在预先断根处的外方开始挖树。为了保护根系，提高成活率，最好采用大坑带土移栽。栽植时有机肥与表土混合，分层放入坑内并压实。移栽前应对树冠进行较重修剪，以不伤及大的骨干枝为度，花芽、花序要全部剪掉，以减少体内营养消耗，促进恢复生长。栽后灌足水，10 d 后再灌 1 次，及时做好保墒工作。并设立支柱，以防风害。

6.3.6 栽后管理

为提高栽植成活率，促进幼树生长，栽植后的管理十分重要。

(1) 灌水与树盘覆盖

栽植后如遇高温或干旱应及时灌水。若水源不足，栽植灌水后，要整平树盘，每树盘覆盖 1 m^2 地膜，以减少土壤蒸发。

(2) 幼树防寒

北方大部分地区冬季寒冷，西北风大，幼树越冬易受冻害和早春抽干，应注意防寒。常用措施有：埋土防寒、树体涂白、树上涂抹聚乙烯醇或羧甲基纤维素等、树干上套塑料袋、树干绑草等，同时在生长后期控制肥水供应，促进枝条充实，以提高幼树的越冬性(码6-3)。

码 6-3 幼树干上套塑料袋

(3) 成活情况检查及补植

春季发芽展叶后,应进行成活情况检查,分析死亡原因,及时补植。栽植当年秋季应对苗木成活率和成活情况进行调查,及时用同龄苗木进行补植。

(4) 幼树定干

已成活幼树于春季发芽前,按预培养树形的整形要求定干,纺锤形苹果、梨树的定干高度一般 80~100 cm,桃、杏、李、樱桃等定干 60 cm 左右为宜,并及时进行灌水、保墒、防治病虫害、施肥及中耕除草,以提高成活率、加速幼树生长和早期丰产。

本章小结

经济林建园关系到经济林经营成败和经济效益的高低。根据经济林生态学特性选择适宜的园址是经济林建园成败的关键。经济林园地选择应以园地评价为依据,并遵循"适地适树"的原则。经济林园地类型主要有平地、丘陵、山地3类。经济林园地规划与设计对经济林园建立和经营,避免建园的盲目性和随意性有重要意义,主要内容包括:园地基本情况调查、园地土地规划、树种和品种的选择与配置、排灌系统规划设计、道路系统规划、防护林规划、水土保持规划设计等内容。经济林栽植包括:栽前准备、栽植密度、栽植方式、栽植时期和栽植技术。确定经济林栽植密度的依据有树种特性、经营目的、地势和土壤肥力、气候条件、栽培模式和经营方式等。栽植方式有长方形、正方形、三角形、带状等,以宽行密株长方形栽植为主。选择适宜的栽植时间和栽植技术,并做好栽后管理(灌水、树盘覆盖、幼树防寒等)工作是保证苗木栽植成活的关键。

思考题

1. 如何选择经济林园地?
2. 简述经济林园规划设计的主要内容和步骤。
3. 经济林授粉树应具备哪些条件?
4. 如何确定经济林的栽植密度和种植方式?
5. 如何将经济林整地与水土保持措施结合起来?
6. 经济林苗木栽植技术要点有哪些?

第 7 章

经济林园土肥水管理

经济林的生长发育受到其品种遗传特性和生长环境的影响。环境因子发生变化会直接影响其生长发育的进程和质量。经济林木只有在适宜的生长环境条件下健康生长与发育，才能充分发挥其经济价值和生态价值。水、肥、气、热、光等因子是影响经济林木生长发育的直接因子，树木栽植后，只有供给充足的水分、养分，保持良好的土壤通透性，创造适宜的生长发育环境，才能健康生长，为早实、优质、高效打下基础。因此经济林建园后，必须进行土肥水管理。

7.1 土壤管理

土壤是经济林植株生长的基质，土壤质地、结构、水分与养分状况对植株的生长发育有重要影响。生产中对经济林园进行土壤深翻、中耕除草、间作覆盖等栽培管理，能改良土壤结构和理化性状，增强保肥蓄水性能，调节土壤的水、肥、气、热状况，创造有利于土壤微生物活动和根系生长的土壤环境，提高根系吸收功能，及时供应植株生长发育所需要的养分和水分，为经济林早实、优质、高效奠定良好的基础。

7.1.1 土壤深翻

经济林由多年生深根性木本植物组成，其根系多分布在 0~80 m 深的土层中，植株健康生长不仅要求浅层土壤结构与理化性状良好，而且深层(30~70 cm)土壤的性状也要好。土壤深翻结合施用适量有机肥是改良土壤结构和理化性状、促进团粒结构形成，提高土壤肥力的有效方法。

(1)深翻的作用

①改良土壤结构，改善土壤的物理性状。深翻使得土壤疏松，孔隙度增加、土壤容重，有利于促进土壤团粒结构形成，加深土壤耕作层，对改良土壤结构、改善土壤的物理性状的作用明显。

②提高土壤肥力。由于深翻使得土壤物理性状改善，土壤的水、气、热等状况得到调节，有利于土壤微生物的大量繁殖和频繁活动，可以加速土壤有机质和矿物质的分解，速效氮、速效磷和速效钾含量均会增加；若深翻结合施用有机肥，土壤肥力提高会更为

明显。

③增强土壤的蓄水性能，提高土壤含水量。深翻后土壤疏松、孔隙度增加、土层加厚，有利于蓄水。特别是北方的秋季深翻后冬季积雪、雨养区夏季降雨前深翻，都可以增加蓄水、提高土壤含水量，促进植株生长。因此，深翻也是我国北方旱作或灌溉水源不足地区经济林园蓄积雨水、抗旱保墒和提质增效的重要土壤管理措施之一。

总之，土壤深翻能有效地改良土壤结构，改善土壤的物理性状，增加土壤含水量，提高土壤肥力，从而促进经济林木根系生长，为地上部健壮生长、果实品质和产量的提高打下良好基础。

(2) 深翻的时期

一般春、夏、秋三季均可进行深翻，但以秋季深翻最为适宜。春季深翻要在土壤解冻后、树木萌芽前及早进行，此时植株地上部分尚处于休眠期，而根系刚开始活动，生长较缓慢，伤根后也容易愈合和再生。北方地区春季多干旱，春季深翻后最好能及时进行春灌。而雨养山地经济林园可以在夏季雨季来临之前深翻，有利于蓄积雨水，且深翻后降雨可使土粒与根系密接，不致发生吊根和失水现象，夏季深翻伤根也容易愈合。但夏季深翻若伤根过多，易引起落果，故结果多的成龄树，一般不宜在夏季深翻。秋季深翻多在果实采收后到落叶休眠前结合秋施基肥进行，因为此时根系还处在生长期，深翻导致的根系伤口容易愈合，对有些树种还可以起到刺激产生新根，促进养分吸收。秋季是经济林园土壤深翻的最佳时期，但在降雨、降雪少、风沙严重的干旱区经济林园，要慎重选择秋季或春季深翻的具体时期，以免造成更严重的风蚀。

(3) 深翻的深度

依树种根系分布的深度、土壤的结构、质地和土层厚度而定。如根系分布较深、土层薄、质地黏重或有砾石层等，深翻的深度要达到 80 cm 左右；如果根系分布较浅、土层深厚、质地疏松，则深翻深度可在 60 cm 左右。在作业时要注意靠近树干宜浅，远离树干要深，以免伤根太多。

(4) 深翻的方式

主要有扩穴深翻、隔行深翻和全园深翻 3 种。

①扩穴深翻。扩穴深翻也称放树窝子，适于幼龄园。幼树定植数年后，从定植穴或树冠冠幅垂直投影外缘逐年或隔年向外开轮状沟，深翻扩大栽植穴，直至株间土壤全部翻完为止。每次可扩挖 0.5~1.0 m，深 0.6 m 左右，并回填加入有机肥或表层熟化土壤。扩穴深翻用工量少，但每次深翻范围小，需要多次扩穴深翻才能翻遍全园。

②行、株间深翻。即顺行或在株间挖条状沟深翻，沟宽一般为 40~60 cm，适于成龄园；也可隔行深翻，即隔一行翻一行。行株间深翻，可随机隔行或隔株进行，分几次翻遍全园，这样每次伤根少，对植株的生长影响也小。

③全园深翻。即将栽植穴以外的土壤一次性全部深翻，这种深翻方式的动土量大、且伤根较多，只适合小面积的种植园采用。

生产中无论采用哪种深翻方式，深翻时都应结合施基肥(码 7-1)、机械作业来进行。

码 7-1 经济林园土壤秋季深翻与施肥

7.1.2 土壤中耕

经济林园土壤中耕可以起到防除杂草、疏松表层土壤、改善土壤温度和通气状况的作用,雨养地区旱季浅耕切断土壤毛细管,减少土壤水分蒸发,具有保墒的作用。

对采用清耕制的种植园可采用机械方式进行全园中耕,有生草、间作覆盖的种植园,采用机械或人工方式对树盘或行间结合间作物翻压进行土壤中耕(码7-2)。中耕深度一般为5~10 cm。

中耕时期主要有春季、夏季和秋季,生产中根据灌水时期和杂草情况具体确定。早春土壤解冻后适当中耕、浅刨树盘并结合镇压,可保持土壤水分、提高土壤温度,促进根系活动;但旱区春季风多的沙土地不宜进行春季中耕和深翻。生长期灌水后或杂草较多时,要及时中耕除草,疏松土壤,减少杂草对水分和养分的消耗。

码7-2 经济林园土壤机械中耕

经济林园中耕除草虽然对土壤的温度、水分和通气状况有一定的改善作用,但长期应用这种耕作方式,会使土壤有机质逐渐减少,土壤结构受到影响。生产中可采用覆盖、生草间作的土壤管理方式,将中耕与翻压有机物结合,增加土壤有机质、提高土壤肥力。

7.1.3 间作改良

经济林木定植后在幼龄园期间,特别是采用大行距、小株距栽植的种植园,可在行间种植具有改良土壤或经济价值的间作物,起到增加植被覆盖度、防止土壤风蚀、减少杂草影响,增加土壤有机质和提高土壤肥力的作用,还可产生一定的经济效益,达到"以短养长"的目的。

(1) 间作原则

种植园间作要以不影响经济林木的生长发育为前提,在水肥条件许可的情况下,间作能起到良好土壤改良或获得较高经济收益的间作。间作年限因树种、栽植密度不同而异。一般结实早、丰产性好的树种,可间作2~5年;结实晚、丰产性差的树种,可间作6~8年。栽植密度大,间作年限可相对短些;栽植密度小,则间作年限可相对大些。

(2) 间作物选择

间作物选择的条件是:①生长期短、需水需肥少,特别是秋季水肥需求少;②植株矮小的低杆间作物,不影响主栽树种的光照和通风;③病虫害少,且与经济林木没有共同病虫害或病虫的中间寄主;④有利于改良土壤、提高肥力或具有较高经济价值。

我国北方地区经济林园适宜的间作物有:胡麻、马铃薯、蚕豆、黄豆、豌豆、毛叶苕子、小冠花、黑麦草、白三叶草,以及一些中药材植物等。

(3) 间作类型与方式

①经济作物间作。主要采用行间种植的间作方式。行间种植豆类、薯类、药材类或油料类间作物,间作物与树干要保持一定的距离,最初至少距树干40~50 cm,以后视树冠大小逐渐加宽,否则二者竞争水肥,影响树体生长。同时要增加水肥供应量,以满足树与间作作物的共同需要,缓解二者在水肥需求上的矛盾。

②绿肥类作物间作。可采用树盘种植、行间种植、全园种植的间作方式。树盘种植绿

肥类作物间作,是在树冠投影下树干两侧 50~70 cm 沿树行种植绿肥,树行间翻耕或进行覆盖。行间种植绿肥间作,是在距树干两侧 50 cm 左右外的两行经济林木中间种植,树盘下可以清耕,也可以进行覆盖。全园种植绿肥间作就是在行间、树盘下均种植。无论采用哪一种方式间作绿肥,都要根据绿肥生长特点进行肥水管理,适时结合中耕、秋季深翻翻压绿肥,从而达到改良土壤、提高肥力的目的。

码 7-3 经济林园间作绿肥

在土地平整、土壤条件好的经济林园提倡采用生草(绿肥)(码 7-3)、种植经济作物的间作方式,结合机械化作业进行土壤管理。

7.1.4 园地覆盖

在经济林园地表用塑料薄膜、秸秆、杂草树叶、牲畜粪便等进行覆盖,可起到调节水气热、改良土壤、提高肥力的作用(码 7-4)。覆盖物主要有无机材料和有机物两种类型,生产中可以根据气候、土壤和覆盖目的来选择覆盖物。

码 7-4 经济林园覆盖

(1) 无机材料覆盖

经济林园地表采用黑色地膜或园艺地布进行覆盖,可以起到提高地温、减少土壤水分蒸发、抑制杂草生长的作用。特别是春季冷凉的山地幼龄园和平地灌溉园栽植当年,采用地膜覆盖效果更佳。据李会科等(2019)试验报道,在陕西渭北旱地矮化苹果园用园艺地布覆盖树盘低垄,显著提高了果树根系主要分布层的土壤贮水量与供水能力,增强了对果园深层土壤贮水的调蓄作用。欠水年、平水年与清耕相比显著减少了无效蒸发,减少量为 26 mm 和 26 mm,同时与清耕相比显著提高了果树蒸腾耗水量,分别为 16.57% 和 12.09%,欠水年、平水年水分利用效率分别比清耕提高 9.32% 和 5.49%。黑色地膜或园艺地布覆盖可以采用树盘覆盖(其他地表生草或清耕)、树行覆盖(行间生草或清耕)、行间覆盖(树行生草或有机物覆盖)方式于萌芽前进行,并事先施肥、耙磨整平地面,有条件的还可以适量浇水;覆盖时应注意四周压严压紧,膜上零星压土,以防被风刮起。

(2) 有机物覆盖

采用稻草、麦草、玉米秸秆、杂草秸秆等有机物进行树盘、树行内和行间常年覆盖,可有效减少园土壤流失、调节土壤温度变化、防止果树根系受冻而伤、提高花芽质量以及果实品质。

侯婷等(2019)连续 2 年对宁夏酿酒葡萄园行内覆盖(黑膜、葡萄木屑、芦苇秸秆),发现能提高 0~40 cm 土层土壤含水量,覆盖处理的养分和酶活性均高于对照,在 0~20 cm 提升效果更明显;行内覆盖对改善葡萄品质效果显著,与清耕相比,浆果的可溶性固形物含量降低 9.41%,单宁含量分别提高 6.72% 和 25.09%。据李承想等(2015)研究,在鲜食枣园生草试验发现,夏季白三叶草栽培区地表和 20 cm 土层的温度分别较清耕降低了 4.8 ℃和 6.4 ℃,降温保墒效果优于其他处理;且白三叶草处理区土壤容重显著降低,土壤总孔隙度明显提升。另据在陕西渭北地区的研究(2018),不同覆盖组合能显著提高苹果在膨大期的光合积累,整体净光合速率自然生草园区较对照提高了 20.26%,不同覆盖措施均能增加土壤肥力,但有机质、速效氮、速效磷和速效钾的增幅不同。

有机物覆盖所用材料除作物秸秆外,也可利用行间生草的方式进行。行间生草不但能为覆盖提供材料,而且还能保持水土、改良和培肥土壤,减轻虫害,提高果实品质。

经济林园有机物覆盖的技术要求如下:

①覆盖方法。有全面覆草和局部覆草两种,前者适宜已经郁闭和不再进行间作的林园,后者适宜林园郁闭度小且进行间作或草源不足的情况。局部覆草又可分为树盘覆盖、树行内覆盖和树行间覆盖。

②覆盖厚度和用量。覆盖厚度一般为 15~20 cm。局部覆盖的秸秆用量为 15 000~25 000 kg/hm^2,全面覆盖的用量在 30 000~37 500 kg/hm^2。

③其他要求。覆盖前应深翻、施肥、浇水;覆盖后应适当拍压,并在草被上点压少量土,以防风刮和火灾;覆盖后要每年或隔年加盖,以保持覆盖厚度,4~5 年深翻 1 次,翻后仍需覆盖适量杂草;追肥时可扒开草被穴施;覆盖材料应没有害病菌和虫卵。

7.2 养分管理

矿质营养是经济林木生长的重要物质基础,养分管理就是对经济林园进行合理的施肥来改善与调节树木的营养状况。树木正常生长发育需从土壤、大气和水中吸收碳、氢、氧、氮、磷、钾等大量元素和钙、镁、硫、铁、铜、锌、硼、钼、锰、氯等中、微量元素,但在自然条件下,树木生长环境中提供的这些养分往往不足,不能满足健康生长的需要。因此,要通过合理施肥,提高土壤肥力,补充树木生长所需养分元素,确保植株健壮生长,才能促进花芽分化,减少落花落果,进而提高果实质量和产量,防止大小年,延长收获年限,增强树体抵抗不良环境条件的能力。如果施肥不足或不当,都会影响正常代谢,加速衰老进程。施肥是经济林园管理的重要栽培措施。

7.2.1 肥料的种类及其特性

经济林园施用的肥料有有机肥、无机肥和微生物肥料 3 大类。肥料的种类不同其性质也各异。

(1) 有机肥料

包括人畜禽粪尿、厩肥、堆肥、麸饼肥、绿肥以及各种动植物残体等制成的肥料。通常有机肥不能直接被树木利用,但施入土壤后经过微生物分解,产生形态简单的各种无机化合物,释放出各种有效态养分(表7-1),就可被树木吸收,同时有机肥还可产生腐殖质,有利于改良土壤质地和结构。有机肥的特点是所含养分比较全面,肥效慢但稳定持久;富含有机质,施用后可促进土壤团粒结构的形成,增强土壤的保水保肥能力;与无机肥料相比,体积大、水分多、养分含量低、用量大。

常用的有机肥有:人类尿、家畜粪尿与厩肥、饼肥、堆肥、绿肥等。

(2) 无机肥料

无机肥(化学肥料)料种类较多,其成分通常是铵、钾、钙、钠等盐基和硝酸、磷酸、碳酸或氯等酸根化合而成的各种无机盐类。无机肥的特点是易溶于水,易被树木吸收利用,可提供速效性的氮、磷、钾等矿质元素,养分含量高、肥效快,使用方便。但施用不当会造成土壤板结、酸化或碱化,影响树木生长。

表 7-1 常用有机肥的有效养分含量 单位:%

种类	有机质	N	P_2O_5	K_2O
猪粪	15	0.6	0.4	0.44
马粪	21	0.58	0.3	0.24
牛粪	14.5	0.32	0.25	0.16
羊粪	31.4	0.65	0.47	0.23
鸡粪	25.6	1.63	1.55	0.82
鸭粪	26.2	1.1	1.4	0.62

注：引自沈其荣等，2001。

无机肥有：氮肥、磷肥、钾肥、钙肥、镁肥和微量元素肥(微肥)等，如尿素、氯化钾、硫酸钾、硫酸铵、过磷酸钙等；也有将氮、磷、钾三要素中 2 种或 2 种以上元素混合的复合肥，如磷酸二氢钾、磷酸二铵、碳酸氢铵等，各种肥料的有效养分含量见表 7-2。

(3) 微生物肥料

微生物肥料是由一种或数种有益微生物，经工业化发酵培养而生产的生物性肥料，如根瘤菌肥料、固氮菌肥料、磷细菌肥料、抗生菌肥料等。微生物肥料的特点是通过其中所含微生物的活动，增加了营养元素的供应量，促进树木对营养元素的吸收利用，改善树木的营养状况，或者能够抵抗某些病原微生物的致病作用，减轻病虫害，进而提高产量和品质。

表 7-2 常用化肥的有效养分含量

肥料种类	名称	化学式	养分含量(%)		
			N	P_2O_5	K_2O
氮肥	尿素	$CO(NH_2)_2$s	46		
	碳酸氢铵	NH_4HCO_3	17		
	硫酸铵	NH_4HSO_4	20		
	硝酸铵	NH_4NO_3	34		
	氯化铵	NH_4Cl	24		
磷肥	过磷酸钙	$Ca(H_2PO_4)_2 \cdot H_2O +$ $CaSO_4 \cdot 2H_2O$		16~18	
	钙镁磷肥	—		14~18	
	重过磷酸钙	$Ca(H_2PO_4)_2 \cdot H_2O$		40~45	
钾肥	氯化钾	KCl			50~60
	硫酸钾	K_2SO_4			48~52
复合肥	磷酸二铵	$(NH_4)_2HPO_4$	16	48	
	磷酸铵	$(NH_4)_3PO_4$	11	52	
	磷酸二氢钾	KH_2PO_4		52	34
	硝酸钾	KNO_3	13		46

随着经济林栽培技术的发展，目前生产中越来越多的种植园采用水肥一体化方式为树木供给水分和养分，市场上也出现了适合此种管理方式的水溶肥。水溶肥是一种能完全溶解于水，且含有氮、磷、钾、镁、钙、微量元素、腐殖酸、氨基酸、海藻酸等的复合型肥料。水溶肥具有速效性、可溶性的特点，溶于水后滴灌到树木根层土壤，能被树木的根系快速吸收，吸收利用率可达80%~90%，肥效高且快，可以解决树木快速生长期的养分需求。水溶肥从形态上又可分为固体水溶肥和液体水溶肥2种，从养分含量可分为大量元素水溶肥、中量元素水溶肥、微量元素水溶肥、含腐殖酸水溶肥、含氨基酸水溶肥、有机水溶肥等。

肥料种类和特性不同，对树体的营养作用和土壤的影响也明显不同。通常来看，农家肥料富含有机质，养分全面，肥效缓慢，多在秋季(9~10月)作为基肥施用，且要深施。化学肥料养分单一，但养分含量高、肥效快，多在生长前期作追肥施用。氮素肥料在土壤和树体中移动快，应在树木需要时施入，且要浅施；磷、钾肥料在土壤和树体中移动较慢，应在树木需要之前施入土壤，且要深施，必要时可进行叶面喷施。微生物肥料中部分微生物可以通过代谢分解有机含磷化合物，同时产生有机酸和无机酸分解无机磷化合物来共同提高植物对磷的利用效率，改善植物营养条件，充分发挥土壤生态肥力。微生物肥料应避免在高温、干旱条件下施用，结合盖土、浇水等措施施用微生物肥料，避免受阳光直射或因水分不足而难以发挥肥效。

7.2.2　施肥的基本原理

指导施肥的基本原理最早是由植物营养学理论的奠基人之一、德国化学家李比希提出，主要有以下几点：

(1) 养分归还学说

19世纪，养分归还学说由德国化学家李比希提出。植物仅从土壤中摄取其生长必需的矿物质养分，从而使得土壤中所含的养分越来越少，这就必然会使地力逐渐下降。要恢复地力，就必须归还从植物土壤中带走的矿物质养分。所以，为了持续增加产量就应该向土壤施加肥料，这就是为什么要施肥。生产实践就应该强调土壤缺什么、补什么，缺多少就补多少的施肥原则。

(2) 最小养分定律

这一原理也是李比希最早提出，认为植物生长发育需要各种养分，但决定植物产量高低的是土壤中最少的养分。但需要特别指出的是：植物对各种养分的需要量不同，最小养分是指对植物需求来说相对最少，而非绝对最少的养分。最小养分不是固定不变的，增加最小养分以外的其他养分，不但难以提高产量，而且造成浪费，降低经济效益，甚至对环境产生不良影响。

生产中根据土壤养分的丰缺状况，按照最小养分定律进行施肥，也称为补偿施肥。这种施肥通常考虑的是土壤中最缺的养分，但实际生产中往往是不止缺少一种养分，有时很难判断出哪一种养分最缺，这就要根据土壤中多种养分的丰缺状况和种植某种作物要达到高产、优质的要求，均衡供给养分，称之为平衡施肥。

(3) 报酬递减定律

大量试验表明，随着肥料用量的增加，作物的产量也相应地增加；但当施肥量达到一定量以后，再增加单位施肥量，其所增加的产量是逐步减少的；在到达最高点后，如果继续增加施肥量，产量不仅不增加，反而减少。施肥的投入与产出之间的关系不是直线关系，而是抛物线关系。因此，生产中应该有最适施肥量。

(4) 因子综合作用规律

经济林产量的形成受水分、养分、光照、温度、品种等因子影响，是各种因子综合作用的结果，但不同养分之间有相互作用的效应。这种互作效应有可能是正，也有可能是负。生产中肥料与肥料、肥料与水分、肥料与温度、肥料与品种之间都有互作效应，这就要求在施肥实践中可充分利用肥料之间、肥料与其他栽培措施之间的正交互效应，来提高肥料的利用效率，这也是平衡施肥的基本原理之一。

7.2.3 经济林营养诊断与需肥特性

(1) 经济林营养诊断

经济林树木营养诊断是通过对植株分析、土壤分析及其他生理生化指标的测定，以及植株的外观形态观察等，对植株的营养状况进行判断，从而指导科学施肥、改进管理措施的一项技术，为经济林施肥达到合理化、指标化和规范化提供支撑与指导。对经济林树体进行营养诊断的途径和方法主要有树相形态诊断法、叶分析法和土壤分析法。

①树相形态诊断法。树相指树体的外观形态，树相形态诊断法是指根据植株生长量、叶面积、叶色、叶光泽、叶色转变和果实的状况来进行营养诊断。如新梢生长量不足，叶小而黄为缺氮；叶色暗绿、无光泽、质脆为缺磷；果实味淡、着色差为缺磷；发生苦痘病缺钙；缩果病为缺硼；多小叶为缺锌等。而生长量适当，叶片足够大，质厚而光泽，果实大小整齐，着色良好，果糖充足，枝短而壮，则多为营养优良。树相形态诊断法是短时间内了解植株营养状况的一个良好方法，具有简单易行、快速实用的特点，但如果同时缺乏2种或2种以上营养元素时，或出现非营养元素缺乏症时，就易造成错误诊断。

②叶分析法。叶片分析通常是在树相形态诊断的基础上进行。特别是某种元素缺乏而未表现出典型症状时，需再用叶片分析方法进一步确诊。测定分析树体新梢一定部位的叶片营养元素含量，与标准值进行对比，判断出树体内营养水平的高低（通常划分为不足、适宜、过剩3个水平），了解树体的需肥情况。叶分析的采样时间是在7~8月新梢停长时，此时叶内各种营养元素含量变化较小，测定的数据准确可靠。这种方法也要结合分析土壤来进行综合判断。以叶分析判断树体营养状况，及时调整施肥种类和数量，可以保证经济林正常生长和结果。如板栗叶内氮含量低于1.981%时，为缺氮状态；叶内磷含量高于0.259%时，为磷过量状态；叶内钾含量低于0.307%时，处于缺钾状态。核桃正常生长的叶片主要元素含量范围值为：氮2.5%~3.25%，磷0.12%~0.30%，钾1.20%~3.00%，钙1.25%~2.50%，镁0.30%~1.00%，硫170~400 mg/kg，锰35~65 mg/kg，硼44~212 mg/kg，锌16~30 mg/kg，

表 7-3 北方常见经济林树种叶片主要矿质元素含量正常值范围(参考)

树种	干物质中含量(%)				
	氮	磷	钾	钙	镁
苹果	2.0~2.6	0.15~0.23	1.0~2.0	1.0~2.0	0.22~0.35
梨	2.3~2.7	0.14~0.20	1.2~2.0	1.5~2.2	0.30~0.50
桃	3.0~43.5	0.14~0.25	2.0~3.0	1.8~2.7	0.3~0.8
葡萄(叶柄)	0.6~2.4	0.10~0.44	0.44~3.0	0.7~2.0	0.26~1.5
樱桃	2.2~2.6	0.14~0.25	1.6~3.0	1.4~2.4	0.3~0.8
核桃	2.5~3.3	0.1~0.3	1.2~3.0	1.0~3.0	0.3~1.0
杏	2.4~3.0	0.14~0.25	2.0~3.5	2.0~4.0	0.3~0.8
李	2.4~3.0	0.14~0.25	1.6~3.0	1.5~3.0	0.3~0.8
柿树	1.57~2.00	0.10~0.19	2.4~3.7	1.35~3.11	0.17~0.46
猕猴桃	2.4~2.6	0.17~0.23	1.5~1.9	3.1~3.8	0.4~0.5

注:引自石伟勇,2016。

铜 4~20 mg/kg。北方常见经济林树种叶片主要矿质元素含量正常值范围见表 7-3。

③土壤营养诊断。矿质元素主要来源于土壤,且元素的有效性与有效土层的厚度、土壤理化性状、施肥制度等有关,通过测定分析土壤质地、有机质含量、pH 值、全氮和硝态氮含量及矿质营养的含量与变化水平,就可以确定土壤中养分的供应状况、植株吸收水平及养分的亏缺程度,从而选择适宜的肥料补充养分之不足。但是对经济林植株来说,只从土壤的养分状况进行诊断还不能做到精准判断,因为土壤养分的测定分析只能表示土壤养分的供应状况,不能反映树体的营养需求状况。因此,要正确地指导施肥,必须首先还要进行树体营养诊断,并以此作为主要依据,结合土壤营养诊断。

(2)经济林木的需肥特性

经济林木在生长过程中对于肥料的需求主要包括氮、磷和钾肥 3 种元素的肥料。氮是合成氨基酸、核酸、细胞核、磷脂、酶、生物碱以及维生素等主要成分之一;氮肥可以促进营养生长,延迟衰老,提高光合效能,增进果实品质和提高产量。磷是形成原生质、核酸、磷脂、酶及维生素等主要成分之一;磷肥能增强果树的生命力,促进花芽分化、果实发育、种子成熟及增进品质;提高根系的吸收能力,促进新根的发生和生长;提高抗寒和抗旱能力。钾与植株代谢过程有密切关系,并为多种酶的活化剂,可以促进同化作用及碳水化合物的合成、运输和转化;促进氮的吸收和蛋白质合成;适量钾肥可以促进果实肥大和成熟,提高果实的品质和耐贮藏性;促进增粗生长和组织成熟,提高抗寒、抗旱和抗病的能力。经济林木对肥料的需求因树种、树龄、树势、结果状况、生长发育时期不同而有差异。

①不同树种对肥料的需求。经济林树种多样,其生长特性、生物学特征不尽相同,采集收获的林产品也不一样(如果实、种子、叶片、嫩枝、花、树胶、新梢等),因而对肥料的需求也有差异。如猕猴桃为对营养元素(包括微量元素)的吸收量要比其他树种大得多,特别是对有效铁和氯的需求量比桃、梨等树种多;并且氮磷钾的吸收在叶片至坐果期主要

来自上年树体贮藏的养分，因此植株生长养分供应与上一年施肥特别是秋季施肥情况关系很大。柑橘的新梢对氮、磷、钾的吸收，从春季开始逐渐增大，但氮肥不可施用过量，否则根部受到伤害；夏季是枝梢生长和果实膨大时期，需肥量达到高峰；秋季根系再次进入生长高峰，为补充树体营养，仍需要大量养分。随气温降低，生长量逐渐减少，需肥量随之减少，入冬后吸收基本停止；果实对磷吸收高峰在 8~9 月，氮、钾的吸收高峰在 9~10 月，以后趋于平缓。据报道，每生产 1000 kg 柑橘果实，需吸收氮 6 kg、磷 1.1 kg、钾 4 kg、钙 0.8 kg、镁 0.27 kg，其氮、磷、钾吸收比例为 1:0.2:0.7。

②不同树势和树龄对肥料的需求。树势不同，需肥各异。树势旺，对肥料需求较少，生长前期可施或不施肥，后期就要控制施肥，或早秋结合深翻断根施基肥，施肥时应以磷、钾为主，控制氮肥，以深施基肥和叶面追肥为主，少土壤追肥。树势弱的植株则与旺树相反，为了促进枝叶生长，应多施基肥、氮肥，采用叶面喷肥和土壤追肥相结合，以加强营养生长，复壮树势。

不同年龄时期经济林木对肥料需求也不同。幼树期，植株的营养生长旺盛，成花少，对肥料反应十分敏感，要适当控制氮肥用量，多施磷、钾肥，施肥的量、位置和深度也要逐年增加、扩大和加深。结果初期，植株营养生长渐缓，结果量渐增，在施磷、钾肥的基础上，适当增施氮。盛果期，植株结果与生长平衡或结果过多，应早施、多施、深施基肥，追肥则应土壤追肥和叶面喷施相结合，且要多次(3~4 次)、量足，并注意增加氮肥用量与比例。同时提高磷、钾、钙肥比重，尤其是提高钾肥的比例。

③不同结果状况对肥料的需求。施肥量应随结果量的增加而增加，一般水果类树种应按每千克果施入 1.0~1.5 kg 的比例施有机肥；干果类树种应按果实与有机肥 1:1 的比例施入。同时，施肥还要考虑结果的大小年。大年树，花前追施氮肥，以促进新梢生长；花芽分化前追施适量氮肥和多量的磷、钾肥，以促进成花；果实膨大期，追施适量的氮、磷肥和多量的钾肥，以促进果实膨大，促进着色，提高树体营养贮存水平。从而达到维持健壮树势，促进成花，增进果实品质的目的。小年树，花前追肥应以多量氮肥为主，并配合少量磷肥，以提高坐果率；春梢旺长期追肥以氮、磷、钾为主，以促进春梢生长，减少成花；果实膨大期追施适量氮、磷肥和多量的钾肥，以利果实膨大、着色。

④不同生长期对肥料的需求。经济林在年周期内对肥料三要素的吸收量是有变化的，如板栗从发芽开始吸收氮素，新梢停止生长后，果实膨大期吸收最多；磷在开花后至 9 月下旬吸收量较稳定，10 月以后几乎停止吸收；钾在花前很少吸收，开花期吸收量迅速增加，果实膨大期达吸收高峰，10 月以后又急剧减少。

7.2.4 施肥时期

在经济林生产中，根据肥料的性能和施用时期，将施肥分为施基肥和施追肥。

(1) 基肥

基肥是能够保证在很长一段时间里都能为经济林木提供所需要的多种营养物质的基础肥料，对树体年生长发育起决定性作用。施用基肥应以各种腐熟的有机肥为主，如堆肥、圈肥、人粪尿、鸡粪、草炭、绿肥、草木灰、土杂肥、秸秆、腐殖酸类肥料等，可适当配以少量无机肥。基肥以秋施最为适宜，因此时正值根系第 2 次生长高峰，施肥造成的伤根容易愈合，并可促发新根；有机物腐烂分解时间较长，矿物质化程度高，被根系吸收后，贮藏于树体枝干和根系中，从而提高树体营养水平，有利于花芽充实饱满和增加枝条充实度，增强越冬抗寒性，并为翌年萌芽、开花提供营养。此外，通过施肥翻垦，也可起到疏松土壤、提高土壤透气性、协调土壤水热因子的作用。由于肥料、劳力等因素影响未能秋施，或树体生长健壮、贮藏营养水平高的种植园，也可在早春施肥，但需施用事先腐熟的有机肥，在土壤解冻后，结合春季翻耕、灌水尽早施入。多年的生产实践经验表明，经济林园秋施基肥效果最好。基肥的施用量应占全年总施用量(按有效养分计算)的 1/2~2/3，如北方旱作区的枣树丰产园每亩需施用有机肥 5 m³ 左右。

(2) 追肥

追肥是根据经济林木在各物候期的需肥特点及时补充肥料，既是供给当年壮树、高产优质的肥料，又为来年生长结果奠定基础。具体施肥时期、数量及次数应根据树种、品种、树龄、树势、结果情况或目标产量等而确定。追肥多以速效化肥、微肥、多元素复合型活性矿化有机态肥为主，如硝酸铵、尿素、磷酸二铵、过磷酸钙、氧化钾、硫酸钾等，这类肥料发挥肥效快，易被植株吸收利用。目前，生产上对成年结果树一般每年追肥约 2~4 次，且每次施用肥料的种类、用量、比例都有所不同。追肥总施肥量约等于全年施肥量(指有效养分含量)减去基肥用量，每次追肥用量视全年追肥次数而定。追肥要把握植株生长前期以氮肥为主，中期追氮磷钾肥，后期追磷钾肥；要前促后控，防止后期氮肥施入造成植株贪青徒长，枝条木质化程度降低，不利于越冬。

以果实为主要收获产品的树种追肥，依据其物候期大致可分为花前、花后、果实膨大期、花芽分化前、果实采收前和果实采后追肥。

①花前追肥。经济林在萌芽开花阶段都需要消耗大量的营养物质，如果此时无法满足植株所需的养分，就会出现落花落果现象，影响生长，对树体不利。而且此期对氮肥敏感，及时追肥可以促进植株萌芽开花整齐，提高坐果率，促进生长。追肥时间在萌芽开花前 1 周左右。注意早春追肥必须结合灌水，才能使肥料充分发挥其作用。

②花后追肥。这次追肥是在落花后、坐果期进行。此期幼果迅速生长，新梢生长加快。追肥应以速效性氮肥为主，配合磷、钾肥，补充开花对营养的消耗，提高坐果率，促进新梢生长，缓解幼果膨大与枝叶旺长对氮素的竞争，扩大叶面积，提高光合效能，有利于碳水化合物和蛋白质的形成，从而减少生理落果。

③果实膨大期和花芽分化期追肥。此期新梢基本停止生长或生长缓慢，有些树种的花芽已经开始分化。于 6 月中下旬追施氮肥、磷肥、钾肥和微肥，注意氮肥、磷肥和钾肥配合适当，同时追施磷、钾肥和微量元素肥(锌、铁、钙、硼)，控制氮肥用量，以免造成春梢旺长不停。

④果实采收前追肥。于果实采收前 15~20 d 追施速效钾，或叶面喷施有机矿化活性肥、氨基酸复合微肥等。目的在于促进果实进一步膨大，增加含糖量，促进着色，提高果实的产量和品质。

⑤果实采收后追肥。果实采收后追施适量氮肥、磷肥和钾肥。这次追肥对象主要是消耗营养物质较多的中、晚熟品种和树势衰弱的树，补偿由于大量结果而引起的营养物质的亏缺，恢复树势，增加树体内营养物质积累，促进枝条充实，提高树体的越冬抗寒能力，

为来年生长和结实打好基础。

7.2.5 施肥方法

施肥方法主要有土壤施肥、灌溉施肥、叶面施肥、树干注射施肥 4 种。

(1) 土壤施肥

土壤施肥是将要施用的肥料直接埋入树木根系分布区的土壤中。施肥时要根据根系分布特点、肥料种类及其特性，将肥料施入根系分布范围及外围土壤中，以便最大限度地发挥肥效，促进根系扩展。一般情况下，肥效慢而持续时间长的有机肥应施在距根系分布稍深、稍远处，诱导根系向深层、向远处生长，以形成强大根系、扩大吸收面积，增强树体的抗逆性；速效肥料要施在根系集中分布区内，且要多次、少量。施肥深度要考虑肥料的特点，氮肥在土壤中移动性强，可浅施，磷肥、钾肥移动性差，宜适当深施。生产上主要有以下几种土壤施肥方法(图 7-1)：

①环状沟施肥。在树冠投影外围挖环状沟或断环状沟，沟宽 30~40 cm，深度要因树龄和根系分布范围而定，一般为 15~40 cm，幼龄树和根系分布范围大的树宜深。挖沟时，将表层土与深层土分放，沟挖好以后，将肥与表层土混匀并填入沟底，再填入深层土。每年随根系的扩展，环状沟要相应扩大，两次环状沟间不留空隙。环状沟施肥法多适于经济林幼龄园施用基肥。

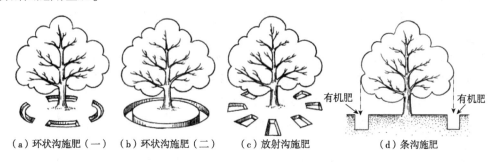

（a）环状沟施肥（一） （b）环状沟施肥（二） （c）放射沟施肥 （d）条沟施肥

图 7-1 土壤施肥方法示意图

②放射沟施肥。在树冠投影下，距树干 50~100 cm 处四周向外挖 6~7 条放射沟，沟的数量依树冠大小而定，树冠小的条沟少，树冠大的条沟多；沟的深度、宽度同环状沟，但应内浅外深，以免伤及粗根；沟的长度以略超过树冠投影外缘为宜。肥料的施入和覆土同环状沟法，每年挖沟时应变换位置。此法伤根较少，施肥范围较大，多适于经济林成龄园施用基肥。

③条沟施肥。在种植园树的行间或株间挖 1~2 条宽 50 cm、深 40~50 cm 的长条形沟，然后按环状沟法施肥覆土，每年根据行距、树冠大小调整开沟的方向。条沟施肥法适用于经济林成龄园，采用机械化施肥作业。

④穴状施肥。在树冠垂直投影边缘以内开挖深 30~40 cm、直径约 30 cm 的小穴，根据树龄、栽植密度和树冠大小，每株树的树盘内挖 8~15 个，将肥施入后回填土。要注意在树冠投影的树盘周围挖穴，分布均匀，以达到均匀施肥的效果。穴状施肥适用于经济林密植园，常用于春夏季追肥。山地经济林园也可采用穴状施肥方法，在穴内施入有机肥、秸

秆等，达到"穴贮肥水"的作用。

⑤全园施肥。将肥料均匀撒布于园地表面，全园翻肥入土，深度以 25 cm 左右为宜。此法适于根系遍布全园的成龄园或密植园施用基肥或追肥。一般秋季中耕或春季中耕时，可采用全园施肥法施用基肥，夏季灌水后结合中耕除草可采用此法施用追肥。

（2）灌溉施肥

灌溉施肥法是将肥料溶于水制成肥液施入土壤的方式，具有不伤根、不破坏耕作层土壤结构、省工和肥料利用率高的特点，是集约型经济林园追肥的主要方法。具体有以下几种：

①滴灌施肥。将化肥或液体肥料溶于水中或选用滴灌用水溶肥，通过水肥一体化设施将肥液通过滴灌或渗灌的方式直接施入树木的根部。随着节水灌溉技术的发展，越来越多的北方旱区经济林园采用水肥一体化的供肥供水方式，便于实现精准施肥，达到科学、平衡施肥的要求。

②地面灌水施肥。即将化肥均匀撒于种植园地表，然后通过地面灌水使肥料渗入土壤中。

③注水施肥。在树冠投影下用土钻均匀打孔，孔的数量以树冠大小而定，孔径深度 40 cm 左右，然后将事先配制好的肥料液注入孔中，或者用追肥枪直接将肥液均匀注入树冠下的土壤中。注水施肥便于灵活使用，适合于山地种植园或个别植株的临时补肥。

（3）叶面施肥

即将施用肥料配成一定含量的液体，用喷雾机具将肥液均匀喷到叶的背面和正面，又称为根外追肥。一般可连续喷肥数次，每次间隔 10~15 d。叶面喷肥具有用量少、肥效快的特点，特别适用于中微量元素的补充；但要求肥料水溶性高，易被叶面吸收，安全性好。操作时要注意施用肥液的浓度、施用时间的选择等，总体上要掌握低浓度、多次、少量、晴天无风时施用的原则。叶面施肥的注意事项有：

①喷施浓度。叶面施肥浓度是影响喷施效果的主要因素，如果肥料溶液浓度过高，则喷施后易灼伤叶片；浓度过低，达不到补充营养的目的。生产实践中，要根据肥料种类、树种及发育时期等，选择适宜的浓度；也可以先进行单株小区试验筛选浓度。一般情况下，叶面喷施尿素浓度为 0.3%~0.5%，过磷酸钙 0.5%~1.0%，磷酸二氢钾 0.5%~1.0%，硼砂 0.3%~0.5%，硫酸钾 0.3%~0.5%，硫酸锌 50~100 mg/L，钼酸铁 20~50 mg/L。

②喷施时期。根据经济林木不同生长发育阶段对营养元素的需求情况，选择对营养元素最为需求的时期进行喷施。如在开花期为提高坐果，喷施硼砂和磷酸二氢钾补充营养元素；在果实膨大期喷施磷酸二氢钾或尿素补充营养元素。

③喷施时间。在雨后或灌水后 1~2 d，最好选择无风阴天，或在晴天 10:00 以前或 16:00 以后进行，这样有利于养分吸收，且可避免因气温高肥液很快浓缩而导致发生肥害。如遇喷后 3~4 h 内下雨，则需要进行补喷。

④喷施方法。采用机械喷雾，雾滴要细且叶片正反面均匀喷雾；也可采用专业作业的无人机喷雾。

⑤增添助剂。叶面施肥依赖于叶片对肥料养分的吸收，而叶面肥液在叶面附着力的大小、停留的时间长短与叶片吸收量有关。因此，叶面施肥时适当添加助剂，有利于增强肥液在叶片上的黏附力，促进肥料的吸收。如加入 2% 的中性洗衣粉，可减小溶液的表面张

力，增大肥料溶液与叶片的接触面积，促进吸收。目前市场上也有商用叶面肥助剂。

尽管叶面施肥具有施用量少、肥效快、肥料利用率较高的特点，但与根部施肥的方法相比，单次叶面施肥因叶片吸收营养元素量有限，需多次喷施才能达到根部吸收营养元素的总量。而且多次叶面施肥用工、用时多，也易受气候条件、树木种类影响，存在效果差异较大的现象。因此，叶面施肥不能完全替代根部施肥，必须在根部施肥的基础上，正确应用叶面施肥技术，才能充分发挥叶面肥的作用。

(4) 树干注射施肥

即采用树干加压注射或输液方式，将肥料溶液或营养液通过枝干的韧皮部、木质部来吸收或运输到叶片、枝条或根部的方法。具有营养元素吸收快，还可贮藏在木质部中长期发挥效力，减少肥料用量，提高利用率，避免造成污染影响的特点。作业时通常在树干基部钻2~3个深孔达到木质部，用高压注射机将肥液从孔中强行注入树体；或采用专用输液袋吊装营养液缓慢输入。采用这种方法也可矫治树木缺素症、夏季防治食叶害虫或蛀干害虫。目前国内已有专用的树干注射器、输液袋及专用营养液等。

7.2.6 施肥量

经济种植园施肥量要根据经济林树种养分需求特点、树体大小、目标产量、土壤养分状况、肥料种类等因素而确定。施肥量过大会造成养分与肥料浪费，甚至土壤质地、结构的改善；施肥量过少，影响经济林产量和品质。

(1) 确定施肥量的方法

土壤养分状况对经济林产量高低具有重要影响。在生产中科学合理施用适量肥料，是确保经济林持续稳产丰产优质的重要措施。如何确定出不同土壤条件、树龄、产量状况的经济林园土壤施肥量，需要统筹考虑树种、土壤、肥料、产量等多方面因素。生产中通过以下几种方法确定施肥量。

①种植园调查法。对当地经济林种植园的土壤状况、产量状况、品质情况以及施肥种类和数量等进行广泛调查，综合分析不同树种、树龄、产量、土壤条件等的施肥情况，并结合树体生长和结果的表现进行调整，以获得更符合实际的施肥量，确保实现早结果、能丰产、达优质的目标。

②田间肥料试验法。采用测土配方施肥的田间试验方法（如"3414"肥料试验设计方法），根据试验结果确定更加科学的施肥量。

③叶片营养诊断法。经济林木叶片的养分含量状况一般能及时准确地反映出树体的营养状况，生产中在关键物候期采集叶片，分析测定其养分含量，便可以借助营养诊断标准得知某种元素含量是不足还是过剩，以便及时补充适量的肥料。这种方法简单易行，常用来指导经济林施肥和营养诊断。

④平衡配方施肥法。根据经济林树种的需肥规律、土壤供肥性能与肥料效应，通过测定出土壤养分的具体含量，提出氮、磷、钾等肥料的施用比例和用量及其相应的施肥技术，包括目标产量的确定、肥料的配方、施肥等基本环节。平衡配方施肥法的基本思路是，根据目标产量的养分需求量和土壤养分供应量，经济林园的树木每年吸收带走多少营养元素，就补充多少营养元素。

(2) 确定施肥量的依据

①目标产量的养分需求量。土壤肥力是决定产量高低的主要基础,种植园目标产量的高低需要结合土壤肥力、栽培技术、气候条件等综合因素来确定。确定目标产量的常用方法是以该种植园前3年的平均产量为基础,再增加10%~15%的产量作为目标产量。不同经济林树种,生产单位数量的经济产量,所需养分量也不相同(表7-4)。

表7-4 不同经济林树种生产100 kg经济产量所需的养分量(参考)

树种	从土壤中吸取氮、磷、钾的量(kg)		
	N	P_2O_5	K_2O
梨	0.47	0.23	0.48
柿	0.59	0.14	0.54
葡萄	0.6	0.3	0.72
苹果	0.3	0.08	0.32
桃	0.48	0.2	0.76
柑橘	0.6	0.11	0.4
柿	0.59	0.14	0.54

注:引自张福锁,2011。

根据确定的目标产量,参考上表就可以计算出目标产量所需要氮、磷、钾的总量。

$$目标产量的养分需求量 = 目标产量 \times 单位经济产量的养分需求量 \quad (7\text{-}1)$$

②土壤养分供应量。土壤养分供应量是指经济林园土壤中可以提供的养分量(不包括施用肥料的养分量)。通常采用肥料试验处理(CK:不施用肥料,PK:不施用氮肥,NK:不施用磷肥;NP:不施用氮肥;NPK:完全肥料处理),以无某种养分区的产量来估算土壤供应该种养分的量。也可以通过田间取样测定氮、磷、钾养分含量,通过土壤容重、根层土层厚度等计算,预估出土壤养分供应量(需要考虑土壤中养分吸收利用率和校正系数)。

③肥料利用率。是指经济林木吸收来自所施肥料的养分占所施肥料养分总量的百分率,可以通过施肥试验或实际测定获得肥料利用率的高因受肥料种类、气温、土壤条件、施用方法等的影响而不同。在常用的施肥方法条件下,氮肥的利用率为30%~40%,磷肥的利用为10%~25%,钾肥为40%左右。

④肥料中有效养分含量。肥料中有效养分含量在各成品化肥包装袋上均有注明,常用化肥的有效养分含量也可查阅相关资料获得。

(3) 施肥量的计算

$$施肥量 = \frac{树木养分吸收总量 - 土壤养分供应量}{肥料利用率 \times 肥料中有效养分含量} \quad (7\text{-}2)$$

确定经济林园某个树种的合理施肥量,首先要通过取样分析,搞清楚树体各器官的年吸收总量;其次要弄清园地土壤在不施肥情况下,每年能提供给树木吸收利用的养分含量数据;最后还要了解园地土壤养分状况和肥料吸收利用率。

①树木养分吸收总量。指一定面积或单株树体从萌芽到落叶休眠的年周期中,各个器官生长所吸收消耗土壤中的一种或多种营养成分的总量。在测定计算养分吸收总量时,需

要按照各器官发育成熟的先后，分别调查记载花、落果、叶、果实、枝、干、根等各部分生长的总鲜重、总干重，测定分析各主要营养元素的百分含量，计算某器官总干重及其营养成分含量，即可求得某器官的年吸收总量；再将各器官吸收总量相加，即为某树种(植株)的养分吸收总量。养分吸收总量是按单一元素含量分别计算的，因此可以计算获得氮的总吸收量、磷的总收量、钾的总吸收量等。可参考下列公式进行计算和预估：

$$树木养分吸收总量 = 目标产量 \times 每100 \text{ kg} 经济产量所需养分量 \quad (7\text{-}3)$$

②土壤养分供应量。经济林园土壤在不施肥的情况下，也含有一定量的氮、磷、钾及其他各种微量元素，供给树体每年吸收利用。采用盆栽或田间对比试验，可推算出土壤中某种营养元素的土壤供应量。田间对比试验计算公式如下：

$$土壤养分供应量 = 无肥区产量 \times 每100 \text{ kg} 经济产量所需养分量 \quad (7\text{-}4)$$

在实际生产中，也可通过测定土壤有效养分含量，然后通过测定值估算土壤养分供应量：

$$土壤养分量(\text{mg}/亩) = 土壤测定值(\text{mg}/\text{kg}) \times 校正系数 \times$$
$$根层土重 \text{ kg}/亩(根据根层土壤厚度和土壤容重计算) \quad (7\text{-}5)$$

任何一个土壤养分测定值所表示的土壤中的养分含量，不代表被树木全部吸收，所以存在着土壤有效养分测定值的校正问题，即土壤养分校正系数。旱作区可供参考的校正系数为：碱解氮 0.35~0.6；有效磷 0.51~1.98，有效钾为 0.22~0.51。

常用有机肥和无机肥料的当年利用率见表 7-5。

表 7-5 常用有机肥、无机肥当年利用率

肥料名称	当年利用率(%)	肥料名称	当年利用率(%)
一般土杂肥	15	大豆饼	25
大粪干	25	尿素	35~40
猪粪	30	硫酸铵	35
草木灰	40	过磷酸钙	20~25
菜籽饼	25	硫酸钾	40~50
棉籽饼	25	氯化钾	40~50
花生饼	25	钙镁磷肥	35~40

注：引自谭晓风，2018。

(4)确定施肥量需注意的问题

①经济林园的施肥量根据养分吸收总量、土壤养分供应量和肥料利用率、肥料有效养分含量等可推算出某种养分元素的肥料合理施用量，但此时计算出的使用量是理论推算值，为了避免生产中使用肥料的有效养分含量不足(没有达到标注值)或其他因素造成的利用率降低，从而使肥效降低，实际使用量可以在理论推算值的基础上再增加 10% 左右。

②计算的理论施肥量通常是氮、磷、钾等元素的需求使用量，生产中还要考虑土壤有机质含量，每年结合秋季土壤深翻，施用一定量的有机肥(如土壤有机质含量小于 1% 的种植园，建议每年秋施 5~8 m³/亩的腐熟有机肥；大于 1%、小于 2% 的种植园，每年秋施

3~5 m³/亩的腐熟有机肥)。经济林木的施肥量随树龄增长、产量增加和土壤肥力的变化而变化，需要根据土壤养分测定值等实时进行动态调整。此外，目前生产中多采用滴灌水肥一体化管理技术，肥料利用率较常规土壤追施显著提高，在确定施肥量时应加以考虑。

③施肥是经济林园提高产量和品质的主要手段之一，但并非施肥越多越好。在一定范围内，随施肥量增加，产量升高、品质提高，经济效益增大；而超出一定范围，则随着施肥量增加，产量上升幅度变小，经济效益不佳，或增产不增效，甚至会造成土壤质量下降。施肥量要依据树龄、树势、结果量、土壤状况等因素综合判断确定，科学施肥，以充分发挥肥效，促进经济林木生长，实现早果、丰产、优质、高效的目标。

④土壤类型不同，其土质、肥力等也不尽相同，只有因地制宜施肥，才能产生理想的施肥效果。一般土层深厚、有机质含量高、保肥能力强的土壤，基肥和追肥的施用，应坚持少次少量；土壤瘠薄、保肥力差的沙地，基肥应多施，追肥应坚持多次少量；西北黄土高原区土壤中普遍缺磷、富钙、钾不足，且有机质含量低，应特别注意增施磷、钾肥和有机肥；而沙土中氮磷不足、富钾，有机质含量极低，应特别注意增施氮磷肥和有机肥。

7.3 水分管理

7.3.1 经济林木的需水特性

水分是经济林木生命过程中的介质和氢的来源，是构成经济林木无机成分之一，是经济林木的生活物质和生命活动的重要条件，又是重要的环境生态因子，只有在一定水分条件下，才能有林木的生长发育。经济林木生长发育和产量的形成有一定的需水规律，年总雨量不同或季节性分布不同，几乎均伴随着经济林种群和经济效益的不同。生产中根据经济林木的种类、发育阶段、气候条件及土壤水分含量，对经济林园进行灌水、保水、排水等栽培管理，及时供应植株生长发育所需要的水分，为经济林早实、优质、高效奠定良好的基础。

(1) 需水量

植物消耗水分基本上用于两个过程：一是光合作用，每合成1分子的碳水化合物，需要6分子的水；二是呼吸作用，观察林木与外界环境之间的水分动向，水分是从土壤→根（吸收）→茎→叶（蒸腾）→大气的方向移动的，若以林木为中心，则产生吸水（收入）和蒸腾（支出）之间的平衡。林木根系的有效水量取决于降水量和蒸发量之间的平衡和土壤含水量，水分势和传导率之间的相互关系。蒸腾则取决于气象条件（湿度、辐射、温度与风）和植物控制蒸腾作用的活动。植物一方面由气孔的开闭来控制蒸腾，另一方面植物的蒸腾还受制于植物体内水分输送有不利影响的植物细胞内的种种过程，因而，不同树种、品种在不同气候条件下对水分的需求是不同的。

生产单位生物量所需的水分称为耗水效率。一般植物吸收1000 kg的水分，只能生产3~4 kg干物质，经济林木依种类和品种不同，每生产1 kg光合产物耗水300~800 kg，茶树的耗水效率更低，生产1 kg鲜叶需水1000 kg左右。同一品种在不同地区，其需水量不同，这主要是由于气象条件不同所造成的。

(2) 水分临界期

经济林木在生长发育的不同时期，对水分的敏感程度不同。对水分最敏感的时期，即由于水分缺乏或过多，对产量影响最大的时期，称为某一树种的水分临界期。临界期不一定是林木需水最多的时期。

有些地区在林木的水分临界期，降水量较适宜，其保证率也很大，所以并不是当地水分影响产量的关键期。而在其他生育期，生育初期和后期形成物质少，需水量也大，对水分也相当敏感。若此时正遇上当地经常性地出现降水条件的不适宜(过多或过少)，这时期就成为当地水分条件影响产量的关键期，称为水分关键期。关键期是以树木的生物学特性与当地农业气象条件结合起来而形成的概念。因此，某地某一树种的水分临界期和关键期可能吻合也可能不吻合。

经济林生产应密切注意水分临界期和关键期的水分供应问题。不同树种、品种水分临界期和关键期不同。但大多数树种水分临界期是生殖器官形成期和开花期。这一时期对水分最敏感，由于水分的缺乏可能导致生长受阻，产量显著下降，但也不能忽视其他生育期的水分供应。

7.3.2 灌水

经济林木对水分的反应是非常敏感的。生长期缺水，光合作用减弱，枝、叶、根生长缓慢或停止，甚至发生落叶、落果或整株死亡；休眠期缺水，常引起冻害或抽条。因此，在干旱、半干旱地区，园地灌水对经济林木生长、开花、坐果、花芽分化及果实发育都有重要的作用。

7.3.2.1 灌水时期及灌水量

确定灌水的最适宜时期主要有两方面的依据：一方面，根据经济林木的生长状况确定最佳灌水时期；另一方面，根据土壤水分状况确定适宜灌水时期。只有从树木的生长特性出发，结合土壤湿度确定灌水时期与灌水量，才能最大限度地发挥灌水效益。一般来说，我国北方地区，冬季、春季气候干旱少雨，土壤墒情差，应在萌芽前灌水，补充土壤水分不足，促进萌芽、开花和坐果；4~5月间新梢迅速生长期和6月间果实膨大期是全年需水最多的时期，应及时足量灌水，才能保证经济林木的正常生长和结果；7月以后，在保证果实正常膨大、成熟所需水分的前提下，应控制灌水，根据降雨情况，可少灌水或不灌水，以免秋梢旺长，影响花芽分化和枝条越冬；采收后至落叶应灌封冻水，增加土壤含水量，有利于树体越冬，又有利于来年春季萌芽、开花、坐果和树体的健壮生长。根据土壤含水量确定具体的灌水时间更为科学合理，通常树木生长适宜的土壤含水量应为田间最大持水量的80%左右；当土壤含水量低于田间最大持水量的50%时就需要灌水。

灌水量或灌水定额应根据土壤的类型、厚度和特性，以及生长季节、树木特性等而确定。一般来讲，灌水量以土壤水分饱和浸渗深度80~100 cm为宜。但土层深厚、持水能力强的黏性土壤及生长季树木的大量需水期，灌水量可适当加大；而土层浅薄，持水能力弱的沙性土壤，应坚持少量多次的灌水原则，每次灌水量以达到适宜浸渗深度为准。如果土壤中含有盐碱，则应加大灌水量，尤其是在7、8两个月应灌足水，以利淋溶洗盐碱。生产中也可用灌水定额(一次灌水的水层深度或一次灌水单位面积的用水量)来表示灌水的多少，灌水定额可根据土壤田间持水量来计算：

$$m = \frac{0.1 \times r \times h (P_1 - P_2)}{\eta} \tag{7-6}$$

式中　m——设计灌水定额，mm；
　　　r——土壤容重，g/cm³；
　　　h——植物主要根系活动层深度，树木一般取 40~100 cm；
　　　P_1——适宜的土壤含水率上限(质量分数)，可取田间持水量的 80%~100%；
　　　P_2——适宜的土壤含水率下限(质量分数)，可取田间持水量的 60%~70%；
　　　η——灌溉水的利用系数，因灌溉方式而异，喷灌水的利用系数一般为 0.7~0.9。

应用此公式计算出的灌水定额，还可按照树种、品种、生命周期、物候期以及气候、土壤条件等情况进行适当调整，以符合生产实际需要。

7.3.2.2　灌水方法

灌水方法应本着节约用水，提高灌水效率，减少土壤侵蚀，便于园地耕作为原则，根据水源、经济、地形和气候等条件选择。灌水方法主要有以下几种：

(1)地面灌水

是利用灌水渠将水引到园地的全部或局部地面上的灌水，是世界上，特别是发展中国家最广泛采用的一种灌水方法。简单易行，投资较小，但耗水量大，灌水后的土壤表面易板结，影响土壤的透气性。因具体方式不同又分为几种。常见的有：

①分区灌水。按一定的走向和地形将园地分隔成若干个小区，再按顺序逐区灌水。这种方法灌水均匀，水可以浸泡到全部地块，但耗水量较大，地面易板结。

②沟灌。以栽植行为中线，两边做小土埂，修成宽 80~100 cm，深 10~20 cm 的条沟，并与灌水沟垂直。灌水时将水引入沟中。这种方法的优点是水分能浸湿根系主要分布范围，水分散失少，有利于土壤通气，不会造成全园土壤板结，便于间作与耕作，有效防止根茎部病害传播，降低盐碱对树体的影响；缺点是开沟劳动量大，坡地易造成土壤冲刷。

③盘灌。在每棵树干周围的地面上，用土埂围成圆形或方形浅坑如盘状，由输水沟或输水管道引水入浅坑的灌水方法。该方法简单易行，但会影响机械耕作。

④穴灌。在树冠投影内外分布均匀地挖 8~12 个深 30 cm 左右的穴，灌水时将水注满。穴灌因开挖穴数过多会造成伤根，而且需要花费的人力、物力多；适于水源缺乏地区和丘陵山地。

⑤调亏灌溉。经济林植株生长季之初，仅维持较低水平的土壤水势，而在果实快速膨大期内进行频繁灌水。该方法可以节约灌溉用水，降低蒸腾耗水损失，提高果实产量与品质，减少剪枝工作量。

(2)地下灌水

地下灌水又称渗灌，是利用铺设在土壤中的多孔输水管道进行灌水。水从管道的孔眼中渗出，浸润管道周围的土壤。此法节水，水分散失极少，不会引起土壤板结和水土流失，较地面灌水优越，适于丘陵、山地，但投资较高，且应将管道铺设在树冠下的土壤中。

(3)喷灌

用压力管道输水，再由喷头将水喷射到空中形成细小雨滴，似降雨般均匀地洒落到树冠和地上面。喷灌依喷射高度不同有两种方式：一种是喷头安装高于树冠，水滴可从树冠上空落于树冠和地面，可调节园地的小气候，在春季可防止晚霜危害，但用水量较大，在气候干燥、多风地区，水分散失较多；另一种是喷头安装在树冠下部，水滴直接落于地面，叶片不接触水滴，用水量相对较小。

(4) 滴灌

是利用机械和自动化装置相结合，通过特制的管道以水滴或细水流缓慢供应到根际土壤中的灌水方法。具有省水、方便、增产的显著作用，还可结合施肥，将肥料及时供应到根际土壤中，起到提高肥料的利用率和有效性，但投入很高，适于丘陵、山地和沙壤地。

7.3.3 保水

在我国北方，经济林主要分布在气候干旱的三北地区，水分作为植物生长必不可少的关键要素，是制约经济林木产量的主要因素。经济林园地保水栽培技术的应用，能够实现经济林的保产增收，对经济林的可持续发展有重要影响。生产中要结合当地的气候条件，将保水栽培技术合理地应用于经济林栽培，以切实有效地加强经济林的抗旱保水效能，促进经济林可持续发展。经济林园的保水方式主要有以下几种：

(1) 覆盖

①秸秆覆盖。在春季或者夏季进行，覆盖时可在树盘、株间、行内及整个经济林园内覆盖 15~20 cm 厚的秸秆或杂草。该方法不仅抗旱保水，还具有保温、抑制杂草生长，防止水土流失与土壤板结等作用。

②覆膜。在植株的两侧顺行起垄，要求外高内低，用聚乙烯塑料薄膜覆盖。此方法可以减少地表水分蒸发，增加土壤含水量，提高地温，促进根系对水分和肥料的吸收，但难降解，易造成白色污染。

③覆石块。在树盘或行内覆盖碎石块，适用于山地所造的经济林，就地取材，成本低，效果好。

(2) 生草

在经济林园内种植对经济林有益的草种，一般要求矮秆或匍匐生长、耐阴、耐践踏，且与所种植的树种无共同病虫害，以豆科与禾本科牧草为主。生草能调节地温、改良土壤、增强抗旱能力和生物防治能力，从而改善经济林的生长环境，提高果实产量和品质。

(3) 施用化学制剂

目前应用的保水用化学制剂主要是土壤保水剂与抗蒸腾剂。

①保水剂。是一种功能性高分子聚合物，能在极短的时间内吸足水分，并把水分牢固地保持在土壤中，在干旱时把保存的水分缓慢释放出来，供树木根系吸收利用。保水剂不仅能增加土壤的田间持水量，减少地表地下径流，还能减缓水分的地面蒸发。保水剂主要采用施入土壤的方法施用。

②抗蒸腾剂：抗蒸腾剂是喷施于树木叶表面，能降低植物叶片水分蒸腾速率的一类化学物质。干旱来临前 7~10 d，叶面喷施。如旱情严重，15~20 d 后可再喷施 1 次。施用后短期内效果较为明显，但长期使用，对果实产量及品质会产生一定影响。因此，使用时应当注意喷施的时间、用量等。

7.3.4 排水

排水是园地防涝保树的主要措施。园地积水或土壤水分过多，都会导致土壤缺氧，而长期缺氧，会引起根系死亡，最终导致全株枯死。同时，土壤水分过多，通气不良，还会抑制好气性细菌的活动，影响营养元素的吸收；降低土壤中的氧化还原电位，产生有害的还原性物质，如 H_2S、CH_4 等，对根系产生毒害作用。另外，园地排水不良易引起土壤盐渍化，影响植株的正常生长和结果。

(1)排水时间

进行土壤水分测定是确定排水时间较准确的方法，一般土壤水分达到土壤最大持水量时必须进行排水。各种土壤的最大持水量不同，排水可参考各树种耐涝力的强弱进行，通常在土壤过湿时，对不耐涝的树种先排水。此外，在我国，南北气候条件差异大，雨量集中的时间段也不相同，因此排水情况也不一样。北方部分省份和地区，降水量不高，且雨量分布不均，多集中在 7、8、9 三个月，常发生一次性降水强度大，形成集流冲灌，园地造成积水，而此时正值大多数以收获果实为主树种的需水较少时期，水分过多易引起枝条的二次生长或徒长，过多地消耗营养物质，既影响果实的发育和成熟，又影响花芽分化，从而降低果实的产量和品质、花芽分化的数量和质量、树体的越冬性和翌年春季萌芽生长势。另外，北方地区山地、丘陵园地较多，如果缺少排水设施，易造成园地沟蚀、冲刷和水土大量流失，严重时会冲倒树体，大面积破坏园地。因此，在选择园地时要充分考虑排水问题，建园时要根据气候资料和地形、地势状况设置排水系统。

(2)排水方法

平地种植园可沿园地四周及园内顺地势修建排水沟，沟底应低于地面 40 cm，并与灌水渠、沟相通，当发生积水时，将多余水量顺沟排出园外；若园地是盐碱土壤，应采用深沟高畦（台田）或适度培土等方法，在园内适当增加排水沟数量，加深排水沟深度，降低地下水位，一般深度在 100 cm 以上，防止返碱，以利于排碱与雨季排涝。

山地种植园，应在园地上部修筑拦水坝，顺排下泄洪水，防止冲刷；在梯田内侧修排水沟；在园地两侧和下部修蓄水池，蓄水窖，小型水库，将排泄水贮存起来备用，实现山地种植园的积水灌溉。山地种植园通过蓄贮排泄的洪水、集流水，既能有效解决排水和水土流失问题，又能实现旱地林园的水补偿灌溉，是山地种植园高产、稳产、优质栽培的重要手段。

本章小结

经济林树种与品种遗传特性、生长环境影响其植株的生长发育状况，栽植建园后立地与环境因子直接影响经济林木的生长和经济产量，因此，加强经济林园土肥水管理，供给充足的水分、养分，保持良好的土壤肥力状况，创造适宜的生长发育环境是树木健康生长、早实、优质丰产和高效的基础。经济林园土壤管理的措施主要有土壤深翻、中耕除草、间作、覆盖等，通过这些措施能改良土壤结构和理化性状，增强保肥蓄水性能，调节土壤的水、肥、气、热状况，创造有利于土壤微生物活动和根系生长的土壤环境，促进植株生长。养分管理主要是对种植园进行合理的施肥，提高土壤肥力，补充树木生长所需养分元素，来改善与调节树木的营养状况。经济林园施用的肥料有有机肥、无机肥和微生物肥料3大类。通过树相形态诊断法、叶分析法、土壤分析法对经济林树体进行营养诊断，判断植株的营养状况，可以来指导科学施肥、改进管理措施。经济林树种、品种、树势和树龄、结果状况、生长期的不同，对肥料（养分）的需求特性也不同。根据肥料的性能和施用时期，将经济林园施肥分为施基肥和施追肥，生产中提倡结合土壤深翻、秋施基肥。施肥方法主要有土壤施肥、灌溉施肥、叶面施肥、树干注射施肥4种，施肥量要根据经济林树种养分需求特点、树体大小、目标产量、土壤养分状况、肥料种类等确定。经济林木生长发育和产量形成有其需水特征与规律，生产中根据经济林的种类、发育阶段、气候条件及土壤水分含量等，对经济林园进行灌水、保水、排水等管理，及时供应植株生长发育所需要的水分，为经济林早实、优质丰产、高效奠定良好的基础。

思考题

1. 经济林园土壤深翻的作用有哪些？
2. 常用的经济林园地表覆盖材料有哪些？覆盖应注意哪些问题？
3. 如何进行经济林营养诊断？
4. 经济林树体的需肥特点是什么？
5. 经济林园如何施用追肥？
6. 经济林园土壤施肥的方法有哪些？
7. 怎样确定经济林园的施肥量？
8. 经济林园灌水的方法有哪些？各有何特点？

第 8 章

经济林整形修剪

整形修剪是经济林栽培管理中最重要的技术之一,其目的是为了调节经济林地上部分的生长和结果,使其与地下部分营养吸收和转化相平衡。具体地说,就是通过整形修剪,建立牢固而合理的树体骨架、群体结构,在充分利用光能和空间的基础上,调节经济林产品器官的数量和质量,协调地上与地下、地上各部分的养分供应,使经济林栽培达到"早实、丰产、稳产、优质、低耗和高效"。

8.1 整形修剪的基本理论

8.1.1 整形修剪的含义及作用

整形也称整枝,是根据不同树种的生物学特性、生长结果习性、不同立地条件、栽培制度、管理技术以及不同的栽培目的等,通过修剪,把树体整成具有一定骨架结构的树形,使其合理地占据空间,充分利用光能、能负载较高产量、生产优质产品、便于管理的树体结构;修剪是指在整形过程中及整形任务完成之后,为使树体形成或维持既定的形状和结构,而采用的短截、疏枝、回缩、摘心、除萌、压枝、扭梢、环剥、环切等手术以及应用植物生长调节剂控制生长(即化学修剪)。整形是通过修剪完成的,修剪在整形的基础上进行,所以,整形和修剪是相互联系而又相互区别的,是经济林必不可少的栽培技术措施之一。必须指出的是,整形修剪是调节树体生长和结果的措施之一,它必须与肥水管理和病虫防治等栽培措施相结合。经济林栽培必须以肥水为基础,病虫防治作保证,再加上合理的整形修剪措施,才能有效地控制生长和结果,才能达到栽培的目标。

经济林木之所以要进行整形修剪,有两方面原因。一方面是由其本身特性和环境变化所决定。经济林木是多年生植物,在其生长发育过程中,由于环境因素变化,林木的衰老与复壮、生长与结果同时存在,个体与群体的矛盾比较突出,在不同时期(不同物候期、不同年龄时期)、不同空间(个体与群体,同一个体不同部分之间)、不同器官(营养器官和生殖器官)间矛盾容易激化,常出现不协调现象,如大小年、落花落果、经济林园封行、树冠密闭、下部光秃等现象。这些矛盾,均可通过整形修剪措施来缓和。另一方面经济林木是产值较高、产品质量要求高的经济树种,有必要通过修剪调节来提高产品质量和经济效益。这两方面的原因,促进了经济林木修剪技术的高度发展,成为经济林栽培中不可缺少的重要措施。

修剪的作用是多方面的，在各种栽培技术措施配合下，它起到多种调节作用，总归起来即是调节树木与环境的关系，调节树体各部分、各器官的均衡关系，调节树体营养状况及生理平衡。具体来讲，整形修剪的作用如下：

(1) 提早结果，延长经济结果寿命

经济林木是多年生植物，童期较长，如何提早结果、提早丰产、延长经济结果年限，是经济林栽培的重要任务。对于不同种类或品种的经济林树木，采取不同修剪措施，可以达到提早结果的目的。例如，利用有些树木一年多次生长的特性，合理修剪，可以加速树冠形成；对树冠直立的品种，开张主枝角度，幼树以轻剪、长放、多留枝的原则，采用拉枝、倒贴皮、环切等手术都可以提早结果；对老龄树进行重剪更新复壮，可以延长结果年限。

(2) 提高产量，克服大小年

通过合理整形，形成高光能利用率的树体结构，达到立体结果。如放任生长树往往发育成自然圆头形，结果部位呈球面形；疏散分层形具有 2 层或 3 层结构，结果部位呈层形，达到立体结果，因此产量较高，质量也好。放任生长树由于受晚霜、冰雹等影响，造成严重落花，导致当年果实少，营养积累多，导致来年又花多产量高，如此反复，形成"大小年"。通过修剪可以促进或抑制花芽分化，调节营养枝和结果枝的比例，控制花芽数量，协调生长与结果，达到克服大小年，提高产量的目的。

(3) 通风透光，减少病虫害

根据不同经济林树种对光照的适应以及不同立地条件和栽培管理水平，通过整形培养为不同树形，以充分利用光能，如喜光树种，以开心形树形为主，中等喜光树种，以疏散分层形为主，耐阴树种以圆头形为主。同时根据"三稀三密"原则整形修剪，能够提高树体光能利用有效体积及有效叶面积，增强光合能力，增加碳水化合物积累，增强树势，减少衰弱枝的形成和病虫害发生，提高果实品质。另外剪掉病虫枝、消除病虫源，也是减少病虫害的重要途径。

(4) 提高工作效率，降低生产成本

经济林树种多是高大乔木，若任其生长，势必给栽培管理带来很多不便。通过合理整形修剪，控制树高，达到矮化栽培。控制冠径，留出操作道和保证必要的树冠高度，以利经济林园机械化操作，特别是土肥水管理。这样会提高工作效率，相应降低生产成本。

(5) 增强抗灾能力，适应不良气候条件

通过修剪可为树木各器官创造适宜的温度条件，防止高温或低温危害，如日灼、冻害和霜害等。通过矮化密植整形，棚架整枝以及匍匐整枝，设立支柱等手段防止风害。通过回缩修剪，有利于枝条复壮和提高抗旱、抗寒能力。

8.1.2 整形修剪的原则和依据

(1) 整形修剪的原则

经济林木整形修剪首先要符合树体本身的特性，然后要考虑有利于结果，适应于不同的立地条件，有利于提高经济林园的经济效益。但整形修剪要因地制宜，因势而变，应遵从以下原则：

①因树修剪，随枝作形。所谓因树修剪，就是要根据不同树种和品种生长结果习性、树龄和树势、生长和结果的平衡状态及园地立地条件等，采取相应的整形修剪方法及适宜的修剪程度，从整体着眼，从局部入手。所谓随枝作形，是对树体局部而言，要"随枝就势，因势利导"，在整形修剪过程中，应考虑局部枝条的长势强弱、枝量多少、枝条类别、分枝角度大小，枝条方位以及开花结果等情况。同时，必须在对全树进行准确判断的前提下，考虑局部和整体的关系，才能形成合理丰产的树体结构，长期获得优质、稳产和高效。

②有形不死，无形不乱。在整形修剪过程中，要根据树种和品种特性，确定选用何种树形。但在整形过程中，又不完全拘泥于某种树形，要有一定的灵活性；但对无法成形的树，要根据其生长情况，逐步调整树形，使其主、从分明，光照通透，枝条不紊乱。

③长远规划，合理安排。整形修剪要做到合理安排长远结果和短期结果的关系，既要考虑当前结果和效益，又要考虑将来的结果和更新，不能只顾短期结果和收益，不顾长远规划，也不能规划过长远而影响短期收益，达到"以短养长，长短结合"的目的。在幼树整形的同时，对辅养枝拉平缓放，促其成花结果，做到整形与结果两不误。

④以轻为主，轻重结合。整形修剪要剪去一些枝叶，对树体生长有抑制作用，并造成养分"浪费"。修剪程度越重，对整体生长的抑制作用越强，造成的"浪费"越多。在整形修剪时，应掌握以轻剪为主的原则，充分利用已制造的营养，尤其是幼树宜轻剪，修剪量不能大。

轻剪虽有利于扩大树冠，缓和树体长势和提早结果，但从长远考虑，必须注重树体骨架的建造。因此在全树轻剪的基础上，对部分骨干枝进行适当重剪，以快速扩大树冠，建成牢固的树体骨架。由于树冠各部分枝条的着生位置和生长情况有差异，因而修剪的轻重程度也不完全一样，应因树制宜，灵活运用。

(2) 整形修剪的依据

遵循上述原则，经济林木修剪一般要依据各树种的生长结果特性、自然条件、栽培措施、修剪反应等因素而定。

①经济林木的生长结果特性。经济林树种或品种不同，其特性各异。整形修剪必须根据不同树木的个性，因势利导。在整形修剪时考虑的特性有：树势强弱、中心干强弱、主枝自然层间距大小、枝条开张角度、萌芽率高低和成枝力强弱、开花结果习性等。例如，仁果类经济林木层性明显、干性强，常用疏散分层形等有中心干树形；核果类经济林木喜光，干性弱，常采用自然开心形等无中心干树形。

同时，随着树木年龄时期和物候变化，其生长结果特性有所改变，修剪措施也要相应改变。幼树期离心生长快，树势旺，以轻剪、长放、多留枝为主，促使提早结果。盛果期树，结果多，消耗营养多，营养生长受到抑制，树势易衰弱，易发生大小年，应细致修剪，促进营养生长，控制花芽量，适当增大叶芽与花芽比例，平衡生长和结果的关系，以达稳产和优质。盛果后期及衰老树，生长势弱，向心更新明显，修剪以更新复壮为主，采用回缩、重短剪等手段，恢复树势，延长经济结果年限。

②自然条件和栽培管理水平。同一树种在不同自然条件和栽培管理水平下，应采取不

同的修剪措施。高原旱地经济林木,光照条件好,留枝量可多些;平地生长旺盛,光照条件差,留枝量要少些。北方地区光照时间长,晴朗天气多,要采用相对矮干的小树形;南方地区光照时间短,阴雨天多,要采用高干大树形。栽培水平高,应轻剪多留花芽;栽培水平低,则应重剪,少留花芽。

③修剪反应。修剪后植株的反应,是树体的生长结果特性在自然条件和栽培措施下的具体表现,是合理修剪的重要依据之一,也是鉴定修剪好坏的重要标准。修剪反应要从两方面看:一方面是局部反应,观察所运用的修剪方法对局部枝条花芽形成、结果多少及果实大小的影响情况;另一方面是全树整体的反应,如全树总生长量,新梢年生长量,枝条充实程度等变化情况。

8.1.3 整形修剪的生物学基础

(1)利用器官的异质性

利用枝条的异质性,可以获得不同修剪效果。例如,苹果短枝的木质部中导管狭而短,长枝的则宽而长;短枝养分、水分交换势弱,局部性强;长枝的交换势强,整体性强。因此,短枝易形成花芽结果,长枝不易形成花芽,但有利于整体生长。所以修剪时,必须保持全树长、短枝比例合理和长枝必要的长势,才能维持树势,达到丰产和优质。此外,苹果、梨枝条短剪更新时,剪口是短枝,则新梢生长不强,剪口是长枝,新梢生长就强旺。

枝条上的芽具有异质性,通过摘心可使弱芽变成壮芽,易长出壮枝、转化成花芽,生长势强旺树,留瘦芽短截,常萌发中短枝,易形成花芽。调整枝梢生长势时,为促进生长,剪口应留壮芽,则生长强而分枝少;为削弱生长,剪口应留弱芽带头,生长弱而分枝多。骨干枝修剪,在整形期,都选用壮芽,使延长枝健壮。苹果、梨的短枝型修剪法,就是对枝条基部的潜伏芽极重短截,降低芽位,减少梢叶,控制生长形成短枝结果。

(2)利用极性

经济林木枝梢和根系都有顶端优势和垂直优势的极性现象,恰当运用这一特性,可以取得不同修剪效果。例如,为整形扩大树冠,延长枝应用壮枝、壮芽当头,并抬高位置,发挥其顶端优势作用,使枝条加快生长;为了结果,初果期树应多留下垂枝和水平枝,控制顶端优势,分散力量,多发中、短枝结果,如需短截,应用弱芽当头。旺树应去直留斜,弱树去平留直,控制或增强顶端优势,调节树势,均衡生长与结果。又如利用垂直优势,开张枝条角度,以削弱生长;缩小枝条角度,以加强生长。

(3)层性

层性是由顶端优势和芽的异质性共同作用的结果,多数树种(如苹果、梨、核桃、樱桃、银杏等)具有明显的层性。在整形修剪中,运用这一特性整为分层形树冠,以达到通风透光,立体结果的目的。

(4)萌芽力和成枝力

萌芽力和成枝力是经济林木的固有特性,因树种或品种而不同,也与树龄树势有关。如短枝型苹果、梨,早实核桃品种的萌芽力强而成枝力弱,易形成短枝,但枝量少,应适当短截,促其发枝。而长枝富士、晚实核桃品种等,萌芽力弱、成枝力强,修剪时应多疏少截，促发短枝，防止郁闭。

(5) 利用树体生长发育过程中各部位的动态平衡

经济林木各部分在一定生态环境和树体结构条件下，相互间保持动态平衡。例如地上部与地下部(T/R)比、长短枝比、叶果比等常保持相对稳定的常数，局部的加强或减弱，就会影响其他各部位的生长。通过整形修剪，可以调节局部间的相对平衡，建立有利于生长和结果新的平衡关系。

生长与结果的矛盾，常贯穿于树种一生的始终，通过修剪调节，使双方达到相对均衡，为稳产、优质创造条件。调节时，首先要保证有足够数量的花果，并与营养器官的数量相适应。同时要着眼于各器官各部分的相对独立性，使一部分枝梢生长，另一部分枝梢结果，每年交替，相互转化。

(6) 利用树体各器官的相对独立性

经济林木是一个复杂的生命整体，其各部分是相互联系相互制约，但也有相对独立性。表现在树冠上，同一类器官大小强弱不一，不同部位叶片同化产物的运转有明显的局部性。对树冠各部分采用不同修剪方法，就可使各部分枝条生长适中，结果均匀，如强枝轻剪、弱枝重剪，则新梢生长中庸，有利于结果。花芽多时可疏去部分，使负担均匀，果实大小一致。

(7) 利用树体更新复壮规律

随着植株和枝群年龄的增长，在其基部出现萌蘖的现象，也称向心更新。用植株或枝群下部出现的年龄较幼的萌蘖来代替原来的衰弱树冠或枝群，也称更新复壮。栽培上常利用葡萄和猕猴桃出现的这种萌条，来实现"小更新"和"大更新"，缩短同化器官和吸收根的距离，减少营养的长途运输和消耗，以达到更新复壮的目的。

8.2 经济林整形

8.2.1 树体结构及其生产力

乔木经济林的地上部分，包括主干和树冠两部分。树冠由中心干、主枝、侧枝和枝组构成。其中中心干、主枝和侧枝构成树冠的骨架，统称为骨干枝(图8-1)。

经济林树体的大小、形状、结构、间隔等，影响群体的光能利用和劳动生产率。因此，合理分析和制定不同条件下的树体结构，对经济林栽培有重要意义。

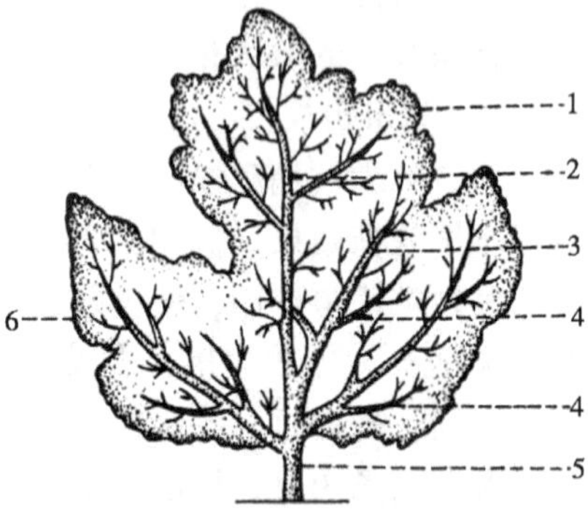

(1) 树体大小

可以用树体的体积表示。树体的大小各有优缺点。

1.树冠；2.中心干；3.主枝；4.侧枝（副主枝）；5.主干；6.枝组

图 8-1 经济林树体结构示意图

树体高大，可以充分利用空间、立体结果和延长经济寿命，但成形慢，早期光能利用差；叶片、果实与吸收根的距离加大，枝干增多，有效容积和有效叶面积减少；同时，树冠大会影响果实品质和降低劳动效率。因此，在一定范围内缩小树体体积，实行矮化密植，已成为经济林集约化栽培的主要方向。当然，树体不是越小越好，树体过小就会使结果平面化，影响光能利用，并带来用苗多、定植所需劳力多、造林费用大的缺点。

(2) 树冠形状

树冠外形大体分为自然形(半圆形)，扁形(篱架形、树篱形)，和水平形(棚架形、盘状形、匍匐形)3 类。在解决密植与光能利用、操作管理的矛盾中，以扁形最好，群体有效体积、树冠表面积均最大，产量高、品质好、操作方便。因此，扁形树冠已成为现代经济林园的主要树形之一，其次是自然形，水平形最少。

(3) 树高、冠径和间隔

树高决定劳动效率和光能利用，也与树种特性和抗灾能力等有关。从光能利用来说，要使树冠基部枝条在生长季节得到充足的光照，达到立体结果，多数情况下，树高应为行距的 2/3 左右。

冠径和间隔与树冠厚度密切相关。采用水平形时，树冠很薄，光照良好，则冠径不影响光能利用，其间隔越小，光能利用越好，水平棚架可不留间隔。采用自然形或扁形时，要控制冠径和间隔，以保证通风透光和提高工作效率。

(4) 干高

树体主干的高矮，在很大程度上决定着树体生长量的大小和生长势的强弱，也决定着结果迟早。树冠矮则树冠与根系养分运输距离缩短，树干消耗养分少，有利于生长，树势较强，同时有利于营养生长向生殖生长转化，提早开花结果，提高产量。因此，现代集约经营都要求树干低矮，但具体情况要具体分析。

①依树性而定。树形直立，如柿、核桃、枣等，干可矮些；树形开展，枝质柔软，干宜高些。乔木经济林，干宜高；灌木或半灌木经济林如石榴、无花果等，干宜矮。

②依栽植距离和方式而定。栽植距离大，如林粮间作，干要高；矮化密植时，干要矮。

③依气候、地势而定。大陆性气候一般树干宜矮，有利于提高群体抵抗力；海洋性气候，特别是葡萄、梨在南方栽培时树干要高，以利通风透光、减少病虫危害。

④依机械化条件而定。机械化耕作，树干要适当增高；人工耕作，树干要适当降低。

(5) 骨干枝数量

骨干枝与主干一样，是运输养分扩大树冠的器官，在能够布满空间的前提下，骨干枝越少越有利。但是适当增加骨干枝数，能充分利用空间，增强树势，而且个别骨干枝损伤后，对树体生长和产量影响较小，有利于生产。一般树形大，骨干枝要多；树形小，骨干枝要少。发枝力弱的骨干枝要多；发枝力强的骨干枝要少。幼树、边行树、坡地栽植，光照条件好的，可多一些；成年树光照条件差，骨干枝应少一些。在同一层内主枝数不宜超过 4 个，在主干上着生距离不宜过近，以免形成轮生枝，结合不牢，并易削弱中心干生长。

(6) 主枝分枝角度

主枝与主干的分枝角度(图 8-2)对植株结果早晚，产量高低，生长强弱影响很大，是整形关键要素之一。角度过小，则树冠郁闭，光照不良，生长势强，容易上强下弱，花芽形

1.基角；2.腰角；3.梢角。

图 8-2 主枝分枝角

成少,易落果,早期产量低,后期树冠下部易光秃,影响产量,操作不便,而且结合部位因操作不良,容易劈裂;角度过大,则树冠开张,生长势弱,花芽易形成,早期产量高,但易早衰。试验证明:主枝基角在30°～70°范围内,分枝基角越大,负重力越大。

(7) 从属关系

各级骨干枝,必须从属分明,则结构牢固。一般骨干枝粗与所着生枝(干)粗之比不超过0.6,若两者粗细接近,则易劈裂。

(8) 骨干枝延伸

骨干枝延伸,有直线和弯曲延伸两种。一般骨干枝直线延伸,树冠扩大快,生长势强,树势不易衰,但开张角度小的,容易上强下弱,下部内部易光秃,不易形成大型枝组或骨干枝;骨干枝弯曲延伸的,在弯曲部位容易发生大型枝组或骨干枝,树冠中下部生长强,不易光秃。

(9) 枝组

它是着生在骨干枝上的独立单位,是由结果枝和营养枝组成的小单元,是树木产量的最基本单位。枝组也是树木叶片着生和开花结果的主要部位,为增加叶面积,提高产量,要尽量多留枝组。

(10) 辅养枝

辅养枝是幼树整形过程中,除骨干枝以外留下的临时性枝。幼树要尽量多留辅养枝,一方面可缓和树势和充分利用光照和空间,达到早果、早丰产的目的;另一方面可以辅养树体,促进植株生长。但在整形过程中,要注意将辅养枝和骨干枝区别对待,随着植株长大,光照条件变差,在影响骨干枝生长时,要及时去掉或压缩辅养枝,或改造为枝组。

8.2.2 树形分类和主要树形

8.2.2.1 树形分类

树形的分类和定名主要根据树体或群体的结构特点来确定,一般按自然生长的程度分为自然形(自由形)和人工形(束缚形)两类(图8-3)。自然形是模拟自然的树形,根据栽培的需要加以适当人工控制其结构,如疏散分层形,自然开心形,自然圆头形、圆柱形、丛

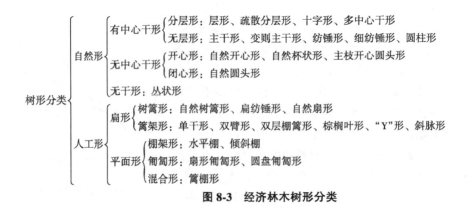

图8-3 经济林木树形分类

状形、无骨干形等都属于这一类。这类树形由于能顺乎于经济林木的自然生长习性，整形较容易。人工形根据栽培需要和栽培环境，违反树体部分自然生长规律进行强制整形，如为了提高栽培效益，采用乔砧矮化密植树形，树篱形或篱架形为提高果实品质，对苹果、梨采用篱架整形，对寒地栽培苹果、桃采用匍匐整形等，这类树形由于违反部分自然规律，一般整形较难。

现将各类别树形简要介绍如下：

(1) 自然形

①有中心干形。也称领导干形。这类树形适用于有中心干的经济林种，如苹果、梨、甜樱桃、柿、栗、枣、核桃等。其特征为中心保持1个中心干，主枝排列在中心干上，向四周放射伸展。

②无中心干形。也称无领导干形，这类树形适用于中心干较弱的树种，如桃、李、梅、杏、柑橘等，主枝自主干上部发生，没有中心干，一般树形较矮。依其树冠中心开放与否可分为开心形、闭心形等。开心形：适用于光照要求较强的落叶果树如桃、梅、李、杏等。闭心形：树形的中心不开展而闭塞，用于常绿树种如柑橘、荔枝、杨梅等，也称自然圆头形。

③无干形。植株从地面分枝，没有主干，如丛状形，常用于灌木类树种如石榴、无花果、刺梨等。

(2) 人工形

①扁形。经济林园群体成为扁形树篱，常用于矮化密植园和蔓生树种，其光能利用效率较高，操作方便，依有无篱架分为树篱形和篱架形2类。

②平面形。经济林园群体成为平面状，常用于蔓性或寒地经济林木栽培，也有为提高苹果、梨果实品质时采用，依其是否设棚架分为棚架形和匍匐形。此形光合效能较低，但通风透光、果实品质佳，其中匍匐形利于防寒越冬。

根据上述树形分类，兹将主要树形示意如下（图8-4）。这些树形基本上包括了我国北方常见经济林木的基本树形。

8.2.2.2 主要树形介绍与评价

我国当前生产上常用的树形，仁果类多以疏散分层形、核果类是以自然开心形、蔓性树则用棚架或篱架形、常绿树主要以自然圆头形为主。随着矮化密植栽培技术的发展，树形也发生了很大变化，其中应用最多的是主干形、纺锤形、细纺锤形、树篱形及篱架形，在超高密度栽培中又出现了圆柱形和无骨干形。总之，随着栽培密度的增大，树形由大变小，由复杂变简单，由单株变为群体，由自然形变为扁形，骨干枝由多变少。现将典型和生产常用树形介绍如下：

(1) 主干形

由天然形适当修剪造成，有中心干，主枝不分层或分层不明显，树冠较高，如枣、香榧、银杏、核桃等树种栽培时应用。目前生产所用的主干形是原主干形的简化树形：无主枝，在中心干上直接着生结果枝（或枝组），主要用于苹果、樱桃等树种（码8-1）。此树形简单，易于培养，

码8-1 主干形

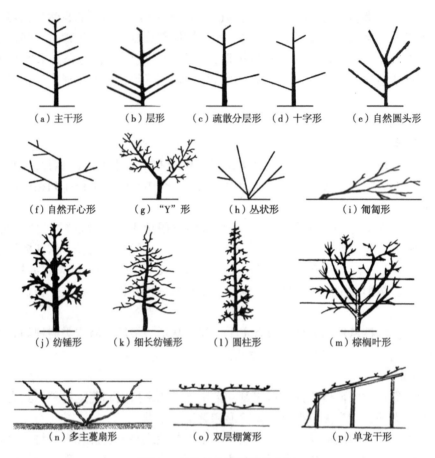

图 8-4 经济林主要树形示意图

产量高，品质好，便于机械化管理。

(2) 疏散分层形

又称主干疏层形，全树 5~7 个主枝，分 2~3 层。一般第 1 层 3 个主枝，第 2 层 2 个，第 3 层 1~2 个，1、2 层层间距 80~100 cm。2、3 层间距 50~70 cm，3 主枝方位角 120°，层内距 30~40 cm。主枝基角为 50°~60°，腰角 70°~80°，梢角 40°~50°。每个主枝上有 2~3 个侧枝。本形符合经济林木特性，主枝数适当，排列恰当，造形容易，骨架牢固，是乔化稀植栽培、有中心干树种如苹果、梨、核桃、樱桃等常采用的树形。

(3) 自然开心形

自然开心形又称挺身开心形（码 8-2）。在主干上错落着生 3 个主枝。主枝间距离 20 cm 左右，开张角度为 35°~50°；每个主枝分生 2~3 个侧枝，开张角度 30°~40°。侧枝向外伸展，树冠中心保持空虚。主要用于没有中心干的核果类树种。此树形的特点是：符合部分树种如核果类的生物学特性，整形容易，主枝结合牢固，树体健康长寿；树冠开心，侧面分层，结果立体化，结果面积大，产量较高。

码 8-2 自然开心形

(4) 自然圆头形

又名自然半圆形，属于无中心干形中的闭心形。多用于柑橘、杨梅、荔枝、龙眼等常绿果树。主干在一定高度剪截后，任其自然分枝、疏伐去过多的骨干枝，适当安排主枝、副枝和枝组，自然形成圆头形。此形修剪轻，树冠构成快，造形容易，适用于一般常绿果树。但内部光照较差，影响品质，树冠无效体积多。

(5) 自由纺锤形

由主干形发展而来。树高2.5~3.0 m，冠幅3 m左右；在中心干四周培养多数短于1.5 m的水平小主枝，小主枝单轴延伸，开张角度70°~90°，其上直接着生结果枝组；小主枝不分层，上短下长。适用于多数树种，如苹果、梨、樱桃、核桃等。该树形修剪轻，结果早，丰产性强，在世界范围内应用广泛。在此基础上又发展了细长纺锤形、高纺锤形、圆柱形等。

(6) 细长纺锤形

这种树形适合于各类矮化密植园。树高2~3 m，冠径1.5~2.0 m，在中央领导干上，均匀螺旋状着生势力相近、细长、水平的侧生分枝15~20个，相邻两枝组间隔15~20 cm，枝干比近1:3。下部枝长100 cm，中部枝长70~80 cm，上部枝长50~60 cm。主干延长枝和侧生枝一般可不短截，自然延伸。全树细长，树冠下大上小，呈细长纺锤形。

(7) 圆柱形

这种树形适合于各类矮化高密园。树高2.5~3.0 m，干高50~60 cm，冠径1.0~1.5 m，中央领导干上着生30~50个螺旋排列的结果枝组。树体干性强，没有骨干枝，结果枝组直接着生在领导干上，水平方向延伸，树冠更小更细，上下大小相近，形似圆柱。

(8) "Y"形

全树2个主枝，分别伸向东南和西北，呈斜式"Y"形，在2个主枝上着生生长健壮、角度平斜、结构牢固的结果枝组。该树形定植时不定干，呈45°伸向东南方向斜栽，并向前部拉平，在中间部位选一背上饱满芽，在芽上刻伤，抹去其他背上芽。第2年，当饱满芽萌发后新梢长至一定长度时，向反方向拉枝，使之与第1主枝形成"Y"形。常用于桃、梨、苹果等树种。

(9) 树篱形

树冠株间相接，行间有间隔，果园群体成为树篱。根据单株树体结构，又分为自然树篱形、扁纺锤形、自然扇形等。此形自然垂直，无须篱架支撑，从果园整体来说，丰产优质，便于操作，特别有利于机械操作。但横向操作不便和冷空气易流通，此形是矮化密植的主要树形，其中常用的有：

①自然树篱形。树体结构，其外形根据树篱横断面而有长方形、三角形、梯形和半圆之分，其中以三角形或近三角形表现最好，常用于柑橘栽培。

②扁纺锤形。树冠下层只留2个骨干枝，沿行内生长，其余枝尽可能沿行内压至水平，树篱宽1.5~2.0 m，常用于苹果、梨等矮化密植栽培。

③自然扇形。与棕榈叶形相似，但不设篱架，主枝斜生。在行内分布成不完全平面，干高20~30 cm，主枝3~4层，每层2个，与行间保持15°夹角，与上下相邻两层主枝左右错开，主枝上留背后或背斜枝组。此形用于苹果、梨等矮化密植园。

(10) 多主蔓扇形

多主蔓扇形分有主干多主蔓扇形和无主干多主蔓扇形，无主干多主蔓扇形分自然扇形和规则扇形2种，篱架整形多采用自然扇形。自然扇形主蔓上不规则地配置侧蔓，以中、短梢修剪为主，以枝条强弱确定结果母枝长短。这种树形对架面利用合理，容易产生更新枝蔓，产量较高，但架面易密闭和通风透光不良。

(11) 篱架形

常用于蔓性果树，但欧洲矮化苹果和梨也常应用。其优缺点与树篱形相似，但整枝较方便，且可固定植株和枝梢，促进植株生长，充分利用空间，增进品质，不过需设置篱架，物料费用增加。常用树形有：

①棕榈叶形。是目前最常用的篱架形，具体树形有20余种，其中目前应用较多的是斜脉形。

②双层栅篱形。主枝两层近水平缚在篱架上，树高约2 m，结果早、品质好，适于在光照少、温度不足地区应用。

③单干形。也称独龙干形，常用于旱地葡萄栽培，在苹果、梨矮化庭园栽培中有应用。全树只留1个主枝，使其水平或斜生，其上着生枝组，枝组采用短截修剪，此形适于机械修剪和采收，但植株生长旺盛时难以控制。

④双臂形。也称双龙干形。与单干形不同的是，双臂形有2个主枝向左右延伸，其用途和优缺点与单干形相同。

(12) 棚架形

主要用于蔓性树种如葡萄、猕猴桃等。棚架形式很多，依大小可分为大棚架(架长6 m以上)和小棚架(架长6 m以下)；依倾斜与否分为水平棚和倾斜架。棚架整形有树冠向一侧倾斜的扇形，也有向四周平均分布的"X"形或"H"形等。

(13) 匍匐形

在我国新疆北部，黑龙江省、辽宁省、吉林省等地广泛应用，其主要为扇形匍匐形。该形定植时宽行密植，以利于树冠生长和取土。一般直立栽苗以利根系生长和控制树冠。8月下旬把主干用绳拉弯成匍匐状，树冠倾斜方向主要考虑光照和主风方向。从光照来说，向北有利于树冠内膛透光；从主风方向来说，要向背风面。一般采用三主蔓扇形，在主蔓上层直接配备大小不同的结果枝组。

8.2.3 主要树形整形过程

主要介绍各类树形的代表树形：有中心干形(疏散分层形、自由纺锤形)、无中心干形(自然开心形)和篱架树形(自然扇形)。

(1) 疏散分层形

①定干。幼树定植后当年或翌年，在主干高度以上约20 cm处剪截称为定干(图8-5)。疏散分层形主干高50~70 cm，在苗干上距地面70~90 cm(主干高+20 cm)处剪截，高出的20 cm称为"整形带"，整形带内应留8~10个饱满芽。定干时剪口下第3芽为"正北"方向。考虑到机械化作业，可适当提高定干高度。

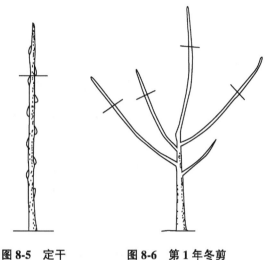

图 8-5 定干　　图 8-6 第 1 年冬剪

②第 1 年冬剪。在"整形带"发出的枝条中，选留中央领导干(中心干)和第 1 层主枝。一般选剪口下第 1 芽发出的强壮枝(延长枝)为中央领导干，第 2 芽发出的枝条与第 1 芽发出的枝条生长势相当，与延长枝竞争生长，称为"竞争枝"，不宜作主枝。第 3 芽发出的强壮枝条即可作为第 3 主枝，延伸方向为"正北"，在第 4 芽及以下芽发出的枝条中选留 2 个发育良好的枝条分别作为第 1 主枝和第 2 主枝，方向为东南或西南。3 主枝间夹角(方位角)为 120°，主枝基角 50°~60°，层内距 20~40 cm。

在中心干上，在距第 3 主枝 100~120 cm(层间距+20 cm)处剪截，注意剪口下第 3 芽方向应为抽生第 5 主枝方向(东北或西北)，同时在第 1 层主枝上距主枝基部 60~70 cm 处剪截，注意各主枝剪口下第 3 芽方向应保持一致(图 8-6)。

③第 2 年冬剪。选留第 2 层主枝和第 1 层主枝上的侧枝。在中心干上，上年剪口下第 1 芽发出的枝条作为主干延长头；剪口下第 3 芽发出的枝条作为第 5 主枝，在第 5 主枝下面选留第 4 主枝，方向为东北或西北；第 4 和第 5 主枝间距 20~30 cm，主枝开张角度为 45°~50°；在第 1 层 3 大主枝上，将上年剪口下第 1 芽发出的枝条作为各主枝延长头，第 3 芽发出的枝条作为各主枝的第 1 侧枝。

对主干延长头留 60~80 cm 剪截(注意：剪口下第 3 芽方向应朝南，为所抽第 6 主枝方向)，对第 4、5 主枝延长头各留 50~60 cm 剪截，同时将第 1 层 3 大主枝延长头留 50~60 cm 剪截，注意剪口下第 3 芽(抽生第 2 侧枝)应与第 1 侧枝相对(图 8-7)。

③第 3 年冬剪：选留第 3 层主枝、第 2 层的第 1 侧枝和第 1 层的第 2 侧枝。将中心干剪口下第 3 芽发出的枝条作为第 6 主枝，方向正南；将第 2 层主枝剪口下第 1 芽发出的枝条作为延长头，第 3 芽发出的枝条作为该主枝的第 1 侧枝；把第 1 层 3 大主枝剪口下第 1 芽发出的枝条作为延长头，第 3 芽发出的枝条作为第 2 侧枝(在第 1 侧枝对面)。

将主干延长头留 50~60 cm 剪截；将第 1 层 3 大主枝和第 2 层 2 大主枝延长头分别留 40~50 cm 剪截。其余直立枝拉平(当平斜枝数量较少时)或剪除(当平斜枝数量较多时)，平斜枝短截(当平斜枝前面空间较大时)或者长放(当平斜枝前面空间较小时)(图 8-8)。

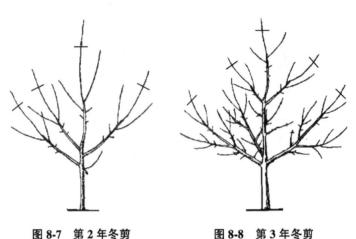

图 8-7　第 2 年冬剪　　　　图 8-8　第 3 年冬剪

④第 4 年冬剪。选留第 3 层侧枝、第 2 层的第 2 侧枝和第 1 层的第 3 侧枝，方法和第 3 年冬季修剪基本一致。

⑤第 5 年冬季。对各级骨干枝，有空间的剪截，没有空间的长放（如果角度过小，要拉斜或换头）；其余枝条按稀密程度疏删。这样，疏散分层形树形基本形成（图 8-9）。

(2) 自由纺锤形

①定植后。定植当年或翌年，一般在距地面 80~100 cm 处定干（图 8-10）。

②第 1 年夏季。及时抹除树干上距地面 60 cm 以下的萌芽；在上部选一粗壮、直立的枝条培养为中心干（第 1 或第 2 芽枝）；对竞争枝用疏除或扭梢等方法控制，其他新梢在 8 月下旬拿枝软化，使之角度达 70°~90°。

③第 1 年冬季。对抽生长枝条多的树，疏除主干上距地面 60 cm 以下的枝条及上部的过旺枝、直立枝；选留 5~6 个长势均衡、方位较好的枝条（作为主枝）缓放或轻短截；在中心干延长枝饱满芽处留 40~50 cm 短截（图 8-11），长势弱的换头，用下部竞争枝代替。对抽生长枝少的树，中心干延长枝在饱满芽处中短截，疏除竞争枝。

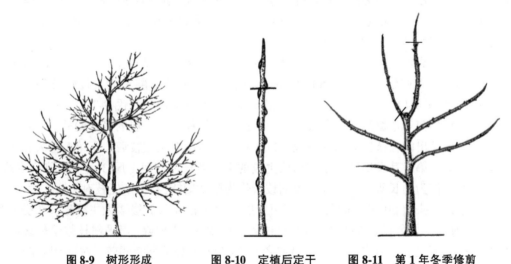

图 8-9　树形形成　　　　图 8-10　定植后定干　　　　图 8-11　第 1 年冬季修剪

④第2年夏季。生长季对上年留有主枝的树，发芽前后在中心干上选方位适宜的饱满芽刻伤（目伤），对主枝进行多道环刻或多刻侧芽，促发新梢；6月对主枝上的直立梢进行扭梢，过密梢疏除，并在主枝基部环割促进成花；8月拉枝使选留的主枝近水平状态；对中心干上发出的新梢拿枝软化，使之平生。

⑤第2年冬季。对主枝继续缓放，其上的直立枝、过密枝适当疏除，两侧生长过旺的1年生枝疏除或极重短截；在中心干延长枝留40~50 cm短截（图8-12）。

⑥第3年夏季。修剪同第2年夏季。

⑦第3年冬季。在中心干上继续选留3~5个主枝。注意平衡树势，疏除过粗枝和竞争枝；此时树高已达3 m左右，中心干延长枝不再短截。自由纺锤形树形基本形成（图8-13）。

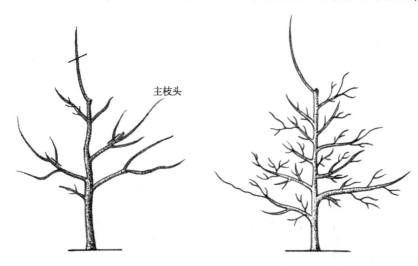

图8-12　第2年冬季修剪　　　　图8-13　第3年冬剪

(3) 自然开心形

自然开心形的整形过程和疏散分层形的第1层整形过程相似，只是少了第2和第3层的培养（图8-14）。但三主枝开张角度为35°~50°。3个侧枝在主枝上配置为：第1侧枝距主枝基部60 cm左右；第2侧枝距第1侧枝50 cm，配置在第1侧枝对面；第3侧枝距第2侧枝40 cm左右，在第1主枝同侧。

(4) 自然扇形

①定植后第1年。在地面附近可留2~3个芽剪截，培养出2~3个新梢作为主蔓，抹除主蔓上的副梢。冬剪时，各主蔓截留20~30 cm，并剪去各主蔓上的细弱副梢。

②定植后第2年。植株选留4个新梢作为主蔓，若主蔓数不够，可利用从基部萌发的强壮新梢培养1~2个主蔓；或在短截后枝条发出的新枝中，选1~2个较粗壮的作为主蔓培养，进行长梢修剪，抹除主蔓上距地面50 cm以下的副梢。冬剪时，各主蔓在1.0~1.5 m处剪截，并剪去各主蔓上细弱的副梢。

③定植后第3年。将各主蔓分别倾斜引绑在铁丝上，呈扇形。在各主蔓上配置1~2个侧蔓，在各主、侧蔓上每隔20~30 cm留1个结果枝组，采用中、短梢修剪。定植后3~4年树形培养完成（图8-15）。

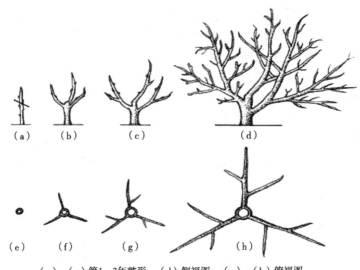

(a)~(c)第1~3年整形；(d)侧视图；(e)~(h)俯视图。

图 8-14　自然开心形整形过程

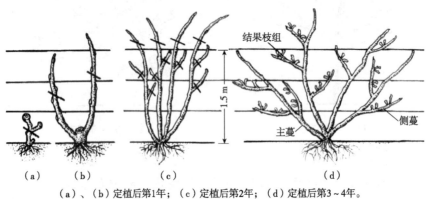

(a)、(b)定植后第1年；(c)定植后第2年；(d)定植后第3~4年。

图 8-15　无主干多主蔓自然扇形整形过程

8.3　经济林修剪

8.3.1　修剪时期

经济林木在不同季节和不同年龄时期，具有不同的生理和生态特性及其规律，通过修剪可以调节和控制其生理过程和形态发生过程，以达到早果、丰产、稳产、优质、低成本和高效的目标。

8.3.1.1　经济林木不同年龄时期的生理特点和修剪原则

经济林木生命周期的节律变化受其遗传基因所决定，同时也受环境条件的影响和人为栽培管理水平的控制。各时期的特点和修剪原则如下。

(1) 幼年期

出现特点：树冠和根系快速离心生长，光合面积和吸收面积迅速增大，同化物质累积逐渐增多，C/N 比逐渐增高，开花基因逐渐激活，为开花结果创造条件。

修剪原则：在此期的前期通过修剪刺激，促进生长，快速形成树冠；在后期应采用轻剪、长放、多留枝的方法，促发大量中短枝条，提早形成花芽。在密植条件下，前期对直立枝、辅养枝等用拉枝、扭枝、别枝、摘心、环切等手法，抑制营养生长，促进成花、提早结果，缩短幼树期；后期对斜生枝、发育枝进行促花处理。

(2) 初产期

出现特点：树冠和根系继续离心生长，但生长速度有所缓和，逐渐达到或接近预定的最大营养面积(株行距)。树体结构基本建成，是从营养生长(氮素代谢)占绝对优势，逐渐与生殖生长(碳素代谢)趋于平衡的过渡阶段。由于花果比例逐渐增大，C/N 比快速增高，花芽形成较易，产量逐年上升。

修剪原则：仍以轻剪和重肥为主要措施，目的是使树冠尽快达到预定的最大营养面积(或叶面积指数)，同时要缓和树势，注意培养骨干枝，控制利用辅养枝和徒长枝，并要培养和配置结果枝组，不断扩大结果面积，如生长过旺，除控制水分和氮肥外，主要采用以长放、轻截、轻疏为主的缓势方法，必要时环切和开张角度等措施配合应用。

(3) 盛产期

出现特点：产量逐年上升，达到最高。由于结实消耗了大量的营养物质，因此枝条生长和根系发育受到限制，树冠达到最大限度，离心生长基本终止，向心更新开始。

修剪原则：在肥水供应的基础上进行细致修剪。精心培养结果枝组，均衡结果枝、预备枝和营养枝(即三套枝)的比例，预防"大小年"现象发生，使生长和结果达到稳定和平衡状态。

(4) 盛产后期

出现特点：开始频繁出现大小年，产量明显下降；枝条生长量变小，短枝增多，分枝级次增多；小枝、中枝大量死亡，枝条基部的隐芽容易萌发成徒长枝；根系大量衰亡；向心更新强烈发生。

修剪原则：在深翻改土和增施肥水的基础上，注重更新修剪(包括根系更新)，对骨干枝进行相应的回缩更新，枝组更新同时进行；以直立和斜生枝组代替水平或下垂枝组，恢复树势；适当重剪，去弱留强；注意利用徒长枝，大年以疏花疏果、小年以保花保果为重点措施。

(5) 衰老期

出现特点：骨干枝和骨干根大量死亡，结果枝组越来越少，几乎没有产量，更新复壮的可能性小，除部分经济林木(如某些柑橘)外，几乎没有必要更新，应另建新园。

8.3.1.2 经济林木不同季节的生理特点和修剪原则

(1) 冬季修剪

生理特点：在冬季，树体基本处于休眠状态，各种生理代谢极其微弱。修剪对树体总体的影响最小。树体的营养在根部、主干和主枝的贮藏最多。这时，地上部分去掉一部分枝条，会使留下来的枝条在来年得到的营养分配增多，对整个树体生长起促进作用。但对于局部部位，由于造成了伤口，或者去掉了直立枝条，可能起到削弱生长的作用。

修剪原则：冬季修剪的适期要从植株内养分含量多少，对花芽分化、枝条充实度、植株越冬性的影响并结合树种特性和生长势，以及劳动力来源等方面来考虑。综合多种因素，落叶树种的冬剪一般在休眠后至严冬前进行为宜，常绿经济林树种以严冬后春梢萌动前为宜。当然不同树种、品种因其特性不同，生长条件不同，修剪时期也有区别。如按萌动期，梅、杏、樱桃等应早剪，桃、梨、李等次之，苹果、无花果较迟，柿、枣、栗、柑橘等最迟。葡萄、猕猴桃、核桃等树种伤流严重，应在此期无伤流时修剪，以免养分损失、削弱树势。

冬季修剪，是在劳动力闲散的季节进行，要因树因地，细致更新修剪。

①因品种修剪。对于不易形成花芽的品种（如苹果中的富士系）应以缓势剪法为主，多放、轻疏、少短截；对于容易形成花芽的品种（如苹果中的元帅系、'秦冠'等）应以助势剪法为主，少放多截或中截加多疏。

②因树龄修剪。对幼树，因根系浅，根系贮藏少，应多留枝叶（轻剪、多放），用于养根和扩大根冠，促进提早结果；对初产期树，以整理骨架，培养枝组，提高产量为主，采取以疏为主、适当短截的缓势方法为宜；对盛产期树，以调整枝组密度、调节果枝比例的"三套枝"剪法为主，用以维持树势和稳产高产；对盛产后期和衰老树，以回缩更新，缩短根叶距、更新枝组，恢复树势（以延长新梢平均长40~50 cm为准）和保持一定产量的助势手法为主。

③冬季修剪中。要注重树体骨架的调整和枝条密度的控制，骨架要符合不同树种的生长特性。同时要注意平衡树势、培养结果枝组、调整花芽和叶芽比例等。

(2) 春季修剪

生理特点：地下部分根系处在旺盛活动期，地上部分处于萌芽开花阶段。顶芽内生长素（IAA）、赤霉素（GA）含量丰富，处于顶端优势形成初期。总体的营养和水分流动方向是由下向上流动，萌芽、开花和枝芽生长主要靠根部和主干的贮藏营养和水分。

修剪原则：春季修剪也称春季复剪，即延迟休眠期修剪。由于这时枝条上的花芽显而易见，因此能精准去掉无花的枝条，或者去掉多余的花，以弥补休眠期修剪之不足。同时，春季修剪一定程度上削弱了树势。春季修剪的时间宜在萌芽后至花期前后，重点应放在小枝处理上，按"三套枝"标准进行补充调整。应注意去枝量不宜过多，以免过分削弱树势，同时，为调节果实负载量，提高产量和品质，克服大小年现象，可进行疏花疏蕾工作。

春季树木萌芽后修剪，贮藏养分已部分被萌动枝芽消耗，一旦萌动芽已剪去，下部芽再重新萌动，生长推迟，同时剪除已萌动的顶芽，减少了IAA和GA的"合成基地"，大量侧芽所受顶芽的抑制被解除，促使侧枝侧芽的萌发和生长，从而提高了萌芽率，新梢增多，增加了小枝量和果枝比率，对长枝多、生长旺、结果难的树种和品种较为适合。

(3) 夏季修剪

生理特点：处于旺盛生长阶段（5~7月新梢旺长期，幼果膨大期）；为营养转换期，由贮藏营养转为新叶营养；处于各器官竞争养分阶段，表现在新梢、幼果、根系、芽之间的竞争，其中新梢生长占最优势，其次序为：新梢>幼果>根系>芽；处于生理落果阶段，落果主要原因是：多器官竞争营养和激素水平下降生长素（IAA）、赤霉素（GA）、细胞分裂素（CTK）；处于花芽生理分化和形态分化盛期。

修剪原则：夏季由于树体处在生长旺盛期，各种代谢活动剧烈，加之树体贮藏养分较少，因此同样的修剪量，较冬剪对树体影响大(常表现为抑制生长)。所以夏季修剪一般修剪量要轻，具体途径有：第一，改善通风透光条件，如枝叶过于繁茂密生，膛内无效叶增多，应适当疏剪，以"三稀三密"原则进行，具体标准以晴天下午树下光斑占树冠投影面积的 10%～30%，而且均匀分布为准，同时可采用开张角度、扭梢、拿枝等手段，以改善内膛光照；第二，控制新梢生长，提高坐果率和花芽分化率，可采用化学修剪(喷 B_9、MH、CCC 等)抑制新梢旺长，使营养中心转向幼果，也可采用扭梢、摘心、环切、环剥等手法以提高坐果率和花芽分化率。

(4) 秋季修剪

生理特点：处于新叶营养后期，光合产物大量向下运输；处于果实成熟期；处于花芽分化后期(持续分化和充实芽体)；处于根系生长低峰(高温低峰期)和秋季(9～10 月)高峰期；全树处于越冬准备期(积累光合产物、贮备越冬保护物质)；脱落酸(ABA)、乙烯等含量增多。

修剪原则：继续改善光照和通风条件，提高果品质量和花芽质量。以疏枝为主进行修剪；剪去过多幼嫩秋梢，以减少养分消耗，从而充实芽体和提高果品质量；在 9～10 月结合施基肥进行深耕断根(根系修剪)，促使根系向深层土壤分布，并促发新的吸收根形成，增大吸收面积和吸收合成能力。

8.3.2 修剪方法

经济林木修剪的基本方法包括短截、回缩、疏剪、长放、摘心、剪梢、扭梢、除萌、抹芽、开张角度(撑枝、压枝等)、拿枝(捋枝)、刻伤、环剥、环切等。

整形、枝组培养、老树更新都是上述各种修剪基本方法的综合应用，其目的主要是调节树体的生理、生态机理，以达到早果、丰产、优质、低成本、高效益的目标。

(1) 短截

①作用。短截即剪去 1 年生枝条的一部分。其作用有以下几个方面：

a. 增加枝条密度，使树冠内膛光线变弱，有利于细胞分裂和伸长，促进营养生长，不利于花芽形成。

b. 缩短枝轴，使养分和水分上下交流迅速，提高水分和无机氮的含量，降低 C/N 比值，有利于新梢生长和树体更新复壮。

c. 改变不同枝梢顶端优势的部位，调节主枝间平衡关系(可采用强枝长留、弱枝短留的方法)。

d. 增强生长势。短截后，枝条上下部水分和氮元素分布梯度增加，明显增强顶端优势和单枝生长势，有利于枝组更新复壮。

②短截程度与效应。因修剪量、剪截部位不同，其反应有较大差异。

a. 轻短截。剪去 1 年生枝条顶端一小部分(枝长的 1/5～1/4)[图 8-16(a)]。这种剪法是在枝条上部次饱满芽剪截，次饱满芽位于剪口处，具有顶端优势，因此，萌发力很强；枝条中下部的芽虽然没有顶端优势，但饱满度高，萌发力也很强，这就导致萌芽多，分散了营养。因此，轻截能提高枝条的萌芽率，防止抽长枝，缓和枝势。特别是具有春秋梢的树种(如苹果)，在春秋梢交界的"盲节"处短截，对枝条生长的缓势作用更强。轻截是促进幼树提早结果的重要手段之一。

b. 中短截。在1年生枝条中上部饱满芽处(剪掉枝长的1/3~1/2)短截[图8-16(b)]。因剪截较重,剪口芽为饱满芽,既有顶端优势,又有饱满度,因此成枝力高,长势强,多形成中长梢。中截是一种促进生长的剪法,在树形培养时,多用于中心干、主枝、侧枝的延长枝修剪。

c. 重短截。在1年生枝条中下部(剪掉枝长的2/3~4/5)次饱满芽处短截,虽然剪截较重,集中了营养,但因剪口芽质量差,发枝不很旺[图8-16(c)]。一般多用于缩小枝体,培养紧凑枝组,改造徒长枝和竞争枝。重截是一种缓势剪法。

d. 超重短截。在1年生枝条基部留1~2个瘪芽短截。因芽质量很差,短截后一般发枝弱而数量少,可降低枝位,改造枝类[图8-16(d)]。极重截是一种缓势剪法,如元帅系苹果,连续极重截,促使短枝结果。发枝少的国光,疏枝留桩(似极重截),促发中短枝补空。对苹果中难生果台副梢的品种,对果台进行短截"破台",可促"果台"下部生枝,复壮枝势。

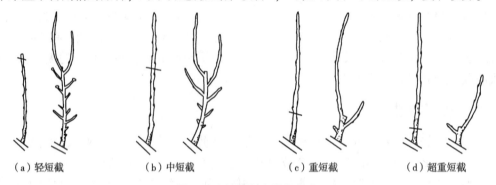

图 8-16 短截程度及其效应

(2)疏剪

疏剪又称疏删,指将枝梢从基部疏除(图8-17)。其主要作用包括:

①减少分枝,增强冠内光照,有利通风,提高叶片光合效能,促进成花和结果,提高果实品质。

②较重的疏剪营养枝,可削弱母枝和整体生长量,而疏剪果枝则可以加强整体和母枝生长量。

③疏剪大枝,在母枝上形成大伤口,阻碍营养物质的运输,与刻伤或环剥有类似作用,对伤口上部的枝条生长有削弱作用,对下部枝条生长则有促进生长作用(即抑前促后作用)。疏枝越多,伤口间距离越近(特别是伤口相对),对上部削弱和对下部促进的作用越明显,常用于控制生长过旺。

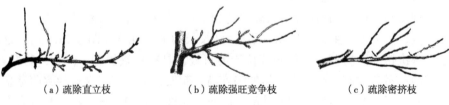

图 8-17 疏枝示意图

④疏去密生枝、细弱枝和病虫枝，可以减少养分的无效消耗，集中养分，促进保留枝条的生长势。

(3) 回缩

剪去多年生枝条的一部分称为回缩。由于回缩去掉了部分枝芽，使留下的枝芽能得到相对多的营养，因此，回缩有更新复壮的作用。回缩多用于枝组和骨干枝更新，控制树势衰弱，树冠衰老。回缩反应与回缩程度、留枝强弱、伤口大小有关，如回缩时剪口(锯口)留强枝，伤口小，缩剪适度，则可促进剪口以下枝芽生长。反之，起抑制作用。

(4) 长放

长放也称甩放(缓放)，就是对枝条不剪(图 8-18)。可以缓和新梢生长势，并促发短枝成花。由于枝条长放留芽多，抽生新梢较多，因生长前期养分分散，有利于形成中短枝，而生长后期得以积累较多养分，促进花芽分化。长放是一种缓势剪法，常用于幼旺树、旺枝，促使其提早结果。

(5) 摘心和剪梢

摘心是指在生长期，除去枝条生长点和顶部幼叶。剪梢可以说是程度较重的摘心，不仅除去枝条生长点，而且除去部分未成熟叶片。摘心和剪梢也叫生长季枝梢短截。

由于新梢顶部幼嫩部分是生长素(IAA)和赤霉素(GA)含量最多的部位，因此，摘心和剪梢的作用在于：使新梢的顶端优势减弱，有利于新梢增粗和木质化；暂时增加了枝条的营养含量和营养积累；改变了光合产物的分配方向，转向其他生长点；促进新梢成花和提高坐果率；削弱新梢顶端生长，促进分枝、二次枝梢生长，达到快速整形，多次结果的目的。

摘心和剪梢是生长季修剪最常用的手段之一，运用恰当，则可取得上述良好的效果。但摘心和剪梢时应注意：首先，摘心和剪梢要有足够的有效叶面积作保证；其次，由于摘心和剪梢效果的短时性，为达到某一目的，必须在亟须养分调整的关键时期进行，不得过迟或过早，同时要反复多次摘心。

(6) 扭梢

扭梢是夏季修剪中常用的手法。就是当新梢处于半木质化时，将旺梢向下扭曲或将其基部旋转 180°，扭伤至木质部和皮层，从而使新梢上部生长受到抑制，积累更多光合产物，利于成花结果(图 8-19)。

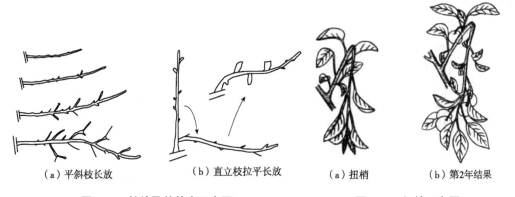

(a) 平斜枝长放　　(b) 直立枝拉平长放　　(a) 扭梢　　(b) 第2年结果

图 8-18　长放及其效应示意图　　图 8-19　扭梢示意图

(7)除萌和抹芽

除萌就是在生长季,将剪口、背上、砧木基部的萌蘖及早剪除,以节省营养。抹芽也称掰芽,指在发芽后去掉多余的芽,以便集中营养,使保留下来的芽能够更好地生长发育(图8-20)。

(8)开张角度

开张角度的方法主要有压枝、撑枝、弯枝、捋枝等。主要目的是削弱枝条的垂直优势,缓和生长。

①开张角度的主要作用。具体如下:

a. 削弱直立枝条的顶端优势,有利于枝条中下部芽萌发和成枝,防止下部光秃。

b. 直立枝拉平斜后,可以改善光照条件,充分利用空间和光能,提高果实品质。

c. 被拉斜或压平的枝条内,营养流动和运输速度减慢,使枝条上的枝芽能得到相对多的营养,因而更加充实健壮,有利于发出中短枝,转向开花结果。

d. 枝条由直立状态拉平开张后,生长素(IAA)和赤霉素(GA)含量减少,含氮量降低,含碳量和乙烯含量增加,因此可缓和生长,促进开花。

②开张角度的主要方法。具体如下:

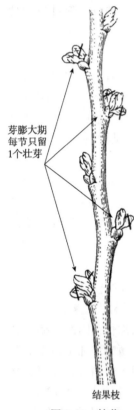

图8-20 抹芽

a. 拿枝(梢)。也称为捋枝、揉枝,就是用手对旺梢从基部捋弯,使木质部发出清脆的折裂声(响而小折),使旺枝略平或下垂(图8-21)。

b. 撑枝。即用木棍等将主枝撑开至一定角度(一般为60°~80°)。

c. 拉枝和吊枝。就是用绳子上部将枝条绑住,绳子下部固定在木橛上(在地上打桩),开张角度(图8-22)。吊枝是指将下垂的枝条吊起来,固定在上方的枝条或温室的架梁上,缩小角度。

d. 换头。即在主枝不开张的情况下,利用背下或背外侧枝代替原来的主枝延长枝,将原延长枝剪去或锯去以开张角度。这种方法因修剪量较重,会削弱树势,同时也延迟结果。

(a)拿枝

(b)促发短枝

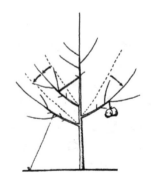

图8-21 拿枝及其效应示意图   图8-22 支、拉、坠开张角度

(9) 环剥等造伤方法

这些方法包括环剥、环割、环状倒贴皮、绞缢、刻伤、扭梢、大扒皮、锯伤等。环剥等造伤方法是夏季修剪常用的手段，其主要作用是：缓和新梢生长，促使花芽分化，提高坐果率和果实品质，对一些难成花、易落果的树种或品种，效果显著。

环剥是将枝干的韧皮部剥去一环（码8-3），环割是将皮层整圈割断。环状倒贴皮是在环状剥皮后，将剥下来的圈皮上下颠倒，倒贴于原处，外面用塑料布等包扎。使用环剥等造伤手法后，能使枝干韧皮部或木质部暂时受伤，在伤口愈合之前起阻碍或减缓养分上下输导，以缓和长势，促进成花结果。环剥等技术的机制，从营养角度来看使光合产物累积于伤口之上，新梢 C/N 比上升；从激素角度看，环剥等手术后，新梢内乙烯增多，脱落酸（ABA）累积。另外，环剥部位以上生长素（IAA）和赤霉素（GA）减少，细胞分裂素（CTK）增多。

码8-3　环剥

为正确运用环剥等造伤技术，以达预期目的，使用时必须注意以下几点：

① 恰当的环剥时间是决定所用造伤技术能否达到预期目的的重要因子之一。一般以春季新梢生长、叶片大量形成以后，在同化养分最需要的时候进行。如为促进花芽分化，可在花芽生理分化期进行；为提高坐果率，可在落花落果前进行。

② 环剥等造伤程度要适宜。环剥的宽度、深度要适当。宽度以枝条粗度的 1/10 为宜，一般为 0.5~1.0 cm，深度达木质部即可。过宽不易及时愈合，植株上下部代谢系统破坏，长期严重抑制生长，甚至造成死亡；过窄愈合过早，不能达到预期目的。

③ 环剥等造伤技术使用对象，一般为旺树、旺枝（包括多年生辅养枝、主枝、侧枝、营养枝）。

④ 对于流胶、具有伤流期的树种，不要使用此方法。

⑤ 为防止病菌侵染，可在伤口处涂药剂防病。

8.3.3　修剪技术的综合运用

经济林木生长发育，是一个极其复杂的生理代谢和形态变化过程，并存在着极其复杂的连锁关系。各种修剪方法有其主要的生理效应和作用，为了调节树木的生长发育，就必须综合运用修剪技术，达到整形修剪的目的。

经济林木在生长发育过程中经常出现一些不平衡现象，从整形修剪技术角度考虑，所采用的对策如下。

(1) 调节生长强弱

过旺或过弱都不利于树木结果，以中庸健壮最好。调节生长强弱，可以从下列各点加以考虑：

① 修剪时期。加强生长，要冬重夏轻，提早冬剪；减弱生长，要冬轻夏重，推迟冬剪。

② 修剪量和修剪方式。对旺树、旺枝，要长放多留枝，修剪量要小，削弱生长；对老弱树、弱枝，要短剪少留枝，修剪量要大，以助势，加强生长。

③ 枝芽去留。加强生长要减少枝干，去弱留强，去平留直，少留果枝，顶端不留果

枝。所谓减少枝干，就是在充分利用足够空间的前提下，尽量减少枝干，包括缩短枝干（低干、小冠、近骨干枝结果等）和减少密生枝干。所谓去弱留强，包括去弱枝，留强枝和剪去弱芽留强芽。削弱生长要加长枝干（如采用高干），去强留弱，去直留平，多留果枝，顶端留果枝，以花果控制营养生长。

④修剪方法。加强生长，枝轴要直线延伸，抬高芽位，减少损伤。所谓抬高芽位，是指将枝扶直或不修剪，使其芽在树冠中的位置提高。减弱生长，枝轴要弯曲延伸，降低芽位，增加损伤。

⑤局部与整体的关系。减弱局部生长，则可加强树体其他部分生长，如控上可以促下，控制强主枝可以促进弱主枝生长；相反加强局部生长会削弱树体其他部分的生长。

⑥应用生长调节剂。加强生长，可用生长促进剂（如 GA）；减弱生长可用生长延缓或抑制剂（如 B_9、CCC、MH 等）。

(2) 调节枝条角度

包括加大角度和缩小角度，修剪的主要途径和措施有：

①加大角度。具体措施如下：

a. 选留培养角度开张的枝芽。选留斜生枝和向下芽作为剪口枝芽；利用枝梢下部芽，如苹果顶芽抽生枝较直立，其下的芽抽生枝依次开张，利用这一特性，抑制上部芽萌发或剪除上部芽，让下部芽萌发，促使抽生枝角度开张；利用芽的异质性，促使萌发二次枝，也可加大角度。

b. 通过拉、撑、垂、扭、别等外力开张枝条角度。拉、撑等外力手段，对开张枝条角度作用较大，但必须正确掌握恰当时机，方能达到明显的效果。从年龄时期讲，必须抓紧在幼树上进行。在一年中以枝梢已基本长好、半木质化时进行最好，过早减弱生长，过迟则开张角度困难。

c. 利用枝、叶、果本身的重量自行拉垂。如长放修剪，长枝顶部留果枝结果，利用枝、叶、果本身重量增加，重心外移，增加自身拉垂的力量，使枝条开张。

②缩小角度。具体措施如下：

a. 选留向上枝芽作为剪口枝芽。

b. 利用拉、撑使枝条直立向上，尤其在盛果期后要注意做好这一工作。

c. 短梢修剪，枝干顶部不留或少留果枝。

d. 换头，以直立枝代替原头。

(3) 调节长枝梢疏密

①增加长枝梢密度。具体措施如下：

a. 尽量保留已抽生枝梢，如竞争枝弯曲利用，徒长枝补空。

b. 控上促下，增加分枝。方法有：延迟冬剪，使剪口芽与下部芽的差异减少，增多分枝；摘心，促发二次梢；骨干枝弯曲延伸，使新梢顶部生长减弱而下部分枝增加；芽上环割、刻伤，促使损伤部位以下芽萌发。

c. 多截少疏。

d. 应用整形素、化学摘心剂、PP_{333} 等促进分枝。

②减少长枝梢密度。一般通过多疏少截、加大分枝角度等方法来解决。

(4) 调节短枝数量

仁果类等树种以短果枝结果为主,调节短枝数量,保持长、短枝比例合适,是经济林木早果、丰产、稳产、优质的重要措施。

①增加短枝数量。具体措施如下:

a. 增加短枝抽生部位,多留长枝、轻剪长放。

b. 采用拉枝、开张主枝角度、疏剪改善短枝抽生部位的光照。

c. 通过控上促下,增加短枝抽生量。措施有:延迟冬剪,最好冬季修剪;摘心促进二次梢生长;骨干枝弯曲上升;芽上环割、刻伤。

d. 控制徒长枝生长,相对增加短枝数量。

e. 应用整形素、化学摘心剂、PP_{333}等。

②减少短枝数量。对于弱树、老树、短枝容易形成的品种,要减少短枝数量,保证长短枝比例合适,防止结果过多,树势衰弱。一般通过中、重剪短截,提早冬剪,骨干枝直线延伸和疏剪短枝等,刺激形成中枝和长枝。

(5) 调节花芽量

调节花芽量,首先要在花芽形成前进行调节,其次在花芽形成后进行调节。前者既可以减少养分浪费和减少修剪伤口,又可增加叶芽,其效果较为有利。在形成一些花芽后再进行适当调节,不仅可以防止自然灾害,还可以选优去劣。

修剪调节花芽形成的主要途径:调节枝梢停长时期,改善光照条件和增加营养积累,花芽形成后,通过剪去结果枝和花芽多少来调节。

①增加花芽量。主要是对幼树、旺树、大年树,要增加花芽量。一般采取如下措施:

a. 减少无效枝梢(多是直立枝、徒长枝),改善光照,增加营养物质积累,促进花芽分化,过密树在花芽分化期疏去过密大枝,剪除树冠外围上部部分强枝,开张枝条角度等,改善光照。

b. 缓和树势,促进中短枝大量形成。幼树首先要促进生长,保证必要的枝叶量,然后与旺树一样,轻剪、长放、疏剪、冬轻夏重、拉枝、扭梢、破顶芽、用弱芽弱枝带头等,以缓和生长,促进中短枝大量形成,有利于花芽分化。

c. 采用环割、扭梢、摘心等措施,使枝条在花芽分化期增加有机营养积累。

d. 大年树要多留叶芽,不仅可以改善有机营养,还可以为花芽形成准备芽位。

e. 花芽形成后尽量多留花芽。

f. 应用整形素,(如 B_9、CCC 等)增加花芽分化。

②减少花芽量。老树、弱树、小年树要减少花芽量。采用中剪、重剪、冬重夏轻,加强树势,减少中短枝形成,使花芽分化减少;花芽形成后疏剪部分花芽。

(6) 枝组的培养和修剪

枝组是经济林木最基本的生产单位,枝组的数量和质量决定经济林木的产量和质量。根据树体特性,合理培养和修剪枝组,是提高产量、防止大小年和防止结果部位外移的重要措施。随树冠形成,要逐级选留、培养结果枝组。整形中保持骨干枝间适当距离,加大主枝分枝角度,骨干枝延长枝适当重剪,促生分枝,形成枝组。在整个树冠中,枝组分布要里大外小,下多上少,内部不空,光线通透。在骨干枝上要大、中、小型枝组交错配置,最好呈三角形分布,防止齐头并进,枝组间隔要适度。对于大型树冠,幼树以小型枝组结果为主,成年树主要靠大、中型枝组结果。培养枝组的方法有:

①先放后缩。这是培养小型枝组的方法。枝条拉平缓放后,可较快形成短果枝和花芽,待结果后再行回缩。对于生长旺盛的树,为提早丰产,常用此法,但要注意从属关系,不然连续缓放几年后容易造成骨干枝与枝组混乱(图8-23)。

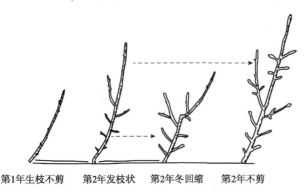

图8-23 先放后缩示意图

②先截后放再缩。这是培养中、大型枝组的方法。对当年生枝留17~20 cm以下短截,促使其靠近骨干枝分枝,然后再去强留弱,去直留斜,将留下枝缓放,形成中型或大型枝组。这种方法,常用于培养永久性枝组,特别多用于直立旺长的内生枝或树冠过空时应用。

③改造大枝。随着树冠扩大,大枝太密时,可将辅养枝或临时性骨干枝缩剪控制,改造成为大、中型枝组。

④短枝型修剪法。多在苹果、梨上应用。一般在骨干枝上将生长枝于冬季在基部潜伏芽处重短截,如果翌年潜伏芽抽梢仍过强,则于生长季长到约33 cm时,留基部2~4叶再重短剪,使其当年再从基部抽梢,如此1~2年连续进行2~4次重短剪,可抽生短枝形成花芽,这样就在靠近骨干枝处形成小型枝组开花结果。

(7) 整体控制

修剪的一个重要方面是整体控制,即调节树体和各部分的生长势,包括调节全树地上与地下、上层与下层、内膛与外围、局部与整体、骨干与枝组、背上与背下以及各个枝组的强弱,使之达到相对平衡,生长势中庸,有利于生长和结果。现将不同情况简述如下:

①旺树。要求缓和树势,修剪的主要方法是:冬轻夏重,延迟冬剪;长放轻剪多留枝;开张角度;应用环割或生长抑制剂,必要时进行断根等[图8-24(a)]。

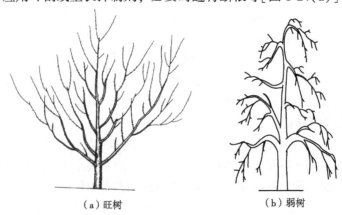

图8-24 旺树、弱树示意图

②弱树。在加强土、肥、水管理的前提下，进行更新复壮修剪。更新复壮的主要方法是：冬重夏轻，提早冬剪；短剪重剪少留枝；去弱留强；少留果枝，顶端不留果枝；不取大枝，减少伤口[图8-24(b)]。

③上强下弱树。采取控上促下修剪法。主要措施是：中心干弯曲换头压低，削弱极性；上部多疏少截，减少枝量，去强留弱，去直留平，多留果枝，夏剪控势，进行环割或疏大枝，利用伤口抑制生长；下部少疏多截，去弱留强，去平留直，少留果枝，促进生长[图8-25(a)]。

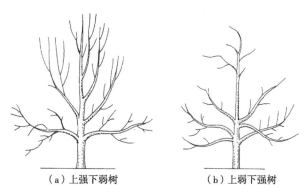

（a）上强下弱树　　　（b）上弱下强树

图8-25　上强下弱树、上弱下强树示意图

④上弱下强树。采取缓下促上措施。主要措施和"上强下弱树"相反[图8-25(b)]。

⑤外强内弱树。采取缓外促内措施。修剪的主要方法有：开张角度，抬高内部芽位，改善光照，疏弱留壮，少留果枝，多截少疏；外部降低芽位，多疏少截，去强留弱，去直留平，多留果枝，夏剪控势，弯曲外延。

⑥外弱内强树。采取缓内促外措施。主要措施和"外强内弱树"相反。

⑦"大小年"树。克服大小年的关键是加强综合管理，同时合理运用修剪技术。

a.大年树修剪。疏花芽（结果枝或结果母枝），留叶芽（生长枝或更新母枝），保持二者合适比例；休眠期提早修剪，促进生长，调节生长与结果的平衡；对结果枝和结果枝组短截更新，适当重剪，以减少花果，促进生长和下一年花芽形成。

b.小年树修剪。小年树的花芽过少，开花结果不足，促使生长转强，花芽形成过多，修剪上可采取以下措施：留花芽（结果枝或结果母枝），疏叶芽增加结果量，抑制花芽形成；修剪从轻，并进行疏删修剪，尽量保留优良结果母枝。

(8) 修剪技巧

①单枝更新和双枝更新。单枝更新和双枝更新是培养和更新结果枝组修剪的一种方法，主要应用于桃等核果类及葡萄等树种。

单枝更新也称一枝更新，就是对1年生健壮结果枝进行稍重的短截（常留5~7个芽），使其既能结果，又能发生新梢为来年结果之用（图8-26）。

双枝更新也称二枝更新，就是在结果单元留2个枝，一长一短，长枝在上为结果枝，短枝在下为预备枝。上部所留长结果枝相对多留芽短截，使其结果，结果后，冬季从基部剪除；下部所留预备枝，一般留2~4芽短剪，不让结果，使其能抽生2~3新梢，为来年"一长一短"修剪利用。这样一枝结果，一枝预备，循环往复，结果部位外移速度较慢（图8-27）。

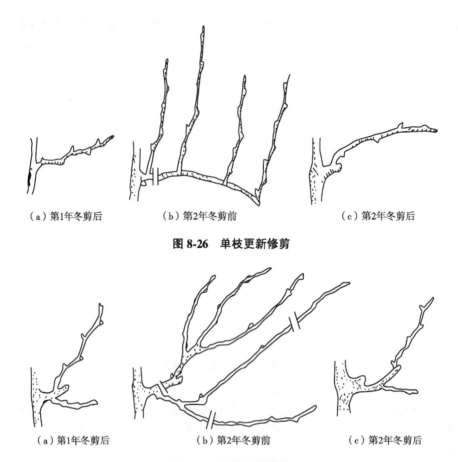

（a）第1年冬剪后　　（b）第2年冬剪前　　（c）第2年冬剪后

图 8-26　单枝更新修剪

（a）第1年冬剪后　　（b）第2年冬剪前　　（c）第2年冬剪后

图 8-27　双枝更新修剪

②里芽外蹬和双芽外蹬。里芽外蹬和双芽外蹬是开张枝条角度的一种方法，就是利用里芽直立枝，影响外芽向外斜生，以开张角度。其做法是在冬剪时，选定一个向外侧生的饱满芽作为萌发未来延长枝的芽，在该芽上方留一个里芽剪截。翌年春季萌发抽枝后，里芽萌发的直立枝生长旺盛，排挤第2枝，使其向外斜生的角度加大。在翌年冬剪时，把第1直立枝从基部剪去，留外枝延长生长，就可以加大角度，这种方法称作里芽外蹬；如果树势生长旺盛，第1、2枝都直立时，可选第3芽培养成延长枝，翌年冬剪时把上部2枝剪去，使第3枝向外延长生长，这种方法称作双芽外蹬（图 8-28）。

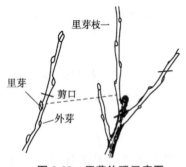

图 8-28　里芽外蹬示意图

③矮化修剪技术。矮化密植栽培，树体矮小，树冠扁平，要求树冠有效容积相对较大。修剪技术上要注意两点：控制树体高度和树冠大小，适应矮密栽培；采用各种措施培养中、小枝组，达到早产、高产。为此，采用矮化修剪技术应根据矮密栽培具体环境、树木年龄时期、树体生长特点、地上部和地下部的关系等，采用相应的修剪方法和技术，达到矮化修剪的目的。

a. 因栽培环境而异。如在冷凉干燥和海拔高的地区，树体矮小紧凑，树冠扩展较慢，难以获得丰产。因此，在栽后的几年里，要适当短截，以增加长枝数量，形成较多的生长点，加速光合面积形成，以利早期丰产。在高温多雨地区和肥水较好的情况下，树势旺、枝叶密，应轻剪长放，以疏剪为主，枝组多单轴延伸，并注意开张角度。

b. 因年龄时期而异。定植后 1~2 年，要适当短截，促生分枝，以后则应多采用缓势修剪、长枝甩放、拉平，控制强枝生长；结合夏剪促花技术，促进开花结果。对已结果的树，除一部分枝继续采用缓势修剪外，修剪上要适当多短截，做好结果由辅养枝向永久骨干枝过渡，疏除直立、徒长枝，改造大辅养枝和大枝组，增加中、小枝组的比例，打开层间光照。注意培养新枝组，调节各部分的平衡和生长结果的矛盾。结果几年后，矮化型树体常因结果早而多出现树势早衰和大小年现象，因此，可适当重剪，控制花芽、花、果数量，保证每年新梢正常生长，维持结果枝和预备枝的正常比例，注意枝组的培养、维持和更新，保证树势正常，结果稳定。

c. 根据树体生长特点修剪。在密植条件下，往往由于侧光少，树冠向高生长强烈，容易形成上强下弱现象，控制树冠十分重要。因此，应注意采用中心干弯曲延伸。夏季疏除树冠上部旺枝和大枝等措施以平衡上下部长势。短枝型品种枝条短，中、小枝组多，光照较好，应注意维持枝组生长势，保证连年结果。

d. 根据地上部和地下部的关系修剪。根据经济林木地上部和地下部相互依赖、相互制约的原理，进行根系修剪，抑制新梢生长，使树冠矮化，也是值得研究和应用的矮化修剪技术。促花保果，以结果控制树冠，为矮化修剪所采用。如对栽培条件较好的幼树、旺树，采用轻剪长放的方法，甚至基本不剪，既可节省劳力，又可促花保果，大幅度增加早期产量，明显提高经济效益。对幼树、旺树在花芽分化前进行环割，将枝拉平，疏剪外围大枝，改善光照，必要时深翻断根，以促进花芽分化；在落花落果期环割、摘心、抹梢，甚至断根，调节生长和结果的矛盾，以提高坐果率，促进果实生长，达到以果压冠的目的。

8.3.4 整形修剪的趋势

由于栽培模式发生了重大变化，由传统栽培模式转向现代栽培模式，要求经济林整形修剪技术也随之发生相应的变化，整形修剪向轻简化、省力化、机械化方向发展，呈现以下趋势。

① 树冠由高、大、圆向矮、小、扁转化。
② 树体结构由复杂向简单方向发展，由中心干、主枝、侧枝和结果枝组四级结构变为简单的中心干和结果枝组二级结构。
③ 在修剪时期上，由以冬季修剪为主转向四季修剪。
④ 冬季修剪方法简化，由短截、回缩、疏剪和长放 4 种变为回缩、疏剪和长放 3 种；修剪程度由重剪向轻剪转变。
⑤ 修剪方式由单纯人工修剪向人工、机械、化学修剪相结合的方向发展。

本章小结

整形修剪是经济林栽培管理中最重要的技术之一。整形修剪是通过调节经济林地上部分的生长和结果，建立牢固而合理的树体骨架、群体结构，使树体能充分利用光能和空间，从而使经济林达到丰产和优质。整形和修剪相辅相成，整形是修剪的提前和基础，修剪是在整形的基础上进行。对干性强的树种多整为有中心干的树形；对干性弱的树种多整为无中心干的树形；对蔓性树种多整形为篱架或棚架形。整形修剪的原则是因树修剪，随枝造形；有形不死无形不乱；长远规划，合理安排等。整形修剪要依据经济林木的生长结果特性、自然条件和栽培管理水平、树木的修剪反应来进行。整形修剪的生物学基础包括芽的异质性、枝梢和根系的极性、层性、萌芽力和成枝力、器官的相对独立性及树木更新复壮规律等。修剪的时期分为休眠期修剪和生长季修剪。修剪方法有短截、疏剪、回缩、长放、摘心、剪梢、扭梢、除萌、抹芽、开张角度、环剥和环切等，其中短截、回缩、疏剪是最主要的修剪方法。

在实际生产中，要综合运用修剪技术，调节生长强弱、营养生长与生殖生长、树体各部分、局部与整体等的关系，以使其达到平衡。对于旺树，要采用轻短截、长放、摘心、扭梢、开张角度、环剥和环切等方法，削弱其生长；对于弱树，采用中短截、回缩、抬高枝梢角度等方法，促进其生长。对于树冠郁闭、光照不良树，要采用多疏少截等方法，减小枝条密度，使树体光照通透；对于树冠稀疏树，通过多截少疏等方法，增加枝条数量。对于上强下弱、左强右弱等生长不平衡现象，通过抑上促下、抑左促右等手法调整，平衡其生长势。轻简化、省力化、机械化未来经济林修剪的方向。

总之，通过整形修剪，使经济林木枝干分布合理，树体各部分、各器官能均衡生长，无为消耗减少，能最大限度地利用各种环境资源（光、CO_2、水、肥等），提高经济林的生产能力，使经济林栽培达到早产、丰产、优质、高效和低耗。

思考题

1. 经济林整形修剪的概念和作用是什么？
2. 整形修剪原则和依据有哪些？
3. 经济林修剪的时期和具体方法有哪些？
4. 简述疏散分层形、自然开心形树形的具体特点？
5. 旺树和弱树的修剪措施分别是什么？
6. 论述整形修剪的生物学基础？

第 9 章

经济林产品器官管理

加强经济林产品器官的管理，对提高经济林器官的商品性状和价值，增加经济收益具有重要意义，也是实现优质、丰产、稳产和壮树的重要技术环节。经济林器官管理，主要指直接用于花、果实等器官的各项促进或调控技术措施。在生产实践中，既包括生长期中的花、果等器官管理技术，又包括采后的商品化处理。

9.1 花果数量调节

9.1.1 合理负载量

(1) 适宜负载量的含义

适宜负载量是指在一定的立地和管理条件下，单位面积或单株的适宜结实量。确定经济林产品的适宜负载量应考虑3个条件：保证当年产品器官的数量、质量及最好的经济效益；不影响翌年必要器官的形成；维持当年树势健壮并具有较高的贮藏营养水平。确定某一树种的适宜负载量是较为复杂的，它依品种、树龄、栽培水平、树势和气候条件而不同。

(2) 过量负载的不良后果

产量不足使经济林应有的生产潜力得不到充分发挥，造成经济上的损失，过量负载同样会产生严重的不良后果。

首先，结果过多易造成树体营养消耗过大，果实不能进行正常的生长发育，导致果实偏小，着色不良，含糖量降低，风味变淡，严重影响果实的商品品质。

其次，在超量负载的情况下，易引经济林大小年结果现象。由于结果过多，树体营养物质积累水平低，同时，源于种子和幼果内的抑花激素物质赤霉素（GA）、生长素（IAA）等含量增加，在树体内激素平衡中占优势，不利于当年花芽形成，导致第2年或第3年连续减产而成为小年。

再次，过量结果树树势明显削弱。树体内营养水平低，新梢、叶片及根系的生长受抑制，不利于同化产物的积累和矿质元素的吸收。超量负载的苹果大年树，其根系第2、3次生长明显减弱，或缺乏第2次生长高峰，活跃的吸收根数量较小年树约少70%~75%。

此外，过量负载还会加剧风害和加重树体病害的发生；还可以使产品中的某些次生代谢物质含量降低，不利于后续的加工。

(3) 确定负载量的方法

负载量应根据经济林历年产量和树势以及当年栽培管理水平确定，生产实践中，人们经过多年的研究探索，积累了较为丰富的经验，并提出一些指标依据，指导应用于生产。

①叶果比法。花和果实主要依靠根的吸收和叶片合成的营养物质生长，其间有一个相互依存的供求关系。叶果比法即按生产 1 个优质果需有多少张叶片来确定负载量。一般树种不同，叶果比各异。具体操作时，还要因砧穗组合、树势强弱而定。苹果中型果品种叶果比应为(20~40)：1，大型果品种为(40~50)：1。'红富士'苹果留果标准为叶果比(50~60)：1。盛果期'鸭梨'的留果指标是叶果比 15：1。影响葡萄浆果含糖量的叶果比临界值在 7~10 cm^2/g，酿酒葡萄'赤霞珠'叶果比为 14.9 cm^2/g 的果实和葡萄酒中的总酚、花色苷含量均最高。此法较为科学，但因操作时数叶有一定困难，不适于大面积生产上应用，多用于科研调查中。

②枝果比法。即依据在同一叶幕层内着生果实的空间距离来确定负载量。确定时，也要因树种、树势、管理水平、砧穗组合等因素而定。例如，'红富士'苹果枝果比(乔砧)为(5~6)：1，树势强、长枝多为 5：1，树势中庸、长短枝比例适中为 5.5：1，树势弱、短枝多为 6：1；盛果期'鸭梨'的留果指标是百枝留果量 50~70 个，每 3 个新梢留 1 个果，产量可稳定在 3500 kg/亩。

③干周法或干截面积定量法。据汪景彦等(1993)研究，苹果树干的粗度可作为苹果确定留果量的指标，并提出计算公式。

$$Y = 0.025C^2 \pm 0.125C \tag{9-1}$$

式中 Y——单株产量，kg；
 C——树干周长，cm。

应用此公式确定适宜负载量时，可因树势作适当变动。弱树适宜负载量计算公式为：$Y = 0.025C^2 - 0.125C$，中庸树适宜负载量计算公式为：$Y = 0.025C^2$，强树适宜负载量计算公式为：$Y = 0.025C^2 + 0.125C$。

杨庆山等(1992)依成龄苹果树干截面积提出留果指标，即健壮树 0.4 kg/cm^2；中庸树 0.25~0.4 kg/cm^2；弱势树 0.20 kg/cm^2。对于初果期梨树每 cm^2 干截面积可留果 0.6~0.75 kg。盛果期矮化中间砧苹果'烟富 3 号''天红 2 号'以中等负载量水平即单位干截面积留果 4 个/cm^2，折合为 60 t/hm^2 为较适宜的负载量，苹果品种 WA38 保持最佳果实品质和持续开花的适宜负载量为单位干截面积留果 6 个/cm^2。酿酒葡萄'赤霞珠'和'梅鹿辄'在"厂"字整形方式下的合理树体负载量以距地表 20 cm 高度处的主蔓横截面计，约为 0.5 kg/cm^2。另外考虑到后期落花落果的问题，在实际操作时还应在适宜留果量的基础上增加 20%左右的备用花。

④距离法。以所留果之间的距离平均数为依据进行留果，苹果、梨等树种一般采用该法。一般普通型苹果，大型果为 25~30 cm 留 1 个果，中、小型果为 20~25 cm 留 1 个果，如'红富士'苹果在叶幕层内着生果实的空间距离为 25~30 cm，一般强树、强枝、管理水平高为 25 cm，弱树、弱枝、管理水平低为 30 cm。'鸭梨'果台间距 20~25 cm。

⑤树冠体积法。树冠大小与光合能力成正相关，经济林生长主要依靠叶片光合产物，故可依据树冠体积确定负载量。一般树冠留果 20~30 个(或 5~8 kg)/m^3 为宜，计算公式

如下：

$$适宜留果量 = 2 \times D \times H \tag{9-2}$$

式中　D——树冠投影直径，m；

　　　H——树冠高度，m。

此外，还应根据各地区气候和经济林园实际情况（如品种构成、树龄大小、树势强弱等）进行综合考虑。

9.1.2　保花保果

保花保果是根据生产中落花落果现象而提出的管理要求。落花落果是以果实为主要收获产品的经济林生产中比较普遍的现象，是影响经济林园丰产、稳产的重要问题。

引起落花落果的原因既有树种特性和生长特性方面的，也有生产管理、自然灾害和病虫危害方面的。树种、品种不同，其成花的难易程度，坐果率的高低也不同。生产管理中的水、肥供应状况，树体生长的合理促进与控制都影响着花芽的分化和坐果率的高低。自然灾害和病虫危害均属灾害性因素，如果防御不当，就会造成大量落花落果。因此，保花保果应以花芽的分化为始点，稳定坐果为终点，从改善花芽分化和坐果的物质条件和环境条件出发，因地因树制宜地制订有效的措施，减少落花落果，确保经济林园高产、稳产和优质。目前，行之有效的保花保果措施有：

（1）加强综合管理，提高树体营养水平

土肥水管理是成花和坐果的基础，尤其是肥、水管理合理与否，对成花影响较大。因此，在一年当中，从萌芽前到短枝停长前，应足量供水供肥，在施肥上应注意适量增加磷钾肥料，谨防单一施氮肥，以满足萌芽、开花、坐果、枝条生长对养分的大量需求，提高开花质量和坐果率。此外，还需要合理的树体结构和及时防治病虫害，这是保证树体正常生长发育，增加树体贮藏养分积累，改善花器发育状况，提高坐果率的基础措施。

（2）夏剪调控

通过夏季修剪抑制新梢生长，短时阻滞营养物质向根部输送的管理手段，使地上部制造的有机养分在枝条中积累，促进花芽分化、授粉受精、坐果和果实发育，达到保花保果的目的。主要措施有扭梢、摘心、环割、环剥、夏季剪梢等。

（3）改善授粉受精的外部条件

良好的授粉受精是提高坐果率的基础。改善授粉受精外部条件的主要方面有：

①避免在低洼处建园。园地应选择在地势较高、通风良好的地段，以防冷空气集结而冻害花果。

②营造防风林。在多风、大风地区，应在园地四周及内部营造有一定高度的防风林，减轻大风对授粉受精及果实发育的影响。也可进行密植栽培，形成自身防风体系。

③配置授粉树。建园时配置适量授粉树或在主栽品种树体上部嫁接部分授粉枝，以保证正常授粉。

④推迟花期。延缓开花，避开晚霜对花和幼果的危害。其措施主要有：

a. 涂白或喷白。早春对树干、骨干枝进行涂白，树冠喷 8%~10% 的石灰水，以反射光照、减少树体对热能的吸收，降低冠层与枝芽的温度，可推迟开花 3~5 d。

b. 树盘覆草。土壤化冻前，在树盘内覆盖 15~20 cm 厚的草，可减缓地温回升速度，推迟花期 3~5 d。

c. 灌水和喷水。花前地面灌水，可降低地温，抑制根系活动，可使花期推迟 2~4 d。霜前树体喷水 2~3 次，可推迟花期 2~4 d。

d. 利用腋花芽结果。腋花芽较顶花芽萌发和开花晚，有利避开晚霜。

⑤花期放蜂。花期放蜂是以昆虫为主要授粉媒介经济林园提高坐果率的有效措施。一般放蜂 2~3 箱/hm²，蜂箱放在园内，间距不能超过 500 m。放蜂枣园的坐果率比不放蜂园可提高 20% 左右，苹果、梨园放蜂，可提高坐果率 8%~20%。目前，我国已经从日本引进角额壁蜂和凹唇壁蜂，在山东、辽宁、甘肃等苹果产区推广应用，其授粉能力是普通蜜蜂的 70~80 倍，只要每 0.07 hm² 果园释放 80 头蜂就能完成授粉任务，使苹果树坐果率提高 30%~50%。

(4) 人工授粉

①人工点授花粉。在初花期，用毛笔或软橡皮蘸花粉点授于半开或盛开花的柱头上，每蘸一次，可点授 5~7 朵花，每花序点授最先开放的 1~2 朵花。点授时间以上午为宜。以点授第一批花效果最佳。人工点授花粉主要用于幼龄园。花多的树应在先疏蕾的前提下，或按距离、隔序点授。

②机械授粉。用喷粉器将所授花粉喷到花上。这种方法与人工点授相比，授粉速度快，经济有效。

无论人工点授花粉，还是机械授粉，所用花粉均为稀释后的花粉。花粉的采集与稀释方法：在授粉前 2~3 d，从可作授粉品种的树上，采下含苞欲放的"气球花"，摊放在干燥通风室内的干净光滑桌面上或油光纸上，保持室内温度 20~25 ℃、湿度 50%~70%，经 1~2 d 即可散粉，用细竹竿轻敲花朵，过筛收集花粉。为节约花粉，可在授粉前加入淀粉或滑石粉等稀释剂稀释花粉，花粉与稀释剂的体积比例，人工点授为 1:(1~4)，机械喷授为 1:100。如果收集的花粉发芽率小于 30% 时，可不稀释，直接用于授粉。

③抖授。对于花粉量较大的树种如核桃，将采集的花粉 1 份加上 10 份滑石粉或淀粉混匀，装入 2~3 层纱布做的袋子中，扎严袋口，拴在长杆顶端，然后在树冠上方迎风面，在有花树冠上空轻敲长杆振出花粉，可提高授粉效率。

④插花枝授粉。小面积经济林园难以配置授粉树，可在花期采些授粉品种花枝，插于盛水的瓶罐中，每株树视树冠大小挂上几个瓶罐，辅助授粉。

⑤液体授粉。把花粉混入 10% 的糖液中(如混后立即喷授，可不加糖)，用喷雾器喷洒，糖液可防止花粉在溶液中破裂，为增加花粉活力，可加 0.1% 的硼酸。配制比例为水 10 kg、砂糖 1 kg、花粉 50 g，使用前加入硼酸 10 g。配好后应在 2 h 内喷完，喷洒时间宜在盛花期。

⑥振花枝授粉。于前期每天 10:00 左右，剪下一束授粉品种的花枝，在主栽品种树冠上部轻轻振荡 1 次，连续 2~3 次即可起到增加授粉的作用。此法适于小面积经济林园。

(5) 喷布植物生长调节剂及矿质元素

落花落果均因花柄、果柄形成离层所致。离层形成的原因虽然很多，但就内因讲，内源激素不足可引起离层的产生。此外，矿质元素不足或缺乏，可引起受精不良或生理机能减弱而发生内源激素形成减少,导致花柄、果柄基部产生离层而脱落。因此在生产中喷布植物生长调节剂和微量元素,可防止落花落果。

用于提高坐果率的生长调节剂有赤霉素(GA)、6-苄氨基嘌呤(6-BA)、萘乙酸(NAA)等。目前,在应用生长调节剂保花保果方面,已由单一种类向多种类混合及调节物质与矿质元素混合使用的趋势发展,旨在增加提高坐果率的效果,同时增进果实品质的改善,现已取得某些研究进展。使用方法除了喷施外,还有花柄(果柄)涂抹等。石榴头花始花期至盛花期叶面喷施 GA_3(30.0 m/L)可有效提高坐果率,且不影响石榴品质;二花盛花期花柄涂抹 GA_3(10.0 mg/L、20.0 mg/L、30.0 mg/L)+2,4-D(10.0 mg/L)能显著性提高坐果率。

用于喷施的矿质元素主要有尿素、硼酸、硼酸钠、硫酸锰、硫酸锌、钼酸钠、硫酸亚铁、醋酸钙、高锰酸钾及磷酸二氢钾等,生长季节使用浓度多为 0.1%~0.5%,一些微量元素与尿素混喷,有增效作用。喷施时期多在盛花期和六月落果以前,以 1~3 次为宜。

9.1.3 疏花疏果

疏花疏果是大年树和成花容易、花量大的树种高产、稳产和优质管理的主要措施之一。疏除部分花、果,以节省大量养分,使有限的营养物质集中供应给保留的花、果,使其正常发育,不致脱落,保证树体健壮生长,连年高产、稳产和优质,是调节大小年和提高果实品质的重要措施。

(1) 疏花疏果的作用

①可使经济林连年稳产。花芽分化和果实发育往往是同时进行的,当营养条件充足或花果负载量适当时,既可保证果实肥大,也可促进花芽分化;而营养不足或花果过多时,则营养的供应与消耗之间发生矛盾,过多的果实抑制了花芽分化,易削弱树势,出现大小年结果现象。因此,进行合理疏花疏果,是调节生长与结果的关系,达到连年稳产,提高产量的必要措施。否则,即使肥水充足,因受根和叶功能及激素水平的限制,坐果过多,也会导致大小年。

②提高坐果率。疏花疏果尽管疏去了一部分果实,但它的作用在于节省了养分的无效消耗,减少了由于养分竞争而出现的幼果自疏现象,并且减少无效花,增加有效花比例,从而可提高坐果率。

③提高果实品质。由于减少了结果数量,使留下的果实肥大,整齐度增加。此外,疏果时疏掉了病虫果、畸形果和小果,提高了好果率。

④使树体健壮。开花坐果过多,消耗了树体贮藏营养,叶果比变小,树体营养的制造状况和积累水平下降,影响翌年生长;疏去多余花果,提高树体营养水平,有利于枝、叶和根系生长,树势健壮。

(2) 疏花疏果的时期

从节省树体营养角度考虑,晚疏不如早疏,疏果不如疏花,疏花不如疏蕾,疏蕾不如疏芽。以往生产上为了保险可靠,常采取疏蕾、疏花、疏果、定果四步完成,这样虽最终留果保产可靠,但费工费时,且不利节省营养。近年来,在一些坐果稳定可靠地区,提倡"以花定果",即一次疏到位;在花期常有灾害性天气的地区,则提倡轻疏花、晚定果,最迟应在盛花后 20 d 内完成疏果。核桃、板栗等雌雄异花、雄花量大的树种需要疏雄，核桃疏雄可在雄花序膨大期进行，板栗疏雄宜在雄花序生长期尽早进行。

(3) 疏花疏果方法

①人工疏花疏果。是通过人手直接或握剪将应疏花、果去除的方法。核桃、板栗人工疏雄可直接用手掰除。选择性地将弱芽、弱花、小果、病虫花果、畸形花果、密生花果、位置不当花果等疏去，使保留下的花果分布均匀、方向适宜、发育正常、果形端正。但花费劳动力多，适于面积不太大的经济林园，或劳动力富余地区。人工疏花疏果在认真考虑花期天气条件、适宜负载量、花果质量和方位等因素的前提下，按一定程序进行操作。

a. 疏除程序。具体操作时应先疏顶花芽，后疏腋花芽；先疏外围，后疏内膛；先疏上部，后疏下部；先疏大树、弱树，后疏小树、强树；先疏花果量特多的树，后疏花果量较多的树；先疏骨干枝，后疏辅养枝。

b. 疏除方法。依花期天气条件和栽培管理水平不同，有 2 种方式：一种是花、果量逐步调节性疏除。这种方式多用于花期天气不良和管理水平不高的园地。具体做法是：先初步疏蕾或疏花，留花量较大，后再疏果 1 次，留果量比负载量较大，最终到稳定坐果前进行定果，留果量同负载量。另一种是一次性以花定果，每花序留单果或双果，葡萄例外。这种方式适于花期天气好，坐果稳定可靠的地区及经营管理水平高的经济林园。无论哪一种疏除方法，都应按适宜负载量，将留花、果量均匀合理地分到各个骨干枝上，留果应选果型端正，着生侧向、下垂果，以确保成品果形状好、品质优。

②化学疏花疏果。化学疏除是利用喷布化学药剂的方法，疏除过多的花、果。与人工疏除相比，具有节省劳力和时间，成本低，速度快等优点，适于大面积集约化生产。在应用时要先进行小范围的试验，获得可靠的技术应用指标后，方可大面积推广。主要药剂如下：

a. 石硫合剂。石硫合剂的疏花疏果机制在于直接抑制花粉发芽和抑制花粉管伸长，从而阻碍受精。此外，还有杀死柱头的作用。因其疏除的果实脱落较迟，人工补充疏果要在盛花后 25 d 以后才能进行。石硫合剂疏花疏果浓度因树种、品种而异，'秋甜'桃盛花期喷施相对密度 1.0014 g/cm³ 的石硫合剂疏花效果较好，杏李盛花期 1~2 d 喷 0.3~0.4°Bé 的石硫合剂进行疏花效果较好，200 倍 45% 晶体石硫合剂对旱地苹果的疏花效果较好。

b. 萘乙酸及萘乙酰胺。萘乙酸及萘乙酰胺的疏除机制可能与促进乙烯形成有关。萘乙酸在一定浓度范围内，从花瓣脱落期到落花后 2~3 周施用，都有相同效果，但越迟，疏果作用越弱，浓度需相应增加。如对'鸭梨'在盛花期用 40 mg/L 有疏除效果。萘乙酰胺是一种比萘乙酸较缓和的疏除剂，对萘乙酸易敏感的品种应用萘乙酰胺较安全，但萘乙酰胺疏果会使部分果实产生缩萼现象，'元帅'上使用易产生畸形果。'秋甜'桃盛花期喷施 20 mg/L 萘乙酸 (NAA) 疏花效果较好，杏李盛花期 1~2 d 喷喷施 1 次 20~30 mg/L 的萘乙酸疏花效果较好，'翠冠'梨疏果效应最显著的为 NAA 40 mg/L 处理。

c. 疏雄醇。主要用于板栗、核桃等的疏雄，具有方便简单，省工省时，增产效果明显的特点。

d. 其他化学药剂。研究表明，0.5 g/L 和 1 g/L 苯嗪草酮对旱地苹果疏除效果较好，0.5% 硫代硫酸钾对'奥萨二十世纪'梨疏花疏果效果较好，5 年生的'嘎啦'苹果/M_{26} 自根砧初花期(全树 5%花开放)后的第 2 d 和第 4 d 各喷施 1 次 10 g/L 的甲酸钙及 30 g/L 的大豆油疏花效果较好，韩国研制的一种新型无公害化学疏花剂"Eco-Huang"在'新嘎拉''美国八号'苹果盛花中期喷施 1 次 150 倍液、'红富士'上喷施 2 次 150 倍液疏花效果显著。梨树盛花期喷施 200 mg/L 的 5-氨基乙酰丙酸(ALA)溶液，疏花效果较好。

③机械疏花。机械疏花能够提高疏花作业的工作效率，大大地节省人工成本，提高经济效益。机械疏花作为一种疏花方式，最早出现在 20 世纪 80 年代，当今一些国家研究生产了不同的疏花机械，主要有手持式树冠振动式疏花和树干振动式疏花装置、车载硬梳棒式疏花机、德国 Darwin 系列车载柔性疏花机、新型线绳式疏花装置、三根斜轴式果园疏花机等；国内疏花机较少，主要有 3 节臂机载式疏花机，直入式、斜入式和主轴式 3 种疏花装置等。

9.2 果实管理

9.2.1 增大果个，端正果形

果实大小是评价果实外观品质的重要指标，常以单果重衡量，在优质果品商品化生产中，应达到该品种果实的标准大小，且果形端正，小于标准的果实和果形不正者，果实品质和商品价值均低。果实大小主要取决于果实内细胞的数量和细胞体积，一切有利增加果实细胞数量和体积的栽培措施及环境条件，都可促进果实生长和发育，增加标准果率，提高果实品质。

生产标准大小和果形端正的优质果实，首先应根据不同树种果实发育的特点，最大限度地满足其对营养物质的需求。果实发育前期主要需要以细胞分裂活动为主的有机营养，而这些营养物质的来源多为上年树体内贮藏养分，所以，提高上年的树体贮藏营养水平，加强当年树体生长前期以氮素为主的肥料供应，对增加果实细胞分裂数目具有重要意义。果实发育的中后期，主要是增大细胞体积和细胞间隙，对营养物质的需求则以碳水化合物为主，因此，合理的冬剪和夏剪、维持良好的树体结构和光照条件，增加叶片的同化能力，适时适量灌水等措施，都有利于促进果实的膨大和提高内在品质。在此基础上，还应重点做好以下几项管理工作。

(1) 人工辅助授粉

人工辅助授粉除可提高坐果率外，还有利于果实增大和端正果形。因人工授粉促使受精良好，尽快促进子房的发育和促长激素的合成，增加幼果在树体营养分配中的竞争力，果实发育快，单果重增加；人工授粉还可增加果实中种子形成的数量，使种子在各心室中分布均匀，在增大果个的同时，使果实的发育均匀端正，减少和防止果实畸形。

(2) 合理留果量

树体留果量过多，对果实的个体发育影响很大，造成单果重降低，畸形果增多。生产上应严格按照合理负载量的指标留果，根据不同树种、品种和树势，达到合理的叶果比和枝果比，维持良好的营养生长和生殖生长平衡，旨在有足够的同化产物和矿质营养，满足果实的发育。

留果的位置对果实的大小和形状具有较大的影响。许多研究结果表明，苹果留花序的中心果、梨留花序基部一、二序位的果，表现果形端正，特征明显，果实较大。

(3) 应用植物生长调节剂

果实的大小和形状很大程度上受本种和本品种的遗传因素所控制，而应用生长调节剂，可使当年果实的某些性状发生较大的改变。利用生长调节剂改变果实的大小、形状、色泽和成熟期等，已成为果实生产中的常规技术。常用的增大果个，端正果形生长调节剂主要有 GA_3、6-BA、普洛马林、PBO、CPPU 等。生长调节剂可以单用，也可以 2 种或几种混用，目前，人们正在进行几种生长调节剂混用，旨在同时改变果实几种性状的试验研究，并已取得了一些成功的经验，开始推广应用于生产。

除上述各项增大果实技术措施外，在硬核时期对桃、油桃、樱桃、杏等核果类经济林木，进行主干或主枝环剥，可显著地增大果实体积，并有促进果实提早成熟的效果。

(4) 适当延迟采收

大多数果实到近熟前，其重量和内含营养物质量均仍在快速增加，适当晚采，有利于果实个体进一步增大。

9.2.2　增进果实着色

果实的颜色是评价外观品质的另一重要指标。果实的色泽发育是一复杂的生理代谢过程，并受很多因素的影响，如光照(光强、光质)、温度、土壤水分、树体内矿质营养水平和果实内糖分的积累和转化以及有关酶的活性等，在栽培措施方面根据不同种类、品种果实的色泽发育特点和机理，进行必要的调控，制定和实施有效的技术措施，增加果实的色泽，达到该品种的最佳色泽程度，这对着色品种尤为重要。其主要途径如下：

(1) 创造良好的树体条件

良好的树体条件，是增进果实着色的前提和保证，能够更好地发挥增进着色措施的效果。

①合理的群体结构。园内群体结构与光照条件密切相关。群体结构合理，光照条件好，光能利用率高，有利于果实着色。

②良好的树体结构和健壮的树势。在合理留枝量的前提下，树体骨干枝宜少，且角度要开张，大、中、小型结果枝组数量和配置适当，叶幕层不宜太厚，这样才能保证果实生长发育期间获得充足的光照。新梢生长量适中，且能及时停止生长，树势保持中庸健壮，叶内矿质元素含量达到标准值，这样有利于果实着色。

③合理的果实负载量，适宜的叶果比。留果过少，常导致树势偏旺，果实贪青晚熟，着色不良；过量结果同样影响果实色泽的正常发育。生产上应根据不同树种、品种的适宜留果量指标，确定产量水平。适宜的叶果比，主要是有利于果实中糖分的积累，从而增加果实着色。

④科学施肥，适时控水。增加经济林有机肥的施入，提高土壤有机质含量，均利于果实着色。矿质元素与果实色泽发育密切相关，国内外研究表明，过量施用氮肥，可导致干扰花青苷的形成，影响果实着色，故果实发育后期不宜追施以氮素为主的肥料。苹果果实发育的中、后期增施钾肥，有利提高果实花青苷的含量，增加果实着色面积和色泽度。钙、钼、硼等矿质元素，对果实着色也有一定促进作用。

果实发育的后期(采前 10~20 d)，保持土壤适度干燥，有利于果实增糖着色，故成熟期以前应控制灌水。如此时灌水或降雨过多，均将造成果实着色不良，品质降低。

(2) 果实套袋

对于一些大果型、穗状结果的树种进行果实套袋，是提高果实品质的主要技术措施之一。近年来，我国在苹果、梨、桃、葡萄等经济林栽培中，实施了套袋技术(码9-1)。它能提高单果重量，减轻病虫、鸟类、风和冰雹对果实的损害，避免枝叶擦伤，使果实表面光洁美观，色泽艳丽，新鲜度好，贮藏性佳。还可减少农药污染及残留，有利于生产"绿色食品"果实，使果实档次和出口商品率均显著提高。套袋管理，要注意把

码 9-1 苹果套袋

握脱袋时间和选袋。红色果实需提前脱袋，脱袋在采前 20~30 d 开始，双层袋先撕开外层袋，间隔 3 个晴天，再除去内层袋；绿色或黄色果实不需提前脱袋；塑料袋不需提前脱袋。除袋以后，容易着色的红色品种，15 d 左右可充分着色；较难着色的红色品种，除袋后 25 d 左右便可着色良好。除袋以后，如能配合转果、摘叶，效果更佳。选袋应根据套袋目的而定，用于增进红色果实着色的袋，单、双层袋均可，单层袋以外面灰色、内面黑色的，增色效果最佳；双层袋的外层袋外面为灰色，内面为黑色，内层袋为红色蜡纸的，增色效果最佳，目前也有内层袋为白色蜡纸的果袋用于苹果生产，内袋不用去除即可着色良好，应用这种果袋既能节省除内袋用工成本，又可防止果实去袋后灰尘污染果面；也可选用塑料袋。为防止黄色、绿色果实果锈的，应选用具有透光性能的蜡质黄褐色条纹纸袋，也可用蜡质白色纸袋。

(3) 摘叶和转果

摘叶的目的是提高果实的受光面积，增加果面对直射光的利用率。通常摘叶时期与果实着色期同步，我国北方'红富士'苹果的摘叶期约在 9 月中、下旬。摘叶过早虽着色良好，但对果实增大不利，影响产量，还会降低树体贮藏营养水平；摘叶过晚则因直射光利用量减少而达不到预期目的。摘叶对象是果实周围遮阴和贴果的 1~3 个叶片。摘叶处理可增加苹果着色面积 15% 左右。

在正常的光照条件下，果实的阳面着色较好，阴面着色较差，通过转果，可改变果实自然着生的阴阳位置，增加阴面受光时间，达到全面着色的目的(码9-2)。苹果转果时间可在果实采收前 4~5 周进行，转果的方法是，将果实的阴面轻轻转向阳面，必要时可夹在树杈处以防回位，也可通过转枝和吊枝起到转果的作用。转果后着色指数平均增加 20% 左右。

码 9-2 苹果转果

(4) 树下铺反光膜

反光膜的主要作用是改善树冠内膛和下部的光照条件，主要解决树冠下部果实和果实萼洼部位的着色不良问题，从而达到果实全面着色之目的(码9-3)。铺膜还可加速果实内淀粉的转化，含糖量有明显提高，果实风味浓；葡萄架下铺反光膜试验认为，架下铺膜可提高葡萄糖度 1°Bé，果穗和果粒着色明显改善。

码 9-3 树下铺反光膜

铺膜的时间在果实进入着色前期，'元帅'苹果多在 8 月中、下旬，红富士苹果多在 9

月上、中旬。

(5) 应用植物生长调剂

应用生长调节剂促进果实着色，一直受到栽培者的高度重视，也是目前推广应用于经济林生产的一项新技术。国内外许多研究证明，某些生长调节剂可有效地促进果实的着色，从而提高果实的品质。促进果实着色的生长调节剂种类主要有：乙烯利、芸苔素、胺鲜酯(DA-6)、CPPU、复硝酚钠、多效唑等。

除上述提高果实着色的技术外，适当推迟采收期、采前喷水降温等方法，也有增加果实中糖分的积累和促进着色的效果。

9.2.3 保持果面光洁

在果实发育和成熟过程中，常因管理措施不当，及果实受外界条件影响，导致果实表面粗糙，形成锈斑、微裂或摩伤，影响果实的外观，降低商品价值。造成表面不洁净的因素是多方面的，提高果面光洁度的途径可从以下几个方面入手解决。

(1) 果实套袋

套袋可有效地保护果实免遭病虫危害、空气和药剂污染及枝叶磨伤，使果皮光洁、细嫩，色泽鲜艳，减少锈斑，且果点小而少，是保持果面光洁的最有效措施。

(2) 合理施用农药和其他喷施物

农药及一些叶面喷施物施用时期或浓度不当，往往会刺激果面变粗糙，甚至发生药害(码9-4)，影响果面的光洁和果品性状，尤其是在幼果期更易发生。如'金冠'苹果幼果期喷施波尔多液或尿素，可加重果锈的发生；梨幼果期喷施代森锰锌，也易导致果实表皮粗糙。实践表明，多种药剂搭配不当和混喷，均会带来果面不光洁的后果。

码9-4 幼果期果实药害

(3) 喷施果面保护剂

苹果可喷施500~800倍高脂膜或200倍石蜡乳剂等，均可减少果面锈斑或果皮微裂，对提高果实的外观品质明显有利。

(4) 减轻生理病害

在生长期，喷布钙肥，可防治水心病、苦痘病等；喷施硼肥，能防治缩果病、栓质化病等。

(5) 适当晚采

由于果实成熟前，果面蜡质层增厚明显。适当晚采，有利于果面蜡质层充分发育，保证果实表面光亮。

(6) 洗果

果实采收后，分级包装前进行洗果，可洗去果面附着的水锈、药斑及其他污染物，保持果面洁净光亮。

9.3 产品采收和采后处理

产品采收是经济林园管理最后一个环节，如果采收不当，不仅降低产量，而且影响产品的耐贮性和产品质量,出现丰产不丰收的现象,甚至影响翌年产量。因此,必须对采收工作给予足够的重视。

在采果前 1 个月左右,先做好估产工作,然后根据产量和采收任务,拟订采收工作计划,合理组织劳动力,准备必要的采收用具和材料。并搭设适当面积的堆果棚,以便临时存放产品和进行分级、包装工作。北方寒冷地区或在寒冷季节采收后,还要备有足够的防寒物及简易的临时贮藏场所。

9.3.1 确定采收期的依据

经济林产品采收期的早晚对经济林产品的产量、品质以及耐贮性有很大的影响。适期采收,既可以保证获取较高的经济林产品的产量,又可获得高品质的经济林产品,从而获得最大的经济效益。不同器官、不同用途的经济林产品采收时期不同。

(1) 果实采收

采收期的早晚对果实的产量、品质以及耐贮性有很大的影响。采收过早,产量低、品质差、耐贮性降低。高温期采收果实,由于呼吸率高,果肉易松软变绵,不利贮藏,所以采收越早,损失越大。过晚采收,果肉硬度下降,影响贮运,同时减少树体贮藏养分的积累。因此,只有正确确定果实成熟度,适时采收,才能获得质量好、产量高和耐贮藏的果实。

①果实成熟度。根据不同的用途,果实成熟度可分为 3 种。

a. 可采成熟度。果实大小已定型,但其应有的风味和香气尚未充分表现出来,肉质硬,适于贮运和罐藏、蜜饯加工。

b. 食用成熟度。果实已经成熟,并表现出该品种应有的色香味,内部化学成分和营养价值已达到该品种指标,风味最好。这一成熟度采收,适于当地销售,不适于长途运输或长期贮藏。但适用制作果汁、果酱、果酒的原料。

c. 生理成熟度。以果实类型不同而有差别,水果类果实在生理上已达充分成熟阶段,果实肉质松绵,种子充分成熟,此时,果实化学成分的水解作用加强,风味淡薄,营养价值大大降低,不宜食用,更不耐贮运,多作采种用。以种子为食用的板栗、核桃、榛子、仁用杏等干果,此时采收,种子粒大、种仁饱满、营养价值高,品质最佳,播种出苗率高。

②判定果实成熟度的方法。具体方法如下:

a. 果皮的色泽。许多果实在成熟时果皮都会显示出特有的颜色变化。一般未成熟果实的果皮中含有大量的叶绿素,随着果实的成熟,叶绿素逐渐降解,类胡萝卜素、花青素等色素逐渐合成,使果实的颜色显现出来。我国多数果产区,大多是根据果皮颜色的变化来决定采收期,方法简便,易于掌握。判断果实成熟度的色泽指标,是以果面底色和彩色变化为依据。绿色品种主要表现底色由深绿变浅绿再变为黄色,即达成熟。但不同种类、品种间有较大差异。红色果实则以果面红色的着色状况为果实成熟度重要指标之一。

b. 果肉硬度。果实在成熟过程中,原来不溶解的原果胶变成可溶性果胶,其硬度则由大变小,据此可作采收之参考。但不同年份,同一成熟度果肉硬度有一定变化,可用果实硬度计连年测定果肉的硬度,以积累经验。

c. 果实脱落难易。核果类和仁果类果实成熟时，果柄和果枝间形成离层，稍加触动，即可脱落，故可以此判断成熟度，离层形成时是果实品质较好的成熟度，此时应及时采收，否则果实会大量脱落，造成大的经济损失。但有些果实，萼片与果实之间离层的形成比成熟期迟，则不宜用离层作为判断成熟指标。

d. 果实生长日数。在同一环境条件下，各品种从盛花到果实成熟，各有一定的生长日数范围，可作为确定采收期的参考，但还要根据各地年气候变化（主要是花后的温度）、肥水管理及树势旺衰等条件决定。

e. 主要化学物质的含量。果实在生长、成熟过程中，其主要的化学物质如糖、淀粉、有机酸、可溶性固形物的含量都在不断发生着变化。根据它们的含量和变化情况可以作为衡量产品品质和成熟度的标志。可溶性固形物含量高标志着含糖量高、成熟度高。总含糖量与总酸含量的比值称为糖酸比，可溶性固形物与总酸的比值称为固酸比，它们不仅可以衡量果实的风味，也可以用来判别果实的成熟度。例如，苹果和梨糖酸比为30：1时采收，果实品质风味好。猕猴桃果实在果肉可溶性固形物含量6.5%~8.0%时采收较好。

f. 其他。如种子颜色、果实表面果粉的形成、蜡质层的薄厚、果实呼吸高峰的进程、核的硬化等，均可作为成熟的标志。

生产实践中，确定果实的成熟度，不能仅靠某一测定项目，必须综合加以考虑，才能对成熟度有比较正确的判断。

③采收期的确定。除根据上述方法确定果实成熟度和采收期外，还应从市场需求、贮藏、运输和加工的需要、劳动力的安排、树种品种特性以及气候条件等来具体确定采收日期。有些品种，同一树上果实的成熟期很不一致，则应分期采收。

(2) 花采收

蕾期到盛花期及时采收才能保持有效成分。如金银花从现蕾到开放、凋谢，可分为以下几个时期：米蕾期、幼蕾期、青蕾期、白蕾前期（上白下青）、白蕾期（上下全白）、银花期（初放期）、金花期（开放1~2 d至凋谢前）、凋萎期。青蕾期以前采收干物质少，药用价值低，产量、质量均受影响；银花期以后采收，干物质含量高，但药用成分下降，产量虽高但质量差。白蕾前期和白蕾期采收，干物质较多，药用成分、产量、质量均高，但白蕾期采收容易错过采收时机，因此，最佳采收期是白蕾前期，即群众所城的二白针期。

金银花采收最佳时间是清晨和上午，此时采收花蕾不易开放，养分足、气味浓、颜色好。下午采收应在太阳落山以前结束，因为金银花的开放受光照制约，太阳落山后成熟花蕾就要开放，影响质量。

(3) 叶采收

不同用途采收时期不同，做茶等饮料一般在萌芽后采收，药用一般在有效成分含量最高时采收。如银杏叶做茶在萌芽后不久采收，用于制药，在枝条停长叶片变黄前15~20 d采收。杜仲叶绿原酸含量在7月中旬达到最大值（2.04%），松脂醇二葡萄糖苷含量在8月上旬达到最大值（0.8%），总黄酮含量则在8月上旬达到最大值（24.54%），应根据不同目的采收。

(4) 芽采收

嫩梢5~6片叶，半木质化前，芽薹粗壮、无纤维、香气浓郁、味香色美。香椿、栾树、楤木等芽菜,在芽刚刚萌发时采收,过晚失去食用价值。

(5) 皮采收

在形成层活跃期剥皮采收,剥皮后容易再生新皮,成活率高。肉桂通常每年分两期采收,第1期于4~5月,第2期于9~10月,以第2期产量大,香气浓,质量佳。而采收根皮如丹皮以牡丹秋季落叶后至翌年早春出芽前为宜。因为在这段时间内根部储存了大量的养分,在这段时间内采收的药用价值高,质量好,还有利于牡丹的养殖和培育。

9.3.2 采收方法

依产品的特性,结合当地实际情况,选择适宜的采收方式。

(1) 人工采收

作为鲜销和长期贮藏的经济林产品最好采用人工采收,因为人工采收灵活性很强,机械损伤少,可以针对不同的产品、不同的形状、不同的成熟度,及时进行采收和分类处理。果实人工采收时应防止一切机械伤害,如指甲伤、碰伤、擦伤、压伤等,果实被伤后微生物极易侵入,且促进呼吸作用,降低贮藏性。还要防止折断果枝,碰掉花芽和叶芽,以免影响翌年产量。果柄与果枝容易分离的仁果类、核果类果实,可以用手采摘。采摘苹果时应随时将果柄剪至梗洼内,防止果柄扎伤果实,但不应揪掉果柄,无果柄的果实不仅降低果品等级,而且不耐贮藏。果柄与果枝结合较牢固的如葡萄,可用剪刀采果,板栗、核桃等干果,可用木杆由内向外顺枝振落,然后捡拾。果实采收时,一般应先下后上,先外后内的顺序采收,以免碰落其他果实,减少人为损失。

为保证果品质量,采收中应尽量使果实完整无损,供采果用的筐(篓)或箱内部应衬垫蒲包、袋片等软物。采果和捡果时要轻拿轻放,尽量减少转换筐(篓)的次数,运输过程中要防止挤、压、抛、碰、撞。

(2) 机械采收

国内外对某些经济林产品采取机械采收,主要有以下几种方式:

①机械振动式。机械振动采摘的原理是通过给树体施加一定频率和振幅的机械振动,使果实受到加速运动产生惯性力,又有树干振动(抱摇、撞击)式、树枝振动式、树冠振动式等。当果实受到的惯性力大于果实与果枝间结合力时,果柄断裂,果实下落。应用于苹果、柑橘、黑莓、枸杞、沙棘、油橄榄、樱桃、杏、核桃、山楂、红枣、银杏等多种经济林产品采收。机械振动的效率与频率、振幅、夹持位置等因素有关,适用于苹果、梨等大、中型水果的采摘,也适用于诸如青梅、核桃和山楂等小型林果的采摘。意大利生产的SR-12摇树机应用于核桃、橄榄等坚果和球果的采摘。美国BEI公司在蓝莓采摘机研究设计领域处于领先地位。美国Oxbo公司研制的6420自走式橄榄收获机,采用双点支撑式振动将橄榄振落,在经过清洗后分离杂质,完成橄榄的收获。王长勤等(2012)设计了针对银杏、核桃等常见林果的偏心式林果采收机,进行了核桃采收试验,得到的平均采净率为89.5%~92.6%,但是若振幅过大,则会对树干造成损伤。

机械振动是实现林果采摘的常用方式,但是振动控制的精度会受到树叶、树枝、树干和土壤等因素的影响,因此要精确描述振动系统的动力学控制方程非常困难。为了便于机械采收,一些发达国家广泛研究应用化学物质,促使果柄松动(如用乙烯利),然后振动采收。

②气力式。气力式收获有气吹式和气吸式2种,主要适用于收获柑橘、沙棘及黑加仑等林果。气吹式收获是通过大功率风机吹出高速气流作用于树冠,并由导向装置的频率改变气流的方向,使果实振摇产生惯性力,从而使果实脱落。气吸式是利用负压将果实吸入采果装置,果实被负压产生气流脱拽下后经采吸口、吸风道进入沉降室,落到输送带上,树叶等轻小杂物经风机吹送由出风口排出。Whinney et al.(1972)研究了气力式柑橘采收机,收获效率可达 5.7 kg/s,Coppoc et al.(1981)研制了一种锥形扫描式风机收获柑橘,史高昆等研制出一种气吸式红枣收获机。

由于气吸式末端执行器有可能将成熟果实周围未成熟的果实采摘下来,对其研究尚需进一步改善和提高;相较于机械振动式采摘装置,气吸式作业效率不高,所以在规模化采收中应用较少。

③采摘机器人。最初的振摇式采收机器人存在效率低且对果实破坏性较大的缺点。一些早期研究工业机器人的国家将电子、计算机、人工智能等先进技术融合到采摘机器人当中,为采摘机器人朝着多样化、智能化方向发展作出了重要贡献。采摘机器人的主要功能是识别、定位与抓取果实,其次是在采摘果实过程中减少对果实的损伤。随着研究的不断深入,图像处理技术与控制理论的发展也为采摘机器人向智能化方向发展创造了条件。美国 Energid 技术公司开发的柑橘采摘机,采用视觉导引,并结合蛙舌式末端执行器,果实采摘成功率在 98% 以上。Davidson(2017)提出水果采集双机器人协同工作的概念,并开发了具有 8 个自由度的机器人拣选系统,将拾取放置的平均循环时间减少 50% 以上,但在此过程中水果和树冠会受到一定的损伤。为了提高采摘机器人的定位精确率和效率,罗陆锋等(2015)通过改进聚类图像分割和点线最小距离约束,提出一种新的葡萄采摘机器人采摘点定位方法,该定位方法的平均定位时间为 0.3467 s,定位准确率为 88.33%。Ahlin et al.(2017)通过仿真模拟,设计出在未知苹果树结构情况下的双机械臂协作采摘苹果机器人,利用空隙空间的路径导航方法,解决了苹果因遮挡产生的漏摘现象。

对采摘机器人的研究主要集中在末端执行器的路径规划以及林果的精确定位 2 个方面,现有图像识别和定位算法仅限于具有明显相似特征的某一类林果,且受采摘环境的影响很大。因此,大多数采摘机器人仍处在试验验证阶段,采摘机器人的实用性和普及性仍不高。

④地面拾果机。用机器将落在地面上的果实拾起来,多用于核桃、巴旦杏、山核桃、榛子等有硬果壳的果实。这种机器包括两个滚筒,前面的滚筒离地面 1.70~2.54 cm,顺时针转,后面的滚筒离地面 0.46~1.77 cm,逆时针转,两个滚筒同时转,将落地果子拾起,传送到收集器里。

9.3.3 采后处理

采后处理主要包括果实采后处理和产品干燥。

(1)果实采后处理

①洗果消毒。果实在采收后,果面污垢,影响美观;果实在发育期间,由于喷洒防治病虫的农药造成果面污染,有害人体健康。此外,果实表面常附有各种病菌。因此,有必要进行果面清洗消毒,以保证产品的洁净卫生。常用的杀菌防病洗果剂主要有以下几种:

酸性洗果剂：如盐酸1%，对苹果、梨有防病作用。

氧化溶液：如次氯酸钠3%，可以杀灭真菌。

其他洗果剂：硼砂3%~8%；月石洗涤剂5%；醋酸铜1.5%，均可保护伤口，杀灭细菌。

华中农业大学用月石液洗果，有效地防止了柑橘果实上大部分青霉病的发生，且比欧美用的硼砂或碳酸钠洗果效果更佳（郗荣庭，1999）。月石的主要成分是硼砂（约含62%），另有少量可溶性铁和其他物质。日本多用甲东洗涤剂洗果，效果良好，其主要成分为蔗糖、脂肪酸脂、柠檬酸钠、丙烯乙二醇等。

理想的洗果消毒剂必须是可溶于水，具有广谱性，且长时间保持活性；对果实无药害，不影响可食风味，对食用者无毒性残留；成本低廉。

②果实分级。果实分级是根据果实的大小、重量、色泽、形状、成熟度、病虫害及机械损伤等情况，按照国家规定的内销与外销分级标准，进行严格挑选、划分等级，并根据不同的果实，采取不同的处理措施。通过分级，可使果品规格、质量一致，实现生产和销售标准化。在分级前，应先经过初选，把病虫果、畸形果、小型果和机械损伤果全部拣出。

a. 分级标准。在国外，等级标准分为国际标准、国家标准、协会标准和企业标准；在我国，以《中华人民共和国标准化法》为依据，将标准分为四级：国家标准、行业标准、地方标准和企业标准。

b. 分级方法。各国均采用人工分级与机械分级相结合的方法。我国外销果品，先按规格要求进行人工挑选分级，再用果实分级机或分级板按果实横径分级。分级板是长方形木板、塑料板，上有直径不同的圆孔，根据各种果实大小决定最小和最大孔径，依次每孔直径增加5 mm，分出各级果实，人工分级效率较低，不适于大规模商品性生产和销售。

c. 分级机。目前使用的各种分级机一般是根据果径大小进行形状选果或根据果实重量进行选果。

Ⅰ. 果实大小分级机。用于蜜柑的选果机，是根据旋转摇动的类别分为滚动式、传动带式及链条传送带式3种。果实大小分级机具有构造简单，提高效率等优点，缺点是对于果皮不太耐磨的果实容易产生机械伤。但采用塑胶传递带的分级机，则无此缺点，可用于苹果等果实分级。

Ⅱ. 果实重量分级机。按衡重的原理分为摆杆式及弹簧秤式两种，果实在传递带上传动中，依重量不同分别落入不同的容器中，由此而分成不同等级。它适用于梨、柠檬、枇果等不正形的果实。

Ⅲ. 光电分级机。一些发达国家近年应用光电分级机，对柑橘、苹果等果实进行分级。它可根据果色和重量等逐个确定等级，工作效率很高，可以在短时间内进行大量果实分级处理。

③果实涂蜡。目前，美国、日本、意大利、澳大利亚等国生产的柑橘、苹果、梨等果实在出售以前，都进行涂蜡处理，提高果实品质和商品价值。我国对部分外销柑橘、苹果果实涂蜡，同样收到了良好效果。

a. 涂蜡的种类。蜡的配方是用合成或天然的树脂如甘蔗蜡、巴西棕榈蜡、热塑的帖烯树脂、虫胶、松香等为原料，用三乙酸和油酸作为乳化剂，在配方中常加入适量的杀菌剂，以抵抗微生物侵袭。用作涂蜡原料的种类较多，不同树种和国家使用的类型也不尽一致。我国多采用虫胶乳剂，试验结果表明，用国产虫胶涂蜡与日本水果蜡有相同效果。国外涂蜡原料主要有蜡胶乳剂、明胶乳剂、淀粉乳剂、高蛋白乳剂等。在选择涂蜡原料时，应尽量使用水溶蜡乳剂，它比易燃的溶剂蜡使用安全。

b. 涂蜡的方法。可以分为人工涂蜡和机械涂蜡。人工涂蜡是将洗净、风干的果实放入配制好的蜡液中浸透（30~60 s）取出，用蘸有适量蜡液的软质毛巾将果面的蜡液涂抹均匀，晾干即可。机械涂蜡是将蜡液通过加压，经过特制的喷嘴，以雾状喷至产品表面，同时通过转动的马尾刷，将表面蜡液涂抹均匀、抛光，并经过干燥装置烘干。机械涂蜡效率较高，涂抹均匀，果面光洁度好，果面蜡层硬度易于控制。

(2) 产品干燥

有些经济林产品以干制品进行贮藏、加工、销售，因此，采后需尽快进行干制。干制方法主要有自然干制和人工干制。

①自然干制。利用自然条件如太阳辐射、热风等使经济林产品干燥，包括晒干和风干。自然干制，一般包括太阳辐射的干燥作用和空气的干燥作用两个基本因素。太阳光的干燥能力和原料水分蒸发的速率，主要取决于照射到经济林产品表面的辐射强度，通过对晒场位置的选择、晒制管理上加以注意，如选择晒场要有充分的阳光照射，尽量获得最长照射时间，还可将晒帘或晒场的地向南面倾斜与地面保持15°~30°的角度，提高晒干品表面所受到太阳辐射强度。

自然干制简便易行，仅需要晒场和简陋的晒具，管理粗放，生产成本低，群众有丰富经验。但是，自然干燥速度缓慢，产品的质量变化很大，也不易干制到理想的含水要求。并且受气候的限制，常常因阴雨天气致使产品大量腐烂损失，还因产品的霉烂变质而造成环境污染和影响人体健康。

②人工干制。人工干制是人工控制脱水条件的干燥方法。不受气候条件的限制，可大大加速干制速度，缩短干制时间，降低腐烂率。及时而迅速地进行人工干制可以获得高质量的产品，提高产品的等级和商品价值。但人工干制需要干制设备，加上必要的附属用房和能源消耗等，成本较高，技术比较复杂。

现在采用的人工干制的方法很多，有烘制、隧道干制、滚筒干制、泡沫干制、喷雾干制、溶剂干制、薄膜干制、加压干制、冷冻干制、微波干制等。需根据经济林产品要求不同，采取适当的干制方法和适宜的干燥条件。金银花微波杀青烘干法所得成品外观饱满，气味浓郁，色泽碧绿，绿原酸含量明显提高，较烘干法高出约1倍；核桃人工干燥温度控制在43 ℃。

本章小结

加强经济林产品器官的管理，对提高经济林器官的商品性状和价值，增加经济收益具有重要意义，也是实现优质、丰产、稳产和壮树的重要技术环节。经济林器官管理，主要指直接用于花、果实等器官上的各项促进或调控技术措施。在生产实践中，既包括生长期中的花、果等器官管理技术，又包括采后的商品化处理。合理负载量既可保证当年产品器官的数量、质量和最好的经济效益，又不影响翌年必要器官的形成，同时还可维持当年健壮树势并具有较高的贮藏营养水平。花果数量的调节包括确定合理负载量、保花保果、疏花疏果。果实管理包括通过人工辅助授粉、合理留果量、应用植物生长调节剂和适当延迟采收等措施增大果个、端正果形；创造良好的树体条件、果实套袋、摘叶和转果、树下铺反光膜和应用植物生长调节剂等措施增进果实着色；果实套袋、合理施用农药和其他喷施物、喷施果面保护剂、减轻生理病害、适当晚采和洗果等措施保持果面光洁。不同器官、不同用途的经济林产品采收时期不同；采收方法可分为人工采收和机械采收；果实采后处理包括洗果消毒、果实分级、果实涂蜡等；产品干燥方法有自然干制和人工干制。总之，合理负载量是经济林丰产、稳产、优质的基础，科学的果实管理是提高果实品质的重要途径，适时采收及合理的采后处理是提高经济林产品商品率和商品价值的重要手段。

思考题

1. 如何调节经济林花果数量？
2. 经济林果实管理有哪些内容？
3. 不同用途经济林器官的采收时期有何不同？
4. 简述经济林器官管理方法的趋势？

第 10 章

经济林设施栽培

经济林设施栽培是露地栽培的特殊形式，是采取人工干预方式，创造具有环境调控与保护功能的设施进行经济林生产，人为调控经济林产品成熟期，延长鲜果供应期和进行反季节供应。随着设施园艺装备、材料升级速度加快及经济林矮化密植栽培技术的推广，果品淡季供应的超高效益，使设施经济林产业迅速发展，已成为经济林集优质、高产、高效、安全为一体的高效产业之一。

10.1 经济林设施栽培概述

10.1.1 经济林设施栽培概念及作用

(1) 设施栽培概念

经济林设施栽培是指根据经济林的生长发育特性，利用特定的栽培设施，创建人工生长环境，应用多样化手段，避免自然环境对经济林栽培种类、生长条件及周期的影响，使经济林在不同气候条件下、不同季节维持良好的生长状态，达到特定生产目标的栽培技术。它是现代工程技术、环境控制技术、信息科学技术和经济林生产技术的有机结合，是一种人工可控性经济林生产模式。

(2) 设施栽培的作用

①提高农业资源和能源的利用效率，生产效益高。设施栽培生产过程不受或很少受自然条件的制约，果品反季节销售，经济效益高。其次可在沙荒地、砂石地、盐碱地等非耕作地区或庭院、坡地建立温室、大棚来发展经济林，有利于发挥其高产、优质、高效和可持续经营的优势，使单位土地生产效益大幅提升。

②增加农民收入，提升林业从业人员的科技素质。设施栽培属于劳动密集型生产模式，大多在冬春季节生产，解决了农村冬季剩余劳动力就业，增加了农民收入。其次，设施栽培是技术密集型产业，技术的推广和装备的应用全面提升了林业从业人员的科技素质。

③扩大经济林适栽范围，调控产品成熟期。通过设施栽培，人为控制环境，使不能在露地完成生育期的极晚熟品种和南方树种(如香蕉、柑橘、火龙果、菠萝等)能正常在北方栽培。北方落叶经济林树种鲜果供应期多在 6~10 月，但在设施栽培情况下，可以人为调

控产期,使鲜果成熟期提前到3月或延后到11月至翌年2月。

10.1.2 经济林设施栽培概况

(1)国外设施栽培概况

经济林设施栽培始于17世纪末法国温室柑橘栽培,以后逐步扩大到葡萄及其他树种。20世纪中叶,随着塑料工业的发展,国外设施经济林栽培发展迅速,特别是日本、韩国、加拿大、美国、荷兰、意大利等国家,尤以日本发展最快。从1976年开始,几乎所有的树种在日本都可以设施栽培,日本和韩国在设施专用品种选育、设施环境控制、营养液配方研制和植物工厂等方面都处于亚洲领先地位。近年来,国外经济林设施栽培发展呈现如下特点(束胜等,2018)。

①单体温室大型化,结构轻简化。由于大型温室具有省投资、土地利用率高、室内环境控制相对稳定、节能、便于机械化作业和产业化生产等优点,发达国家在建造温室时,普遍趋于大型化、规模化。

②低碳节能、环境友好型技术贯穿生产过程。日本、欧美等国家将光伏发电与设施生产结合起来,研发出光伏农业技术。欧美国家对锅炉群工作时排放的高温烟气进行收集转换、储存,用于冬季温室加温。日本、荷兰、美国等发达国家大力发展新型节能LED代替普通光源技术,已广泛应用于温室补光。

③设施控制自动化、管理智能化。发达国家设施园艺以物联网技术为核心,集传感器技术、计算机网络和移动网络技术,设计了温室智能控制系统,实现了对温室内温度、光照、水分、营养和CO_2浓度及设施装备的自动化控制。

④新材料、新装备研发。在温室覆盖材料方面,研发了多元的聚碳酸酯、聚乳酸等生物可降解的改性材料、漫反射玻璃等新型覆盖材料。意大利利用相变材料吸放热的特点,将相变材料应用于温室集热器中,优化了集热器系统。

⑤专用品种的选育。设施专用品种选育是保证设施栽培优质高产的前提,发达国家非常重视设施栽培专用品种的选育,各国根据不同地区实际情况,有针对性地选育出适合该地的设施专用品种。

(2)国内设施栽培概况

我国经济林设施栽培始于20世纪50年代初期,到80年代末期和90年代中期开始快速发展。在山东、辽宁、河北、河南等省早春光照资源丰富的地区,桃、葡萄、樱桃、杏、李等多个树种已成功栽培。21世纪初至今,经济林设施栽培区域进一步扩展、树种不断增多,并随着设施栽培水平的不断提高,设施栽培在林果业种植中得到了广泛应用,呈现出如下特点(高东升等,2016)。

①设施栽培树种多。经济林设施栽培以葡萄和核果类为主,南方热带和亚热带树种也有部分规模。栽培获得成功的树种有葡萄、桃(油桃、普通毛桃、蟠桃)、杏、樱桃(中国樱桃、西洋樱桃)、李、柑橘、无花果、早熟梨、枣、番石榴、佛手、人参果、桑葚、榴莲、火龙果等,葡萄、桃、杏、樱桃栽培面积较大,其他树种相对较少。由于新品种的不断培育和引进,一批设施专用品种开始在设施经济林生产中应用,如'春蕾''龙丰''艳光''华光'等桃品种,'红灯''美早''先锋''早红宝石'等大樱桃品种,'乍娜''京亚'

'京秀''红地球'等葡萄品种,'金太阳''凯特''红丰''新世纪'等杏品种,'大石早生''早红玉'等李品种。

②生产地域范围较广。北方各省市均有经济林设施栽培,形成了山东、辽宁、河北、宁夏、甘肃、北京、内蒙古、新疆等较为集中的设施栽培产区。此外,安徽、北京、陕西、山西、河南等地也有较大面积的生产。

③技术日趋完善。葡萄、桃、李、杏、中国樱桃等树种设施栽培技术已经达到露地栽培的技术水平。葡萄、桃、杏、李、中国樱桃的"四当"生产(当年定植、当年促花、当年扣棚、当年丰产),葡萄的一栽多年制,西洋樱桃大树丰产等技术已普遍推广应用。基质栽培、限根栽培、预备苗培养、人工破眠、CO_2施肥等经济林设施生产特有的工程技术体系逐步完善和应用,生产自动化、智能化程度逐渐提高。

④肥水、病虫害管理水平不断提高。随着膜下滴灌、肥水一体化、配方施肥等先进技术的应用,肥水利用率大大提高,减少了环境污染。通过地面覆膜增温控湿,树体悬挂糖醋液、性诱剂、粘虫板等物理、生物措施及应用烟雾剂熏蒸为主的化学防治方法,有效地控制了病虫危害,减轻了对化学药剂的依赖。

10.2 设施栽培模式及栽培设施

10.2.1 经济林设施栽培模式

(1)促成栽培

促成栽培是指在未进入休眠或未结束自然休眠的情况下,人为控制进入休眠或打破自然休眠,使经济林提早进入或开始下一个生长发育期,实现果实提早成熟上市。这种生产模式是当前经济林设施栽培的主要模式,在葡萄、桃、甜樱桃、杏上已成功应用。

(2)延迟栽培

延迟栽培也叫延后栽培,是通过选用晚熟或极晚熟品种和抑制生长的手段,使经济林推迟生长和果实成熟,实现果实在晚秋或初冬上市,在葡萄、桃上应用较多。

(3)促成兼延迟栽培

促成兼延迟栽培是指在日光温室内,利用葡萄具有一年多次结果习性,实行一年两熟的栽培模式,生产上应用较少。例如,在人为控制下打破葡萄休眠,使葡萄一年结两茬果,第1茬果在4月下旬至5月上旬采收,第2茬果在12月至翌年1月采收(韩淑英等,2018)(码10-1)。

码10-1 葡萄一年两熟栽培

(4)异地栽培

异地栽培是指不受地理经纬度和经济林自然分布的制约,在不适于自然生长的地区栽培,实现南果北移,如火龙果、柑橘、香蕉已成功实现在我国北方地区栽培。

(5)避雨栽培

避雨栽培是一种防雨的保护措施,设施结构类似离地的拱棚。避雨栽培适合于长江流域春季梅雨地区和我国北方7~8月果实成熟期多雨的地区,可以减少病果和裂果,取得优质高产。

10.2.2 经济林栽培设施

目前用于经济林设施栽培的设施类型很多,生产上按照设施结构不同分为塑料大棚、日光温室与现代化温室3类。现代化温室自动化程度高,环境调控能力强,建造成本高,现阶段我国经济林栽培设施主要是塑料大棚和日光温室。

10.2.2.1 塑料大棚

塑料大棚是利用竹木、水泥、钢筋、钢管等做骨架材料,上面覆盖塑料薄膜建造而成。由于塑料大棚白天增温快,夜间的保温性仅次于玻璃温室,并且造价低,可装拆,使用方便,主要用于经济林的促成、半促成栽培,其经济效益远远高于露地栽培。

(1)塑料大棚的类型

塑料大棚按照屋顶形状分为拱圆形、屋脊形;按覆盖形式分单栋大棚和连栋大棚;按照骨架材料不同分为竹木结构和钢架结构等。下面主要介绍竹木结构和几种钢架结构类型。

①竹木结构大棚。多以竹木为拱杆建造的大棚。建造容易,成本低,经济适用。是目前我国大棚促成栽培的主要设施类型之一。其基本结构包括立柱、拱杆、拉杆、吊柱、棚膜、压杆(或压膜线)、地锚等。一般跨度为12~14 m,以4~8 cm粗的竹竿为拱杆,拱杆间距0.8~1.0 m,每一拱杆由6根立柱支撑,立柱多为水泥柱,粗度为8~10 cm,纵横直线排列。中间立柱最高,向两侧逐渐变矮,形成自然拱形。

②钢架结构大棚。钢结构大棚的拱架由钢筋、钢管或两种结合而成,可焊接或用连接固定构件做成三角形拱架或拱梁,无支柱,操作方便(码10-2)。如装配式镀锌钢管塑料大棚、焊接钢结构大棚、新型大跨度非对称塑料大棚、双膜塑料大棚、新型大跨度塑料大棚等。

码10-2 钢架结构塑料大棚

③镀锌钢管装配式大棚。这种结构的大棚骨架,其拱杆、纵向拉杆、端头立柱均为薄壁钢管,并用专用卡具连接形成整体,所有杆件和卡具均采用热镀锌防锈处理。大棚跨度4~12 m,肩高1.0~1.8 m,脊高2.5~3.2 m,长度20~60 m,拱架间距0.5~1.0 m,纵向用拉杆连接固定成整体。可用卷膜机卷膜通风、保温幕保温、遮阳幕遮阳和降温。

④焊接钢结构大棚。大棚的拱架是由钢筋、钢管或2种结合焊接而成,上弦用16 mm钢筋,下弦用12 mm钢筋,纵拉杆用9~12 mm钢筋。跨度8~12 m,脊高2.6~3.0 m,长度30~60 m。纵向各拱架间用拉杆或斜交式拉杆连接固定形成整体,拱架上覆盖薄膜,拉紧后用压膜线或8号铅丝压膜。

⑤大跨度非对称大棚。坐北朝南,东西走向,跨度为17~20 m,脊高5.6~6.0 m,南屋面投影10~12 m,北屋面投影6~8 m,拱架间距1.2 m,在内部屋脊投影处安装一排立柱,间距为6 m;东西山墙采用8 mm厚阳光板,以增加温室的透光性。双层非对称大棚增加内层骨架及覆盖结构,其中内跨为15.52~16.61 m,内高为3.8~5.2 m,长度一般为60~100 m(图10-1)。

⑥大跨度双层内保温塑料大棚。大棚跨度14~20 m,外层高度3.8~5.4m,内层高度为3.0~4.2 m,长度一般为60~100 m。内外两层均为钢骨架结构,并覆盖塑料薄膜。

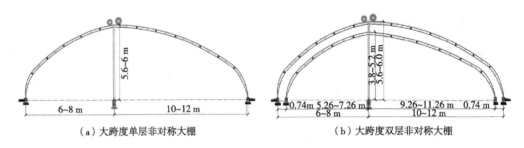

(a) 大跨度单层非对称大棚　　　　　(b) 大跨度双层非对称大棚

图 10-1　大跨度非对称大棚示意图

在内外两层骨架间覆盖自动保温被系统。大棚两端采用 24 灰砖墙体结构建造(付玉芳等，2020)。

⑦大跨度新型全光照越冬大棚。大棚南北向延长，依据地形地貌适当调整。大棚长度以 60~100 m 为宜，跨度以 16~24 m 为宜，脊高 4~6 m，南北两侧墙高 1.2 m，东西山墙高 4~6 m，墙体厚度 0.5 m(图 10-2)。

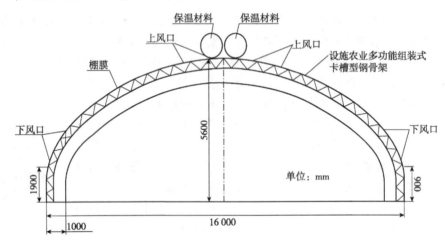

图 10-2　新型全光照越冬大棚

(2)塑料大棚的基本结构和设计要求

①大棚方向。原则上要求南北延长设计建造。这样棚内树木受光均匀，有利经济林生长发育，但也有个别棚受地形所限东西建造的。

②棚间距。南北延长大棚，南北两头的棚间距一般为脊高的 1.7 倍左右，东西两棚间距 2~3 m，以免相互遮阴，便于安装卷帘机。

③长度。大棚长度 50~60 m 居多，新型大跨度大棚一般 60~100 m，超过 100 m 管理不便。

④跨度。跨度为大棚两侧的间距，带外保温材料的大棚一般跨度为 12~16 m，大跨度大棚为 17~20 m。

⑤脊高(矢高)。脊高为大棚最高点距地面的距离，脊高要适中，过高对荷载要求高，保温差；过低影响透光，不利通风降温。一般竹木结构大棚脊高为 2.0~2.7 m，钢结构大棚为 2.8~6.0 m。

10.2.2.2 日光温室

日光温室具有良好的采光、贮热、保温、防寒性能，空间大、操作管理方便，冬季不需要人工加热就能够生产。目前，我国日光温室的类型很多（码10-3），如一斜一立式日光温室、圆拱形日光温室（西北型节能日光温室、双连跨日光温室、光伏太阳能日光温室等）。在圆拱形屋面的基础上，中国农业科学院果树研究所葡萄课题组将温室采光屋面形状由一段弧的圆拱形改为"两弧一直线"三段式曲直形，简称"曲直形"，将温室主要采光屋面的采光效果大大改善（王海波等，2010）（码10-4）。

码10-3 日光温室

(1) 日光温室的类型

① 一斜一立式日光温室。又称一坡一立式日光温室或琴弦式日光温室，起源于辽宁省大连市。跨度为6~7 m，脊高3.0~3.2 m，前屋面下设2~3排支柱，每排间距2 m，前柱高0.8 m，第2排柱高约1.8 m，第3排柱高2.7 m，脊柱高2.7~2.9 m，后墙高1.8~2 m，后坡长1.2~1.5 m，柱间东西间距3~4 m，柱上架设木杆或10~13 cm粗的竹竿，2.5~5 cm钢管作拱架。

码10-4 曲直型日光温室

② 西北型节能日光温室。甘肃省农业科学院根据西北地区气候特征，设计出适合西北地区使用的节能日光温室类型。温室长度50 m，跨度7 m，高度3.8 m，温室间距8 m以上，墙体厚度1340 cm。温室方位角为偏西5°~6°，后屋面仰角为40°。温室骨架材料为镀锌轻型钢管屋架结构，后墙及山墙为干打垒土墙，外包12砖墙，即墙体内外为12砖墙，中间夹1100 cm厚干打垒土墙。例如，甘肃河西地区果树日光温室，墙体为干打垒土墙，内侧砌筑0.24 m厚多孔砖蓄热墙体。后屋面采用20 cm厚双面彩钢聚苯板，建造时聚苯板之间用建筑胶黏结，温室骨架材料选择80 mm×30 mm×2 mm椭圆形镀锌钢管或采用镀锌轻型钢桁架结构，温室前屋面覆盖0 mm EVA长寿无滴膜或0 mm PO膜，秋冬季节，前屋面夜间覆盖复合保温被（宋明军等，2021）（码10-5）。

码10-5 甘肃河西地区果树日光温室

③ 双连跨日光温室。西北农林科技大学设计，其总跨度12 m，前、后跨度各为6 m，设有中柱及天沟，柱距3.75 m。屋面承重结构为热浸镀锌管或轻钢组合拱架结构，墙体为复合聚氯乙烯板夹保温砖墙，后坡用复合聚氯乙烯板保温，采光屋面用轻质卷帘被保温，并配以热水供暖系统及人工通风系统（码10-6）。

码10-6 西北双连跨日光温室

④ 新型大跨度无立柱装配式节能日光温室。温室为东西方向延长，依据地形地貌，正南或偏西5°~7°以内。温室间距以每栋温室互不遮光和不影响通风为宜，保证冬至正午前2 h的阳光能照射到后栋温室的前沿。单栋温室长度以80~120 m为宜。温室跨度以12~15 m为宜，脊高5.0~7.5 m，后墙高4.2 m，山墙高度与脊高一致，厚50 cm（图10-3）。

⑤ 宁夏第三代新型装配式节能日光温室。单栋温室长度以70~100 m为宜。温室跨度以8~15 m为宜，脊高4.0~7.5 m，高跨比为1∶2。前屋面角度一般为31.9°，前屋面的形状为拱圆形。后屋面角度为45°。后墙高3.6 m，山墙高度与脊高一致，厚50 cm（图10-4）。

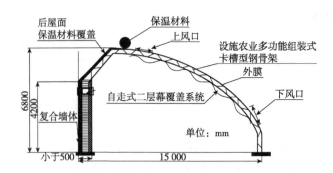

图 10-3 新型大跨度无立柱装配式节能日光温室

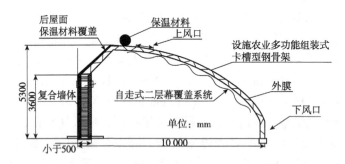

图 10-4 宁夏第三代新型装配式节能日光温室

⑥光伏太阳能日光温室。该温室是一种新型温室，在温室的部分或全部向阳面上铺设光伏太阳能发电装置，类似于传统日光温室，带有保温性能良好的墙体，在采光面上安装有光伏太阳能电池板，如风光互补温室(码 10-7)。

码 10-7 风光互补温室

(2)日光温室的基本结构和设计要求

①方位。一般是坐北朝南。在冬季严寒，早晨雾多、雾大的地区，可以偏西 $5°\sim10°$；冬季早晨不太严寒、雾少的地区可以偏东 $5°\sim10°$，以利用上午较好的阳光。

②相邻温室的间距。南北相邻两栋温室应当保持一定的距离，确保在一天中的大部分时间不会相互遮阴。考虑到揭、盖保温材料的时间，两栋温室间距应保证当地冬至时节 8:00~16:00 不致造成后面温室被遮阴。一般间距≥(温室脊高+0.6)×1.7。

③跨度。跨度是指温室后墙内侧到前屋面南底脚的距离。跨度大土地利用率高，但不易保温，升温速度慢；跨度小易保温，升温速度快，但土地利用率低。我国北方寒冷地区一般以 7~8 m 为宜，大跨度以 8~15 m 为宜，纬度偏南地区跨度可大些，偏北地区小一些。

④长度。长度是指温室东西墙间的距离。温室长度一般 60~80 m，新型温室为 70~100 m。从保温与增温效果分析，较长温室比短温室效果好。但超过 100 m 的温室，各项操作均不便。长度过短，东西山墙遮阴面积比例大，有效面积小。

⑤高度。高度是指温室屋脊(最高处)至地面的垂直距离。跨度确定以后，温室越高，采光面角度大，有利于采光，温度上升快、温度高，但太高，不利于保温，同时增加建造

成本。一般以 2.8~3.5 m 为多,大跨度温室屋脊可达到 4.0~7.5 m,跨度小的矮些,跨度大的高些。

⑥采光面角度。采光面角度影响太阳光进入室内量(透光率),进而影响温室内温度高低和上升速度。据研究,在相同跨度和高度下,采用圆—抛物面组合式采光面透光率最高,圆形和抛物面形采光面居中,一斜一立式和椭圆形采光面最差。考虑到经济林树体较高大,为增加透光率,增加温室中前部空间,采光面底脚处以 60°~70°,中段 30°~40°,屋脊前 10°~20°为宜。

⑦后坡角度与宽度。后坡应保持一定的仰角(后屋面与地面的夹角),仰角小遮阴多。一般仰角应略大于当地冬至正午时的太阳高度角,以保证冬季阳光能照满后墙,增加后墙的蓄热量。后坡面应保持适当宽度,以利保温。但后坡面过宽,春夏秋季室内遮阴面积大,影响后排树木生长。后坡面宽度设计要考虑采光和保温两个方面,冷凉地区后坡投影可短些;严寒地区可长些。一般后坡面投影长度占温室跨度的 20%~25%为宜(码 10-8)。

码 10-8 温室结构角度高度参数

⑧墙体与后墙通风口。包括东、西山墙和北墙。墙体可起到蓄热保温和承重作用。墙体的蓄热保温性对温室的保温性影响最大。目前,我国日光温室墙体建造材料有土质墙体、砖质墙体、聚苯乙烯保温板墙体及异质复合墙体等。在后墙开设通风口是为了更有效地调节设施内的温度,以满足不同时期经济林对温度的要求。如在初冬降温解除休眠时期,夜间可用通风口增加通风量降低温室内温度;7~8 月高温时期,利用后墙通风口通风降温,防止近墙体处温度过高,影响后排经济林木花芽分化等。一般每隔 3 m 左右开设 1 个通风口,距地面高度 1 m,大小 0.06~0.1 m²(码 10-9)。

码 10-9 温室墙体

⑨缓冲间与防寒沟。一般在日光温室的东山墙或西山墙开设一个门,并在门的外面盖一间小房,即为缓冲间,其作用主要是防止冬季的冷空气直接进入温室,造成门口处温度过低。同时可用作临时休息室、更衣室或贮藏室(码 10-10)。

⑩防寒沟。设置防寒沟是为了防止热量的横向流失,提高室内地温。防寒沟一般设在室外,宽度 40~50 cm,深度为当地冻土层厚度,沟内填干草或其他隔热材料。防寒沟要封顶,以防雨水、雪水流入,降低防寒效果。

码 10-10 温室缓冲间

⑪采光膜(棚膜)。按生产原料可分为聚氯乙烯(PVC)棚膜、聚乙烯(PE)棚膜和醋酸乙烯(EVA)棚膜。设施经济林促成栽培主要以冬季生产为主,要求棚膜的透光率高、保温性好,并且有长寿防雾效果。

⑫外保温材料与卷帘机。保温材料包括草帘、保温被等。保温被是近年来开发出的新型保温材料,由几种材料复合而成。内层是厚型无纺布、针刺毡和纤维棉等,外层是经防水、防老化处理的薄型无纺布、防雨绸或镀铝薄膜,保温性好。卷帘机是用于日光温室或大棚自动卷放保温帘的农业机械设备,由卷帘杆、卷帘机主机与支杆组成。

10.3 设施环境特点及其调控

经济林生长发育与产品器官的形成，取决于其本身的遗传特性与外界环境条件。要获得安全、高产、优质的经济林产品，必须实现经济林与环境的统一，使环境条件能更好地符合经济林生长发育的要求。设施栽培是利用特定的栽培设施，人为创建适宜的环境条件来进行经济林栽培，以达到设施生产的目的。因此，了解设施内的环境特点，掌握其人工调控方法，对促进设施经济林高效栽培具有重要意义。设施内影响经济林生长发育的主要环境因子包括光照、温度、湿度、光照、气体成分、土壤等。

10.3.1 光照特点及其调控

(1) 光照特点

设施内的光照条件主要包括光照强度、光质、光照分布、光照时间等，它们互相联系又互相影响，构成了复杂的光环境。

①光照强度。设施经济林栽培最适的光照强度即光饱和点，依树种类型而异。光照强度受地理纬度以及季节、天气、覆盖材料、建筑结构与材料等影响。一般塑料薄膜覆盖条件下透光率只有外界的40%~60%；玻璃温室透光率为60%~70%。光照不足，常常成为冬季设施经济林产品生产的限制因子。

②光质。光质是指照射光中包含不同波长的光，不同波长的光对植物生长发育的作用不同。作物光合作用吸收的光以可见光(380~700 nm)和紫外线(300~380 nm)为主，波长范围为300~700 nm。目前，生产上使用的覆盖材料紫外线透过率普遍较低，红外光透过率也不高，但一般情况下，塑料透光率好于玻璃。

③光照分布。设施内光照分布在空间和时间上存在差异。一天中，中午光照最强，早晚相对较弱；在南北向，中柱以南较强、以北较弱；总光照温室中部强于温室东西两端。

④光照时间。设施内光照时间主要受季节和保温覆盖时间长短的影响。冬至前后日照时间较短。

(2) 光照调控标准

设施经济林栽培主要在冬春季生产，必须重视增强棚(室)内光照。经济林叶片的光饱和点一般为全日照的1/3~1/2，例如，葡萄10 000~30 000 lx，桃、无花果40 000 lx，苹果8600~40 000 lx。光补偿点因树种、叶片位置、叶龄和温度而不同，葡萄300~3000 lx不等，桃、无花果1000~3000 lx，苹果1200 lx。棚室内的光照远远不能满足经济林生长需要，由于光照强度低，会导致枝叶旺长，生理落果严重，果实品质差。

(3) 光照调控措施

针对设施内光照强度弱、光谱质量差、光照时间短的特点进行设施内光照调控。光照调控措施包括：增加自然光照、遮光和人工补光。

①增加设施内自然光照。改善光照措施主要考虑以下几个方面：

a. 棚室的方位。宜选择坐北朝南东西延长建棚，可获得最好的光照条件。

b. 棚架结构。在考虑经济林生长需要、温度湿度便于控制、棚室牢固耐用的情况下，尽量降低棚室高度、减少棚室支架，以利于提高棚室内的光照强度。

c. 采用透光性能好的塑料膜。棚膜最好用无滴膜，可以减少或消除膜上的水滴，增强透光性。及时清扫棚膜上的积雪和灰尘，保持棚膜的清洁。

d. 悬挂反光幕和铺设反光膜。用铝板、铝箔或聚酯镀铝膜作反光幕能增加光照25%左右。在果实成熟前30~40 d 地面铺设聚酯镀铝膜，将太阳直射到地面的光反射到植株下部和中部的叶片和果实上，促使果实着色。

e. 棚膜的使用年限。棚膜在使用中会出现"老化"现象，减弱透光性能，3年以上老化薄膜透光率减少20%~40%。因此，棚膜的使用年限以2~3年为宜。

f. 整形修剪。采用高光效树形，如开心形、圆柱形、"Y"形等。及时修剪，处理旺长枝、直立枝、徒长枝、无用枝等，保持合理的枝条密度（码10-11）。

②遮光。生产上通过遮光来抑制设施内的温度上升，一般用材料为遮阳网。也有的进行温室玻璃或棚膜表面涂白进行遮光降温（码10-12）。

码10-11 经济林的整形修剪

③人工补光。为了促进或抑制花芽分化，或者促进生长需要进行人工补光。常用的人工光源主要有高压钠灯、荧光灯、高压汞灯、弧氙气灯等，冬季补光应在日出后进行，一般每天2~3 h，阴雨天全天补光。随着LED技术不断成熟及制造成本日益降低，LED逐渐被广泛应用于设施栽培各个领域（码10-13）。

码10-12 棚膜越夏喷涂防晒剂

10.3.2 温度特点及其调控

(1) 温度特点

①气温特点。设施内白天气温的变化以太阳辐射强度为转移，变化趋势与露地相似。日出后，随太阳辐射强度增强气温逐渐上升。密封条件下，8:00~11:00室温上升最快，每小时上升5~10 ℃，最高气温出现在13:00左右，14:00后开始下降，日落前下降最快。带有保温材料的日光温室或大棚，下午放帘后温度可回升1~3 ℃，以后逐渐下降，到第2天起帘时温度降至最低。夜间温度的高低主要取决于设施的密封性、保温性、储热能力、白天的储热量及夜间的室外温度。

码10-13 葡萄LED灯补光

温室内不同部位的温度也有差别，从垂直分布看，随高度的增加而上升，上部白天升温快，夜间降温快，而下部正好相反。从水平分布看，距北墙3~4 m处温度最高，由此向北、向南呈递减状态。

在前沿附近和后坡之下，气温梯度较大，可达1.6 ℃。白天南高北低，夜间则北高南低。在东西方向上，西部上午升温又快又早，12:00达到最高温度，下午由于西山墙遮阳，降温较早，到放帘时比东部低2 ℃左右，第2天揭苫时，比东部低2~3 ℃，冬季应加强西部的保温工作；左右近门端气温低于无门的一端。

②地温特点。温室内地温的变化趋势与气温相同，只是较气温变化缓慢，但较露地变化幅度大。就温室内地温分布来看，不论水平分布、垂直分布都有差异。南北方向地温梯度明显，以中部地温最高，向南、向北递减，前底脚附近比后屋面下低。东西方向上地温

差异比南北方向上小，但在进口处（西北角）形成一个扇形低温区。地温晴天日变化大，阴天日变化小。在一天中地温的最高值和最低值出现时间随土壤深度不同，5 cm 地温最高值出现在 13:00，10 cm 地温最高值出现在 14:00 时，最低值出现在揭开草苫之后。所以一天中 8:00~14:00 为地温上升阶段；14:00 至翌日 8:00 为地温下降阶段。

(2) 温度调控标准

①气温控制标准。经济林在露地栽培条件下，从萌芽至开花，气温有一个渐进的升高过程，见表 10-1。设施栽培如果忽视这一过程，升温速度太快，花前和花期温度过高，会导致坐果率下降等影响。设施栽培的核果类和浆果类树种，除葡萄外，萌芽期和开花期适宜温度均较低，且萌芽期气温升高有一个循序渐进的过程，如桃树从升温到开花期需要 35~45 d。

表 10-1 桃树升温及花期温湿度标准

时间	白天最高温度(℃)	夜间最低温度(℃)	空气相对湿度(%)
前 5 天	13	0	80
前 6~10 天	14~16	2~3	80
第 11~20 天	16~18	3~4	80
第 21~30 天	18~20	4~5	70
第 31 天至花前	20~23	5~6	60
初花期	19~21	6~7	50
盛花期至授粉期	18~20	6~7	50

注：引自毕秋会，2015。

设施栽培创造了经济林木先于露地生长的温度条件，其调节的适宜与否决定着栽培的其他环节。一般认为设施温度的管理有以下几个关键时期：萌芽期、开花期、果实膨大期和成熟期，见表 10-2。

表 10-2 经济林设施栽培气温调控标准　　　　　　　　　　　　　　　　单位：℃

树种	萌芽期		开花期		果实膨大期		成熟期	
	白天	夜间	白天	夜间	白天	夜间	白天	夜间
桃	11~18	>6	14~17	>5	15~25	10~15	25~30	15~17
李	12~18	>3	14~20	>5	18~25	10~15	22~28	10~15
杏	10~15	>5	12~18	7~8	12~28	10~15	22~30	10~15
樱桃	18~20	2~6	20~22	5~7	12~24	10~12	22~25	12~14
葡萄	23~25	7~8	25~28	14 左右	28~30	15~17	28~32	15~17
枣	15~18	5~8	25~35	15~20	25~30	15~20	25~30	15~20

注：引自张安宁，2010。

②地温控制标准。设施栽培中，经常发生扣棚初期棚内气温陡然上升，地温上升缓慢的情况，导致地上部、地下部生长发育不协调。应在扣棚前 20~30 d，灌水覆膜至扣棚升温时，地温预先上升到 12~13 ℃，使根系能先于地上部活动，符合经济林生长发育规律。升温后土壤温度管理标准可参照经验指标，即设施内昼、夜气温的平均值即为适宜地温，

如白天气温 20~22 ℃，夜温 6~7 ℃，则适宜土温为 13~15 ℃。这一标准在各物候期均适用。

(3) 温度调控措施

温度调控包括设施内气温、地温两个方面。气温调控主要包括保温、加温、降温 3 个方面；地温调控主要是指如何提高地温，调控措施有起垄栽培、早期覆盖地膜、建造地下火炕等。

①保温措施。有以下几点：

a. 选择适宜的覆盖材料。一般来说，适宜厚度的覆盖材料，夜间保温效果明显。

b. 设置防寒沟。阻止棚内土壤中热量横向散出。

c. 适时揭盖草帘、保温被。一般在早晨阳光布满整个棚面时即可揭开，在极端寒冷或大风天，要适当晚揭早盖，阴天也应适时揭草帘或保温被，否则棚室气温会下降。

d. 多层覆盖，减少热量损失。多层覆盖是最有效、实用、经济的方法。在室内加小拱棚双层覆盖或采用保温幕帘等，对减少热量散失有良好效果（码 10-14）。另外，也可以用充气式温室大棚保温被保温。

码 10-14 双层覆盖

②加温措施。通过火炉、电热、热风炉加温：

a. 火炉。包括永久性的砖砌地炉和临时加温用的铁炉，其燃料为一般烟煤，使用时要注意通风，以免发生一氧化碳（CO）或二氧化硫（SO_2）中毒。预热时间长，烧火费劳力，不易控制。

b. 电热加温。用电暖风和电热温床线加热采暖，预热时间短，控制性好。

c. 热风炉。该设施通过输送加热后的空气来提高棚室内的温度，预热时间短、升温快、易操作、性能较好。但要注意出风口不要直接对准树体，以免高温烤伤树体。

③降温措施。有通风换气和喷淋降温：

a. 通风换气降温。包括自然通风和强制通风，自然通风采用上下两排放风口降温时，其上风口距地面 2 m 左右，下风口距地面 1 m 左右，上下风口同时开放，效果明显，但注意通风降温顺序先放顶风，再放底风，最后打开北墙通风窗进行降温；强制通风换气时要尽量使室内空气流速均匀，避免冷空气直吹树体，损伤嫩叶。

b. 喷淋降温。设置喷淋装置，喷水、喷雾降低室温。

④地温调控措施。在设施内主要是通过调控使地温和气温协调一致，避免或减轻核果类果树"先芽后花"现象发生，以利于开花坐果。主要通过起垄栽培、早期覆盖地膜（一般于扣棚前 30~40 d 覆盖）、建造地下火炕或地热管和地热线等措施提高地温。

10.3.3 湿度特点及其调控

(1) 设施内的湿度特点

①空气湿度。设施内空气的绝对湿度和相对湿度一般均大于露地。通常绝对湿度随棚内温度升高而增加，随温度降低而减小；相对湿度随棚内温度的降低而升高，随温度升高而降低。空气相对湿度夜间大于白天，低温季节大于高温季节，阴天大于晴天。浇水前小，浇水后大。放风前大，放风后下降。一般晴天白天空气相对湿度为 50%~60%，夜间达 90% 以上，接近饱和；阴天白天可达 70%~80%，夜间高达 100%，达到饱和状态。在

一天中,空气相对湿度在揭苫后十多分钟最高,以后随着温度的升高逐渐下降,13:00~14:00降到最低,以后逐渐上升。盖苫后很快升高,夜间高且变化小。

②土壤湿度。设施内因封闭水分蒸发和蒸腾量较小,使土壤水分消耗减少,土壤湿度较大,但设施内土壤湿度一般比露地稳定,通常设施四周和加温设备附近土壤湿度小,中间部分土壤湿度大。

(2)湿度调控标准

开花期是空气湿度调控的关键时期。花期如湿度过大,则花粉黏滞、扩散困难;如湿度过小,柱头干燥,不利于授粉受精,因此花期湿度一般应控制在50%左右。经济树木各物候期对空气湿度要求不同。果实发育期如湿度过大,易引起新梢徒长,影响光照,且争夺营养,造成生理落果,应控制在60%左右。萌芽期湿度稍高有利于花芽萌发,可控制在80%左右。根据露地栽培湿度条件和设施经济林生产调查结果,主要经济林树种不同物候期空气相对湿度调控标准见表10-3。

表10-3 主要经济林树种不同物候期空气相对湿度调控标准　　　　单位:%

树种	萌芽期	开花期	果实膨大期	成熟期
桃	80左右	50~60	<70	<70
李	<80	45~55	50~60	50~60
杏	<80	44~45	50~65	50~60
樱桃	70~80	50~60	60左右	50
葡萄	70~80	60~65	70	60~65
枣	70~80	70~85	30~40	<60

注:引自张安宁,2010。

(3)湿度调控措施

设施内湿度的调控包括增加、降低空气湿度和土壤湿度。有以下几方面。

①浇水、喷水。灌溉可增加土壤水分和空气湿度,土壤的灌水期和灌水量,主要依据经验,综合考虑土壤墒情和植株生长发育状况来确定。喷水、喷雾也可增加空气湿度。降低土壤含水量和空气湿度,要控制浇水,减少土壤水分蒸发从而降低空气湿度。

②地面覆盖。覆盖地膜或无纺布等,利于保持土壤水分,控制土壤水分蒸发,降低空气湿度。

③放风。保持空气湿度,需控制放风。降低空气湿度时,要注意放风排湿,特别是灌水后更要通风。

④中耕松土。地面无覆盖时,灌水后适时中耕松土,以减少水分蒸发,保持土壤水分,降低空气湿度。

10.3.4 CO_2特点及其调控

(1)设施内CO_2特点

在自然条件下,大气中CO_2的含量为300~400 μL/L。设施栽培与外界空气交换较少,

内部 CO_2 条件与外界有较大差异。由于夜间植物、土壤微生物呼吸和有机质分解，室内 CO_2 不断积累，早晨揭苫前浓度最高，超过 1000 μL/L。揭苫后随着光合作用的进行 CO_2 浓度迅速降低，有时在见光后 1~2 h，设施内的 CO_2 能下降到补偿点以下。通风前 CO_2 浓度达到一日中最低值。通风后外界空气进入室内，CO_2 得到补充，但仍比室外大气中的浓度低。中午，由于光照充足，光合作用旺盛，CO_2 浓度继续下降，至 16:00 左右，室内 CO_2 浓度始终低于外界，16:00 后，植物光合作用逐渐减弱，CO_2 浓度开始回升，至日出前升到最高峰。

(2) 设施内 CO_2 调控标准

从光合作用角度考虑，接近饱和点的 CO_2 浓度为最适施肥浓度，但 CO_2 饱和点受到树种、环境等多因素制约，在实际操作中难以把握。通常将 700~1500 μL/L 作为多数作物的推荐施肥浓度，具体依作物种类、生育时期、光照和温度等条件而定。CO_2 调控主要指用人工方法补充 CO_2，供经济林树木吸收利用，通常称为 CO_2 施肥。在能够控制用量的情况下，一般日出后 0.5 h 左右施用。具体时间：11 月至翌年 1 月为 9:00，1 月下旬至 2 月下旬为 8:00，3~4 月为 6:00~7:00。通风降温时，应在放风前 0.5~1.0 h 停止施用。遇寒流、阴雨天、多云天气，因气温低、光照弱、光合作用低，一般不施用。不同长势和不同物候期，叶光合能力不同，需 CO_2 量也不同，叶幕形成后、旺盛生长期、产量形成和养分积累期需 CO_2 量大。CO_2 浓度不能过高，过高时气孔开启较小，蒸腾作用减弱，叶内的热量不能及时散放出去，体内温度高，容易导致叶片萎蔫、黄化和落叶，造成 CO_2 中毒。此外，还会因叶片内淀粉积累过多，使叶绿素遭到损害，反过来抑制光合作用。CO_2 浓度过高时，注意放风调节。

(3) 设施内 CO_2 调控措施

①施有机肥。我国目前补充 CO_2 比较普遍的方法是在土壤中增施有机肥，1 t 有机物最终能释放出 1.5 t CO_2。

②生物反应堆。设置生物反应堆，利用有机质腐烂分解产生的 CO_2 供应设施。

③施用液态 CO_2。用工业副产品 CO_2 加压灌入钢瓶，通过压力调节器、时间控制器和电磁阀等控制释放。此法操作简便，浓度易控制，扩散均匀，经济实用，但必须有货源及时供应，一般 CO_2 纯度要求在 99% 以上。

④燃料燃烧。通过燃烧白煤油、气体燃料、燃烧煤和焦煤等燃料产生 CO_2 气体送入温室中，在产生 CO_2 的同时，还释放出热量加热温室。

⑤设施工业 CO_2 气肥自动布施系统。该装置为储存、释放、布施与检测控制一体化的 CO_2 气肥自动布施装置，借助管道输送，可自动控制使用量和时间 (码 10-15)。

码 10-15 工业 CO_2 施肥装置

10.3.5 土壤特点及其调控

(1) 设施内土壤特点

①土壤营养失衡。设施内地温、水分含量相对较高，土壤中微生物活动比较旺盛，加快了养分分解、转化速度，如果施肥量不足或没有及时补充肥料，就会引起树体缺素症状。过量施用肥料会引起营养过剩，树体被动吸收导致体内各种养分比例失调，甚至出现毒害。

②土壤盐分浓度大。在设施条件下环境密闭，自然降雨淋溶作用减轻，浇水次数频繁，地势低洼，地下水位升高，化肥施用量大等，使土壤耕层内积蓄大量盐分而不能下渗，造成耕层土壤板结盐化。

③土壤中病原菌聚集。设施连作栽培导致对树体有害病原菌不断繁殖、积累；同时由于设施内环境比较温暖湿润，也为一些土壤病虫害提供了越冬场所，土传病虫害严重。

(2) 设施内土壤调控措施

①防止营养失调。增施有机肥，全面补充营养，且养分释放缓慢，不会发生养分过剩危害；定期测量土壤中养分含量，结合树体需肥规律确定是否施肥及施肥量，避免盲目施肥。

②防止土壤积盐危害。土壤盐分积累主要是由于施肥不当和土壤水分向上移动等原因引起。设施内灌水应浇足灌透，将表土积聚的盐分下淋，以减轻根系盐害；另外通过覆盖地膜和草等，减少土壤水分蒸发，降低盐分上升速度。

③土壤消毒。在进行大规模经济林设施栽培时，必须进行土壤处理和消毒，这是控制经济林设施栽培病虫害发生，保证高产优质的重要措施。一般于栽植前 5~6 d，温室内壁、门窗等设备都必须消毒，每栋温室每亩可用硫黄粉 0.5~1.5 kg 熏蒸消毒。

10.3.6　有害气体及其调控

(1) 设施内有害气体

设施内的有害气体主要指氨气(NH_3)、二氧化氮(NO_2)、二氧化硫(SO_2)、一氧化碳(CO)、乙烯(C_2H_4)、氯气(Cl_2)等。

(2) 有害气体调控措施

调控任务主要是控制有害气体的量和排除有害气体，具体措施包括：

①通风换气。在适宜温度范围内，加强通风换气，及时排除有害气体。

②合理施肥。施用充分腐熟的有机肥料，少施或不施碳酸氢铵化肥，减少 NH_3 发生；不连续大量追施氮素化肥，减少亚硝酸气体；棚室亚硝酸气体发生危害时，土壤可施入适量石灰。

③用采暖火炉加温。为减少煤燃烧不充分产生的 CO，短时间临时加温可采用燃烧酒精等清洁材料完成。

10.4　经济林设施栽培理论基础及生长发育特点

10.4.1　经济林设施栽培的理论基础

设施环境改变了经济林的生命周期和器官的生长发育周期，进而使其生长发育规律发生了变化。在自然条件下，落叶经济林通过自然休眠后，由于外界环境不适宜于其生长发育而处于被迫休眠状态。设施栽培使经济林顺利通过自然休眠后，人为创造适宜于其生长发育的环境条件，使其提前发芽、开花、结果。或借助设施及配套技术，通过延迟物候期和采收期推迟上市时间。

在促成栽培中，产期受需冷量和需热量共同调节，包含经济林萌芽展叶对温度不同要求的2个重要时期——休眠期和催芽期。经济林进入深休眠后，只有休眠解除即满足品种的需冷量(如使用破眠剂，则有效低温累积满足品种需冷量的2/3即可)才能开始升温，若过早升温会造成萌芽开花延迟、萌芽率低、不整齐、持续时间长等现象。需冷量满足后，一定的热量累积(需热量)是经济林萌芽展叶必不可少的，因此，需冷量和需热量估算的正确与否，对设施经济林产期调节至关重要。

另外，由于设施内环境逆境生理和环境单因子及复合因子的变化规律与露地不同，导致经济林生长发育节律发生了变化。

(1) 低温需冷量及其估算

①低温需冷量。落叶经济林为适应冬季严寒，在进化过程中形成了自然休眠特性，自然休眠所需的有效低温时数或单位数称为需冷量，即有效低温累积起始之日至生理休眠解除之日这一时间段内的有效低温累积。解除休眠所需的需冷量受树种、品种的遗传性决定。近年来，国内外不少学者对许多树种、品种的需冷量进行了研究。一般认为，在0~7.2℃条件下，多数树种200~1500 h可以通过休眠。高东升等(2001)采用犹他加权模型先后对5个树种、65个常见设施栽培经济林品种的需冷量进行了研究，认为葡萄、甜樱桃的需冷量最高，李、杏居中，桃最低。陈登文等(1999)用冷温单位法对39个杏品种低温需求量进行了测定，认为辽宁、新疆、青海、甘肃等地区的品种比陕西关中、河南、山东、山西等地区品种的低温需求量高，陕西南部地区品种的低温需求量最低。姜卫兵等(2005)用冷温小时数法对桃、葡萄和梨3个树种、26个品种的需冷量进行了研究，认为葡萄的需冷量较高(700~1100 h)，桃次之(450~850 h)，砂梨较低(440~700 h)。刘聪利等(2017)对66个甜樱桃需冷量以0~7.2℃模型进行评价，认为国内各甜樱桃栽培区的品种大多属于中需冷量品种，需冷量值主要集中于550~720 h。张川疆等(2019)对不同枣品种需冷量的研究表明，'伏脆蜜''马牙白'等5个品种需冷量较小，其需冷量范围在288~480 h。'骏枣''大灰枣''胎里红''七月鲜''冬枣'等9个品种需冷量较大，范围在576~874 h。'六月鲜''金丝新2号''早脆王'等6个品种需冷量最大(>874 h)。常见落叶经济林树种的需冷量见表10-4。

②需冷量估算。需冷量是受多基因控制的数量性状，目前对经济林解除休眠的需冷量

表10-4 落叶经济林树种解除休眠的低温需冷量

树种	<7.2℃的时数积累值(h)	树种	<7.2℃的时数积累值(h)
苹果	1200~1500	欧洲李	800~1200
梨	1200~1500	中国李	700~1000
核桃	700~1200	杏	700~1000
桃	500~1200	扁桃	200~500
甜樱桃	1100~1300	无花果	200
酸樱桃	1200	美洲种葡萄	1000~1200

注：引自樊巍，2001。

量化研究主要采用低于7.2℃模型、0~7.2℃模型及犹他模型3种评价模式。

a. 低于7.2℃模型。以深秋初冬日平均温度低于7.2℃的日期为有效低温累积的起始日期，常用5日滑动平均值法确定。统计计算标准以打破生理休眠所需的7.2℃低温累积小时数作为树种(品种)的需冷量，7.2℃低温累积1小时记为1 h，单位为h。

b. 0~7.2℃模型。低温累积起始日期同上，统计计算标准以0~7.2℃低温累积小时数作为树种(品种)的需冷量，0~7.2℃低温累积1小时记为1h。

c. 犹他模型。指自然休眠结束时积累的冷温单位(chilling unit，CU)，以秋季负累积低温单位绝对值达到最大值时的日期为有效低温累积的起点，2.5~9.1℃温度打破休眠最有效，该温度范围内1 h为1个冷温单位(1 CU)；1.5~2.4℃及9.2~12.4℃只有半效作用，温度累积1 h记为0.5个冷温单位(0.5 CU)；低于1.4℃或在12.5~15.9℃之间则无效，温度累积1 h记为0个冷温单位(0 CU)；16~18℃低温效应被部分抵消，温度累积1 h记为-0.5个冷温单位(-0.5 CU)；18.1~21℃低温效应被完全抵消，温度累积1 h记为-1个冷温单位(-1 CU)；21.1~23℃温度累积1 h记为-2个冷温单位(-2 CU)(王海波，2017)，见表10-5。

表10-5 温度与冷温单位的转换

温度(℃)	冷温单位(CU)
<1.4	0
1.5~2.4	0.5
2.5~9.1	1.0
9.2~12.4	0.5
12.5~15.9	0
16.0~18.0	-0.5
>18	-1.0

注：引自樊巍，2001。

(2) 需热量及其估算

①需热量。需热量是指从生理休眠结束至盛花所需的有效热量累积，又称热量单位累积量或需热积温。需热量值的大小仍然受外界环境和自身条件的影响。同需冷量一样，不同树种、品种间存在较大差异；同一树种、品种在不同年际、不同地域的需热量值也不尽相同。

②需热量估算。采用2种模型计算。

a. 生长度小时模型。需热量估算用生长度小时(growing degree hours ℃，GDH℃)表示，每1 h给定的温度(T,℃)相当的热量单位即GDH℃，根据下式计算：

$$\begin{cases} 当 T \leqslant 4.5\ ℃时 & \text{GDH}℃ = 0 \\ 当 4.5\ ℃ < T < 25.0\ ℃时 & \text{GDH}℃ = T - 4.5 \\ 当 T \geqslant 25.0\ ℃时 & \text{GDH}℃ = 20.5 \end{cases} \quad (10\text{-}1)$$

b. 有效积温模型。用有效积温估算需热量，单位为D℃(day℃)。有效积温是根据落叶经济林木的生物学零度(经济林木器官开始生长发育的温度)进行计算的。需热量按下式计算(王海波等，2017)：

$$需热量(有效积温) = \sum (日平均气温 - 生物学零度) \quad (10\text{-}2)$$

(3)经济林生长发育节律

设施栽培可以较快地满足经济林对积温的需求，使果实成熟期大大提前；也可缓慢满足其对积温的需求，使成熟期推迟。另外，设施栽培为经济林提供了一个高温、高湿、密封、弱光的环境，与露地栽培相比，经济林生长发育节律发生了很大变化，形成了不同于露地的生长发育特点。另外，由于设施经济林受到低温、高温和 CO_2 亏缺等逆境伤害，管理措施也不一样。

10.4.2 设施环境下经济林的生长发育特点

(1)地上部与地下部的生长特点

经济林根系没有自然休眠，只要条件适宜可全年不断生长。由于受冬季低温的影响，根系被迫进行休眠。根系生长需要的温度比地上部低，一般树种萌芽前根系即开始活动，萌芽前后地上部生长主要依靠根系贮藏的营养，随着开花和新梢旺长，根系生长转入低潮，一年中根系和地上部器官呈交替生长现象。由于设施反季节栽培打破了原有的生长发育规律，根系生长往往滞后于枝梢生长，造成地上与地下不协调，加剧了花果与新梢的营养竞争。因此，设施栽培经济林需要在地上与地下的协调性上进行控制，以达到生产的目的。

(2)物候期特点

落叶经济林在一年中的生命活动，有2个明显阶段，即生长期和休眠期。生长期从萌芽、开花、枝叶生长、花芽分化、果实发育成熟到落叶，落叶后进入休眠期。采用设施栽培使经济林花期提前或延迟，果实上市提前或延后，开花和果实发育物候期与露地栽培有差异，其他物候期也随着发生了相应的变化。设施栽培要根据促成或延迟栽培模式调控生长环境来适应物候变化。

(3)器官的生长发育特点

①叶片变大，叶绿素含量降低。设施栽培条件下，经济林叶片变大、变薄，故叶绿素含量降低，光合效能下降，约为自然条件的70%~80%。

②新梢生长变旺，节奏性不明显。设施条件下，新梢生长变旺，节奏性不明显，节间加长。枝条的萌芽率和成枝力均有提高，揭棚后新梢易徒长，尤其是核果类多数树种夏季"戴帽"修剪后出现旺长，不能起到缓势作用，影响花芽分化。因此采果后，控长保叶、保稳促壮是管理关键。

③花芽分化不完全，花期延长。设施条件下花芽分化不完全，而且分化难；完全花比例下降，花芽质量差，在很大程度上影响了产量的形成；分化时间较分散。单花花期变短，比露天短24~37 h；花期延长，开花不整齐。

④果实发育期延长，品质下降。设施条件下果实发育期延长，加剧新梢生长和果实生长对光合产物的竞争加剧，果实糖含量降低、酸含量增加，畸形果率高，品质下降。

10.5 经济林设施栽培关键技术

10.5.1 树种、品种选择

(1) 树种选择

经济林设施栽培在选择树种时，要考虑树种本身的生物学特性和实际需要。只要生物学特性与环境条件相吻合，就能进行设施栽培。不同的经济林树种其生物学特性差异甚大，如北方落叶经济林和南方常绿经济林，但只要创造树木生长发育的适宜条件，许多经济林树种都可进行设施栽培。但从实际需要看，主要考虑以下2个方面：

①借助设施使季节性强的果品能在水果供应的淡季上市。为满足人们的生活需求，要求季节性强和时令性水果能周年供应，如主要在夏季上市的桃、李、杏、樱桃、鲜枣等果品能常年上市，特别是在冬春季节，以延长果品供应期，提高经济效益。

②选择果实营养价值高，鲜食消费群体大的异地果品在当地保鲜供应，如柑橘、无花果、青枣、石榴、阳桃、枇杷、火龙果、番木瓜、莲雾等南方树种通过设施栽培能在北方生产各种果品，满足北方消费者需求。

(2) 品种选择

设施栽培品种选择应满足以下条件：

①选择果实成熟期不同的品种。促成栽培选用早熟品种，能使果实成熟期提早到春季3~5月；延迟栽培以选择晚熟、极晚熟或多次结果的品种为主，能使果实成熟期推迟到元旦、春节前后。

②休眠期短、需冷量低。休眠期越短，设施升温时间越早，萌芽、开花与果实成熟就越早。果实发育期和休眠期均短的品种超促成栽培，成熟期更早，果实可在春节前上市。

③果实鲜食品质好。设施栽培生产的果品主要用于鲜食，应选择商品性、食用性好的品种。果大、色泽亮丽、营养物质含量高、口感好，或具有特异性的品种。

④花粉量大、自花结实力强、早实丰产。设施内相对湿度较高，要尽可能选择花芽多、花粉量大、自花授粉坐果率高、能连年丰产的品种。必须配置授粉树时，授粉树应选花量大，与主栽品种花期相同，果实成熟期基本一致的品种。

⑤适应性和抗性强。设施内的环境主要表现为，低光照、短日照，易出现极端低温甚至高温现象。因此要选用对弱光、短日照和极端温度抗性强，对光照和温度变化适应性强的品种。另外，冬季生产过程中，为保持设施内的温度适宜，通风换气量较小，设施内的空气湿度大，易诱发病害，要选用抗病性强的品种。

⑥树冠矮小。生长势中庸的品种生长缓和，早期丰产性强，通过使其提早结果，以果压冠，可有效控制营养生长，以适应设施内有限的生长空间。

(3) 常用树种与品种

目前，设施栽培的经济林树种、品种较多，以葡萄和核果类为主（表10-6）。栽培较多的树种有葡萄、桃、杏、樱桃、李、柑橘、无花果、枣、番石榴、佛手等。其中葡萄、桃、杏、樱桃栽培面积较大，其他树种相对较少，还未形成规模化商品生产基地。

表 10-6 设施栽培常用经济林树种及品种

树种	品种
葡萄	87-1、京蜜、京亚、京秀、夏黑、阳光玫瑰、维多利亚、瑞都香玉、瑞都红玉、乍娜、户太 8 号、无核白鸡心、巨玫瑰、玫瑰香、克瑞森无核、魏可、红宝石无核、秋黑、红地球
桃	春雪、春捷、春美、春艳、早露蟠桃、早蜜蟠桃、瑞潘 2 号、朝霞油桃、鲁蜜 1 号、鲁油 1 号、中华冬桃
樱桃	红灯、美早、萨米脱、艳红、先锋、拉宾斯、红鲁比、大紫、水晶、红蜜、早红、宝石
杏	凯特、金太阳、红丰、大棚王、骆驼黄
李	早美丽、红美丽、幸运李子、安格诺、大石早生、玉皇李子、红宝石、黑宝石、黑琥珀
枣	京枣 39、伏脆蜜、骏枣、辣椒枣、大灰枣、胎里红、七月鲜、宁阳圆红枣、冬枣、露脆、新郑铃枣、六月鲜、金丝新 2 号、蜂蜜罐、早脆王、乳脆蜜、灵武长红枣

10.5.2 建园技术

选用优质壮苗、预备苗，合理密植或丛植，用不同方法限根栽培，是设施经济林栽培成功的前提和基础。

(1) 栽植密度

设施经济林栽培目的是尽快获得较高的经济效益，其栽培密度大于露地，新建园应达到 1 年成花，2 年结果，3 年丰产的目标。乔木经济林应南北行栽植，行距 1.2~2.5 m、株距 0.7~1.5 m，葡萄篱架栽植采用南北行，行距 1.5~2.0 m、株距 0.5~1.0 m，棚架栽培采用东西行，温室前面栽 1 行，株距 2.0~2.5 m。

(2) 苗木选择与处理

设施经济林一年一栽制或多年一栽制都要求壮苗建园，且便于更新。葡萄可选用 1 年生苗或营养袋苗。枣树选择地径超过 15 mm 的根蘖苗或嫁接苗。桃、杏、李、樱桃等树种多采用预备苗技术，它是指将苗木预先定植于定植袋或容器中，然后经过育壮促花、圃地整形及容器栽培等配套管理技术，将苗木培育成具有适宜树形和优质花芽充足的壮苗。

(3) 限根栽培

设施栽培因空间有限，要求树体矮化紧凑，以便于密植与调控。而根系是经济林生长发育的重要器官，通过限根栽培调节根系的分布及生长节奏，可以较好地控制地上部生长，促使易花早果。限根栽培方法有 3 种：

①起垄限根。起垄限根有利于树体矮化、紧凑，易花早果，也有利于园地管理与更新。而且，起垄栽培地温上升较快，在扣棚升温时有利于地温与气温协调一致，可有效减轻或避免"先芽后花"的现象发生。具体操作：按适宜株行距挖深 40~60 cm、宽 80~100 cm 的定植沟，回填 30 cm 厚的秸秆杂草后，将足量腐熟优质有机肥与土混匀回填，灌水沉实，最后起栽植垄，垄高 40~50 cm、垄宽 80~100 cm。将优质壮苗或预备苗按株行距定植于垄上。

②沟槽式薄膜限根。在定植前，按适宜行向和株、行距开挖定植沟，定植沟一般宽 100~120 cm，深 40~80 cm。然后在定植沟底和两侧壁铺垫塑料薄膜，并在沟底部挖 1 条

深、宽均为15 cm的排水渠道。回填30 cm厚的秸秆、杂草压实后，将腐熟有机肥与土混匀填至与地表平，再浇透水。起垄限根与薄膜限根结合效果更佳(码10-16)。

③容器限根。即把植株栽植于单个容器中。这在日本、以色列广泛应用。生产中容器限根栽培主要有：陶盆栽培、袋式栽培、箱式栽培和根限器等(码10-17)。

码10-16 沟槽式薄膜限根

码10-17 葡萄容器限根

10.5.3 育壮促花技术

育壮促花技术即在生长前期尽可能促进营养生长、促进树体快速成形，生长后期尽可能控制营养生长，促进足够数量优质花芽形成，是实现经济林设施栽培优质高产的关键。包括前期促长整形技术和后期控长促花技术。

(1) 前期促长整形技术

前期促长整形，主要包括选择适宜树形(主要有圆柱形、丛状形、自然开心形、改良主干形、篱壁形；葡萄篱架采用倾斜、水平龙干树形，棚架采用"T"形和"H"形树形)、摘心扩冠、增施氮肥、强化叶面喷肥(每周喷施1次0.3%尿素+商业叶面肥)及病虫害防治等措施。

(2) 后期控长促花技术

在各种内外部条件达到经济林花芽分化的要求时，控长促花的关键是把握好促花时期。如果促花太晚，则营养生长过旺，影响花芽分化的数量和程度；如果促花太早，则叶面积不足，树体过小，会影响翌年春季产量。一般促花措施于7月上中旬(即花芽生理分化期)开始施行。控长促花的措施主要有外控、内控和化控3种。

①外控措施。包括摘心控旺、拉枝开角。使枝条协调分布，角度适宜，并适当控制二、三次梢生长，摘心促花。

②内控措施。包括控水控氮，增施磷钾肥。从7月中旬~10月上旬每15 d叶面喷1次氨基酸硼和氨基酸钾等光合叶面微肥；每月土施1次专用复合肥，亩用量30 kg，连施3次；9月上中旬每亩施腐熟有机肥5000 kg左右，并适当掺施硼砂、过磷酸钙等。施肥后立即浇透水。

③化控措施。7月上旬叶面喷施300倍PP_{333}或150倍PBO，控长促花，喷施次数视树势而定，一般1~3次即可(王海波等，2007)。

10.5.4 扣棚技术

扣棚是经济林设施栽培温室或大棚管理的开始。扣棚技术主要包括扣棚前的管理、扣棚时间的确定、自然休眠调控和升温时间的确定。扣棚前一般通过冬剪进一步调整树体结构，覆盖地膜使地下与地上部分生长协调。促成栽培扣棚后，前期主要利用设施的保温性、避光性和夜间自然低温进行人工集中预冷处理和化学破眠等打破休眠技术，使经济林木提前解除休眠，提早升温进行促早生产。

延迟栽培是通过延长休眠期和延长果实生长期，以达到延迟果实成熟的目的。一般春季扣棚降温延长休眠期，秋季霜前扣棚延长果实生长期(李志霞等，2020)。

(1) 扣棚前的管理

①地下管理。9月上中旬施基肥，每亩施腐熟有机肥 5000 kg 左右，施肥后浇 1 遍透水，全园覆盖地膜。

②冬季修剪。主要目的是调整树体结构，回缩控冠。疏除过密枝及背上直立旺枝，对发育中庸的发育枝和结果枝可根据枝条生长情况进行不同程度的短截。

(2) 扣棚时间的确定

设施经济林扣棚时间应依设施栽培模式、不同地区秋冬低温来临的时间和设施类型来确定。促成栽培一般在秋末初冬夜温降至 9 ℃ 以下时扣棚。但由于不同地区低温来临早晚不同、设施类型不同，扣棚时间也不同。带有外保温材料的设施，在夜间温度降低到 9 ℃ 以下时扣棚；不带保温材料的设施，可在升温时扣棚。经济林在自然休眠期间，仍进行着一系列的生理生化变化和组织形态分化发育，其中花器官仍进一步充实、发育和分化。超早扣棚加温，没有通过自然休眠，花芽勉强开放，但花不整齐，尤其是花粉生活率大大降低。

延迟栽培扣棚时间的早晚主要由气温决定，春季一般于芽萌动前 15~20 d 开始扣棚降温以延迟芽萌发时间；秋季一般于霜降前 6 d 扣棚保温，以保叶保果，使树体免受冻害。

(3) 自然休眠调控

①人工破眠。为使经济林提前满足需冷量要求，使其迅速通过自然休眠，达到提早升温进行促成生产的目的，常采用人工集中预冷的物理破眠和化学破眠等打破休眠技术措施。

a. 物理破眠。利用环境调控低温是解除经济林休眠的最有效方法。目前生产中常采用三段式温度管理人工集中预冷技术解除休眠。人工集中预冷技术包括：利用冷库进行集中降温的强迫休眠技术和利用夜间自然低温进行集中降温的预冷技术。其中利用夜间自然低温集中降温的预冷技术在生产上最常用。三段式温度管理人工集中预冷技术的具体操作：在人工集中预冷前期(从覆盖草苫开始到最低气温低于 0 ℃ 为止)，夜间揭开草苫开启通风口，让冷空气进入，白天盖上草苫关闭通风口，保持棚内低温；人工集中预冷中期(从最低气温低于 0 ℃ 开始到白天大多数时间低于 0 ℃ 为止)，昼夜覆盖草苫，防止夜间温度过低；人工集中预冷后期(从白天大多数时间低于 0 ℃ 开始到开始升温为止)，夜晚覆盖草苫，白天适当开启草苫，使设施内气温略有回升，升至 7~10 ℃ 后覆盖草苫。这样，一方面使温室内温度保持在利于破眠的温度范围内；另一方面可避免地温过低，以利于升温时气温与地温一致(码 10-18)。

码 10-18　人工集中预冷技术

b. 化学破眠。石灰氮($CaCN_2$)、单氰胺(H_2CN_2)、赤霉素(GA_3)、硝酸钾(KNO_3)等对经济林有打破休眠的作用。应用 H_2CN_2 对葡萄破眠效果显著，可提早萌芽 9~12 d，提早开花 10~12 d，提早成熟 14 d。应该指出的是，目前在落叶经济林木上使用的缩短休眠期的破眠剂，均不能完全替代低温处理解除休眠。

②延长休眠期。在延迟栽培中，通过延长休眠期达到延迟果实成熟的目的，常采用人工加冰降温法或利用冷库设施延长经济林木的休眠期。即在芽萌动前 10~15 d 开始扣棚并覆盖草苫，并在温室内加入冰块降温或将经济林木搬入冷库中或利用在温室内安装冷风机

保持温室内的低温环境,使花期根据需要延迟一定天数开放。

(4)升温时间的确定

无论是利用日光温室还是大棚进行设施经济林促成栽培,升温时间应在经济林解除自然休眠后开始。升温是指白天卷起保温材料,使光线进入设施内,提高设施内温度,夜间放下保温材料,以维持设施内适宜温度的过程。

设施经济林升温时间应依据经济林树种(品种)的需冷量和当地秋冬的日平均温度来确定。需冷量计算以当年秋冬季日平均温度稳定低于 7.2 ℃ 的日期为初始日期,再根据设施经济林树种(品种)的需冷量值,向后推算升温开始日期。

因各地秋冬低温来临早晚、树种品种的需冷量及设施类型等因素不同,升温时间也不同。一般秋冬低温来临早、种植树种品种需冷量低的升温时间早,反之升温晚;栽培设施如果保温性差,在严寒的 1 月夜间最低温度不能保持在 2 ℃ 以上,升温时间应晚些。不同地区气温变化情况不同,高纬度地区降温来临早,升温要早;低纬度地区降温来临晚,升温要晚。多年生产实践证明,河北省东北部、山东省烟台、辽宁省大连等地,多数桃品种在 12 月中旬前后已解除了自然休眠,即可升温。常见樱桃和葡萄品种需冷量比桃大,因此在同一地区,设施葡萄升温时间比桃晚,日光温室葡萄、樱桃一般在 12 月下旬至翌年 1 月上旬升温(王海波,2018)。

10.5.5 设施环境综合调控技术

设施栽培为经济林创造了特殊可控的局部环境,其中的光照、温度、湿度、CO_2 浓度与土壤对经济林栽培产生着较大的影响,这些因子单独或结合调控适宜与否,决定着设施经济林栽培的成败。但不同地域、不同树种(品种)、同一树种(品种)不同发育阶段要求的适宜环境条件不尽相同,应根据实际情况区别对待,进行灵活调控。表 10-7 为设施栽培桃不同发育期要求的适宜环境条件:萌芽期需要的最高气温为 28 ℃,最低气温为 0 ℃;空气湿度为 75%~80%,土壤湿度为 2.2~2.5 pF,CO_2 浓度为 342 mg/m³;果实采收期需要的最高气温为 30 ℃,最低气温为 15.0 ℃;空气相对湿度>60%,土壤湿度为 2.8 pF 以上,CO_2 浓度为 519 mg/m³。

设施环境各指标的标准及具体调控措施详见 10.3 小节。

表 10-7 桃设施栽培适宜的环境条件

发育期	气温(℃)		湿度		CO_2 浓度 (mg/m³)
	最高	最低	空气湿度(%)	土壤湿度(pF)	
萌芽期	28	0.0	75~80	2.2~2.5	342
盛花期	25	5.0	60~70	2.3~2.5	342
生理落果期	25	5.0	>60	2.3~2.5	590
新梢生长期	28	10.0	>60	2.2~2.5	519~640
果实膨大期	28	10.0	>60	2.2~2.7	519
果实采收期	30	15.0	>60	2.8 以上	519

注:引自李宪利,1995;土壤湿度"pF"指土壤水势或水分势,是用能量表示的土壤水分含量,单位为 J/g。

10.5.6 花果管理技术

花果管理是经济林设施栽培的决定性环节。花果管理的好坏直接影响到经济林的产量和果实品质，进而影响经济林设施栽培的经济效益，其主要包括提高坐果率和改善果实品质两个方面的技术措施。

(1) 提高坐果率措施

①科学环境调控。催芽期缓慢升温，防止气温上升过快，否则造成地上地下生长不协调，严重影响坐果率；花期保持适宜的温、湿度，避免花期夜间冻害及昼夜温差过大现象发生。如果昼夜温差超过某一阈值，坐果率随昼夜温差的增大急剧下降。

②合理负载。在一定范围内，增加树体负载量不影响果实发育和品质，但坐果过多，树体超负载时，果实间会发生营养竞争，果个小、品质降低。合理的负载量因树种、品种、果形大小不同。如设施樱桃一般每个花束状果枝或短果枝留4~5个果，中长果枝留6~7个果。桃长果枝一般留3~6个，大型果留2~3个，中型果留3~4个，小型果留5~6个；中果枝留2~4个，大型果留1~2个，中型果留2~3个，小型果留3~4个；短果枝大型果留1个，中型果留1~2个，小型果留2~3个。设施葡萄从果实品质和产量综合考虑，每亩产量控制在1500~2000 kg为宜；依市场对单穗重的要求和目标产量确定留穗数，一般优质果单穗重400~600 g。设施枣树对新生枣头在抹芽期重摘心，形成木质化枣吊，提高坐果率。如果枣吊上幼果过多，一般保留3~5个枣果即可，木质化枣吊一般留果10~15个（杨勇，2020）。

③人工辅助授粉。由于设施内经济林树种当年花粉生活力低，即使人工授粉，坐果率也不高，所以在经济林设施栽培中提倡"花粉贮备"，进行人工辅助授粉。采集露天自然条件下的花粉低温贮藏，大多数经济林树种的花粉在-20~0 ℃、空气相对湿度为10%~30%时，能较长时间保持其生活力。贮藏花粉使用前先要做发芽试验，鉴定其生活力，然后再行授粉。

④花期放蜂。有蜂源的地区，开花前2~3 d在设施内放养蜜蜂或壁蜂。一般1个温室（1亩）可放养一箱蜜蜂或120~150只壁蜂。放蜂期间应饲喂花粉和糖水（糖水比例为1∶5），为防止蜜蜂从放风口处飞出，放入蜜蜂前应在放风口安装防虫网。

⑤喷生长调节剂和微肥。喷施生长调节剂和矿质元素可以提高坐果率，增进果实品质。常用的生长调节剂有赤霉素（GA）、比久（B_9）、多效唑（PP_{333}）和6-苄氨基嘌呤（6-BA），矿质元素主要有硼酸、硼酸钠、尿素等。

(2) 提高果实品质

①通过摘叶、吊果、铺设反光膜、合理修剪等技术措施改善果实的光照条件，利于果实着色，使果实色泽艳丽。

②通过环剥、环割和绞缢等修剪措施调节营养分配，增加光合产物在果实中的分配，以促进果实着色，增大果个，提高果实可溶性固形物含量。

③通过CO_2施肥、加强肥水管理、果实着色期适当加大昼夜温差、防止白天高温伤害现象发生等技术措施，可提高果实可溶性固形物含量，使风味变浓。

10.5.7 果实采收后的管理

果实采后的管理包括采后撤膜、更新修剪、断根施肥、生长季管理等环节。设施栽培要加强果实采收后的各环节管理，以便提高植株贮藏营养水平，提高花芽质量，为下一周期生长开花结实打下良好的基础。

(1) 采后撤膜

因气候条件和树种不同决定是否撤膜。核果类果树大多需要采后撤膜，葡萄采收后有些地区撤采光膜，有些地区不撤。不撤膜主要是针对生长季雨水较多地区，通过膜避雨，可减轻葡萄病害，但果实采收后要注意打开上下风口，以防设施内温度过高，造成日烧或影响花芽分化；另外对于设施内花芽分化好的品种，可不撤膜，以节省劳力，减少上膜和撤膜对膜的损坏。

(2) 更新修剪

更新修剪是指果实采收后对树体进行较重的修剪。因树种、采收期不同，更新修剪的方法、轻重程度及修剪时期有别。

桃、杏、李、中国樱桃多采取重回缩更新，疏除所有辅养枝。在距主枝基部1/3~1/2处缩剪至方位适当分枝处；枝组缩剪至基部分枝处，留1~2个分枝或全部疏除，利用骨干枝上萌发的新梢重新培养枝组；对所留新梢疏除过密、背上旺长梢，保留平斜中庸中短枝不截，其余新梢留2~4个饱满芽短截，利用萌发的二次或三次梢培养为第2年的结果枝；采后重回缩的时间最晚不迟于5月中旬（码10-19）。

码10-19 桃树更新修剪

甜樱桃采果后采取疏枝、拉枝和回缩相结合的方法进行更新修剪，同时注意做好保叶工作，防止叶片早衰。一般需要扣棚2~3年后结合预备苗技术进行全园树体更新，以保持较高的产量和经济效益。

葡萄因采收期不同，采后地上部枝梢管理方法不同，6月上旬前采收完的需要进行采后更新修剪，在采果后可以对结果新梢或发育枝留2~4个芽进行重回缩，利用冬芽萌发的新梢培养第2年的结果母枝。6月上旬之后成熟的品种不需修剪，进行常规管理即可。

(3) 断根施肥

更新修剪后要及时进行断根，同时施入足量腐熟有机肥和适量尿素，以调节地上和地下平衡，及时补充损耗的树体营养，防止树体早衰，减轻或避免树体黄化现象的发生。

(4) 生长季管理

生长季管理指采后及修剪完成后，依据育壮促花技术开始下一周期整个生长季树体的枝梢、肥水和促花管理。

本章小结

经济林设施栽培主要是利用温室、塑料大棚或其他农业工程设施，改变或控制经济林生长发育环境，达到果品反季节上市和南果北移等生产目标，具有很高的经济效益，对提高农民收入起到重要作用。设施经济林栽培的理论基础是，在自然条件下，落叶经济林通过自然休眠后,由于外界环境不适宜于其生长发育而处于被迫休眠状态,而设施栽培是使经济林顺利通过自然休眠后,人为创造一个适宜于其生长发育的环境条件,促使其提前萌芽、开花、结果。目前,北方经济林栽培设施主要是日光温室和塑料大棚,栽培模式以促早栽培为主,延后栽培面积较小。经济林设施栽培的树种较多,包括落叶经济林树种和部分热带和亚热带树种,但以葡萄和桃、樱桃、杏、李等核果类树种为主。为缓解设施栽培地上和地下不协调问题,经济林建园时多采用限根栽培模式。设施经济林栽培包括设施的选择与建造、树种品种选择、建园技术、促长整形和控长促花、扣棚升温、环境调控、花果管理、果实采后管理等关键技术。设施为经济林生长发育创造了特殊的小区域环境,其中温度、湿度、光照、CO_2等环境条件单独或结合调控得适宜与否,是决定设施栽培能否成功的关键,同时与之配套的限根栽培、预备苗培养、土肥水管理、整形修剪、花果管理等综合管理技术,对提高设施经济林果实品质和经济效益至关重要。

思考题

1. 什么是经济林设施栽培?为什么要进行经济林设施栽培?
2. 经济林设施栽培的基本原理是什么?经济林设施栽培类型有哪些?
3. 怎样调控设施内的光照、温度和湿度?
4. 设施内 CO_2 施肥方法有哪些?
5. 设施栽培的经济林品种怎样选择?
6. 设施栽培下经济林生长发育有何特点?
7. 设施栽培下怎样进行人工控制休眠?
8. 设施栽培下如何提高坐果率和果实品质?
9. 设计一个方案,如何使经济林果实提早成熟?

参 考 文 献

边卫东,2016. 设施果树栽培[M]. 北京:科学出版社.
曹尚银,张秋明,吴顺. 果树花芽分化机理研究进展[J]. 果树学报,2003,20(5):345-350.
陈登文,高爱琴,王飞,等. 杏品种的低温需求量研究[J]. 西北植物学报,1999(2):165-170.
陈海江. 果树苗木繁育[M]. 北京:金盾出版社,2010.
陈利娜,牛娟,刘贝贝,等. 不同花期喷施植物生长调节剂对石榴坐果及果实品质的影响[J]. 果树学报,2020,37(2):244-253.
陈青. "厂"字整形方式下负载量对酿酒葡萄光合作用的调控研究[D]. 银川:宁夏大学,2016.
程智慧. 园艺概论[M]. 2版. 北京:科学出版社,2017.
程智慧. 园艺学概论[M]. 2版. 北京:中国农业出版社,2010.
程中平. 十二个葡萄品种扦插试验简报[J]. 烟台果树,1992(2):8-9,45.
丁声俊,马榕,栾霞. 振兴木本粮油产业是具有深远意义的"粮安工程"[J]. 粮食与食品工业,2014,21(4):3-8.
丁声俊,马榕. 木本粮油产业:一个重大新型特色产业[J]. 河南工业大学学报,2015,11(2):1-12.
樊巍,王志强,周可义. 果树设施栽培原理[M]. 郑州:黄河水利出版社,2001.
樊卫国,刘国琴,安华明,等. 刺梨花芽分化期芽中内源激素和碳、氮营养的含量动态[J]. 果树学报,2003,20(1):40-43.
付玉芳,张亚红,冯雪,等. 两种新型大跨度塑料大棚环境性能对比分析[J]. 北方园艺,2020(10):55-63.
赴亚平,张彩云,张永亮,等. 提高核桃嫁接成活率技术[J]. 山西果树,2001(2):30-31.
高东升,束怀瑞,李宪利. 几种适宜设施栽培果树需冷量的研究[J]. 园艺学报,2001(4):283-289.
高东升. 中国设施果树栽培的现状与发展趋势[J]. 落叶果树,2016,48(1):1-4.
郜爱玲,李建安,刘儒,等. 高等植物花芽分化机理研究进展[J]. 经济林研究,2010,28(2):131-136.
郭超,邵建柱,乔雪华,等. 苹果锈果类病毒在八棱海棠种子中的分布及氢氧化钠脱毒效果分析[J]. 植物保护学报,2014,41(3):342-345.
郭金丽,张玉兰. 苹果梨花芽分化期核酸代谢规律的研究[J]. 内蒙古农业大学学报,2002,23(1):49-52.
郭西智,陈锦永,顾红,等. 葡萄果实着色影响因素及改进措施[R]. 124-127. DOI:10.

13414/j. cnki. zwpp. 2016. 05. 039,2016.

国家林业和草原局. 中国林业统计年鉴2017[M]. 北京：中国林业出版社，2018.

国家林业和草原局. 中国林业统计年鉴2019[M]. 北京：中国林业出版社，2020.

国家林业和草原局. 核桃标准综合体：LY/T 3004—2018[S]. 中国标准出版社，2019.

韩淑英. 设施葡萄一年两熟栽培技术简介[J]. 山西果树，2018(5)：45-46.

韩振海. 果树营养诊断与科学施肥[M]. 北京：科学出版社，1997.

韩振海. 苹果矮化密植栽培-理论与实践[M]. 北京：科学出版社，2011.

何方，张日清. 中国经济林[M]. 北京：中国农业科学技术出版社，2017.

何文广，汪阳东，陈益存，等. 山鸡椒雌花花芽分化形态特征及碳氮营养变化[J]. 林业科学研究，2018，31(6)：154-160.

贺娜，马婷，徐田. 油橄榄花芽分化期叶片内含物变化规律研究[J]. 林业调查规划，2016，41(1)：28-30.

侯婷，闫鹏科，庞群虎，等. 行内覆盖对果园土壤特性及酿酒葡萄产量和品质的影响[J]. 河南农业大学学报，2019，53(6)：869-874.

黄成林. 园林树木栽培学[M]. 3版. 北京：中国农业出版社，2018.

姜存仓. 果园测土配方施肥技术[M]. 北京：化学工业出版社，2011.

姜卫兵，韩浩章，戴美松，等. 苏南地区主要落叶果树的需冷量[J]. 果树学报，2005(1)：75-77.

金亚征，姚太梅，丁丽梅，等. 果树花芽分化机理研究进展[J]. 北方园艺，2013(7)：193-196.

雷娜. 中国平原地区农田防护林研究进展[J]. 农村经济与科技，2017，28(16)：33-35，37.

雷世俊，赵兰英. 果树设施栽培技术专家答疑[M]. 济南：山东科学技术出版社，2013.

李秉真，李雄，孙庆林. 苹果梨花芽分化期内源激素在芽和叶中分布[J]. 内蒙古大学学报，1999，36(6)：741-744.

李承想，袁德义，韩志强，等. 生草栽培对南方鲜食枣园土壤理化性质的影响[J]. 经济林研究，2015，33(4)：70-74.

李滁生，黄郊，霍天喜，等. 杏花芽分化观察[J]. 园艺学报，1986，13(1)：69-70.

李晶晶，潘学军，张文娥. 铁核桃叶片矿质元素和内源激素含量与雌花芽分化的关系[J]. 西北植物学报，2016，36(5)：971-978.

李铭，郑强卿，窦忠江，等. 果实中花色素苷合成代谢的调控机制及影响因素[J]. 安徽农业科学，2010，38(16)：8381-8384，8387.

李胜，杨宁. 植物组织培养[M]. 北京：中国林业出版社，2015.

李式军，郭世荣. 设施园艺学[M]. 北京：中国农业出版社，2002.

李晓娅. 金银花采收加工及质量评价方法研究[D]. 郑州：河南大学，2019.

李兴军，李三玉，汪国云，等. 杨梅花芽孕育期间叶片酸性蔗糖酶活性及糖类含量的变化[J]. 四川农业大学学报，2000，18(2)：164-166.

李英昇. 论黄土高原区山地农田防护林的建设[J]. 自然资源，1992(2)：57-61.

李志霞. 设施葡萄延迟栽培现状及研究进展[J]. 西北园艺，2020(3)：31-33.

李智理，粟靖. 巨峰葡萄花芽分化过程中成花基因 LEAFY 的表达[J]. 生物科技通讯，2011，22(1)：41-44.

刘聪利，赵改荣，李明，等. 66 个甜樱桃品种需冷量的评价与聚类分析[J]. 果树学报，2017，34(4)：464-472.

刘杜玲，高绍棠，陈耀峰. 远缘和失活花粉蒙导核桃无融合生殖的研究[J]. 西北林学院学报，1999，14(4)：35-37.

刘凤之，王海波，胡成志. 我国主要果树产业现状及"十四五"发展对策[J]. 中国果树，2021(1)：1-5.

刘阳，王虹虹，刘英，等. 林果机械采收与分选研究进展[J]. 世界林业研究，2020，33(3)：20-25.

龙兴桂. 现代中国果树栽培·落叶果树卷[M]. 北京：中国林业出版社，2000.

马宝焜，徐继忠，孙建设. 果树嫁接 16 法[M]. 2 版. 北京：中国农业出版社，2017.

马宗桓，姜雪峰，毛娟，等. 不同光照强度对'马瑟兰'葡萄果实发育及着色的影响[J]. 中外葡萄与葡萄酒，2019(5)：47-50.

彭方仁. 经济林栽培与利用[M]. 北京：中国林业出版社，2007.

乔雪华，郭超，邵建柱，等. 八棱海棠种子潜带病毒检测及理化处理对其带毒状况的影响[J]. 果树学报，2013，30(3)：489-492.

任洪毅. 旱地苹果化学疏花疏果效应及适宜负载量研究[D]. 咸阳：西北农林科技大学，2018.

尚霄丽. 不同化学疏花剂对桃坐果率和果实品质的影响[J]. 经济林研究，2020，38(2)：2 22-227.

沈其荣. 土壤肥料学通论[M]. 北京：高等教育出版社，2001.

师静雅. 气象条件与苹果坐果率的关系[J]. 河北果树，2017(24)：13, 15.

石伟勇. 植物营养诊断与施肥[M]. 2 版. 北京：中国农业出版社，2016.

束怀瑞. 果树产业可持续发展战略研究[M]. 济南：山东科学技术出版社，2013.

束怀瑞. 苹果学[M]. 北京：中国农业出版社，1999.

束胜，康云艳，王玉，等. 世界设施园艺发展概况、特点及趋势分析[J]. 中国蔬菜，2018(7)：1-13.

宋丽华，党娜娜，曹兵，等. 行间生草对灵武长枣种植园小气候的影响[J]. 经济林研究，2018，36(1)：93-98.

宋明军，王志伟，赵鹏. 甘肃河西区果树日光温室设计与生产管控技术[J]. 农业工程技术，2021，41(1)：28-30.

宋莎，吴亚维，韩秀梅，等. 不同苹果砧木种子萌发与出苗试验初报[J]. 种子，2011，30(12)：80-82.

苏明华，刘志成，庄伊美，等. 6-苄氨基嘌呤对水涨龙眼花芽分化的效应[J]. 福建省农科院学报，1992，7(1)：27-31.

孙守家，孟平，张劲松，等. 华北石质山区核桃—绿豆复合系统氘同位素变化及其水分利用[J]. 生态学报，2010，30(24)：3717-3726.

孙亚萍，党娜娜，宋丽华，等. 行间生草对'灵武长枣'生长与果实品质的影响[J]. 中国果树，2018(3)：47-49，57.

谭晓风. 经济林栽培学[M]. 4版. 北京：中国林业出版社，2018.

谭晓风. 经济林栽培学[M]. 3版. 北京：中国林业出版社，2013.

汪景彦. 实用果树整形修剪系列图解（苹果）[M]. 西安：陕西科学技术出版社，1991.

汪强. 矮密果树疏花装置设计及研究[D]. 保定：河北农业大学，2018.

王锋. 内、外源激素与荔枝花芽分化及开花坐果[J]. 热带作物研究，1990(3)：71-75.

王海波，刘凤之，韩晓，等. 葡萄需冷量和需热量估算模型及设施促早栽培品种筛选[J]. 农业工程学报，2017，33(17)：187-193.

王海波，刘凤之，王孝娣，等. 中国果树设施栽培的八项关键技术[J]. 农业工程技术（温室园艺），2007(2)：48-51.

王海波，王孝娣，史祥宾，等. 我国设施葡萄促早栽培标准化生产技术[J]. 中国果树，2018(1)：8-15.

王海波，王孝娣，王宝亮，等. 葡萄高效节能型日光温室的设计[J]. 中外葡萄与葡萄酒，2010(7)：37-42.

王璐，喻阳华，邢容容，等. 喀斯特高寒干旱区不同经济树种的碳氮磷钾生态化学计量特征[J]. 生态学报，2018，38(15)：5393-5403.

王文举，李小伟. 经济林栽培学[M]. 银川：宁夏人民出版社，2008.

魏永赞，胡福初，郑雪文，等. 光照对荔枝果实着色和花色素苷生物合成影响的分子机制研究[J]. 园艺学报，2017，44(7)：1363-1370.

吴春颖，刘玉军. 中国常用木本药用植物资源概述[J]. 世界科学技术-中医药现代化，2009，11(1)：101-105.

吴国良. 经济林优质高效栽培[M]. 北京：中国林业出版社，1999.

郗荣庭. 果树栽培学总论[M]. 3版. 北京：中国农业出版社，1999.

郗荣庭. 中国果树科学与实践·核桃[M]. 西安：陕西科学技术出版社，2015.

熊文愈. 中国木本药用植物[M]. 上海：上海科技教育出版社，1993.

许伟东. 杨梅花芽生理分化期叶片赤霉素与矿质元素互作关系的研究[J]. 江西农业学报，2010，22(6)：99-100.

薛晓敏，韩雪平，陈汝，等. 盛果期矮化中间砧'烟富3号'苹果适宜负载量的研究[J]. 中国果树，2020(1)：87-91.

薛晓敏，韩雪平，王来平，等. 负载量水平对矮化中间砧苹果生长发育、光合作用及产量品质的影响[J]. 江苏农业科学，2019，47(21)：202-206.

杨晖，杨兰廷. 杏花芽分化期芽和叶片核酸含量的变化[J]. 园艺学报，2000，27(2)：90-94.

杨建民，黄万荣. 经济林栽培学[M]. 北京：中国林业出版社，2004.

杨盛，白牡丹，高鹏，等. 果树花芽分化机理研究进展[J]. 落叶果树，2017，49(6)：22-25.

杨勇. 设施灵武长枣促早丰产栽培技术[J]. 现代农业科技，2020(9)：71-74.

张川疆,陈霞,林敏娟.不同枣品种需冷量研究[J].黑龙江农业科学,2019(8):88-92.

张翠萍,孟平,李建中,等.磷元素和土壤酸化交互作用对核桃幼苗光合特性的影响[J].植物生态学报,2014,38(12):1345-1355.

张福锁.测土配方施肥技术[M].北京:中国农业大学出版社,2011.

张光伦.园艺生态学[M].北京:中国农业出版社,2009.

张洪昌,李星林,段继贤.设施果树高效栽培与安全生产[M].北京:中国科学技术出版社,2017.

张建华,李秉真,孙庆林.苹果梨树花芽分化期核糖核酸酶(RNase)活性变化的研究[J].内蒙古农牧学院学报,1999,20(1):114-116.

张康健,张亮成.经济林栽培学(北方本)[M].北京:中国林业出版社,1997.

张彦卿,齐国辉,李保国,等.黄连木雌花芽形态分化期叶片氮、磷、钾含量变化研究[J].河北农业大学学报,2011,34(4):50-53.

张玉星.果树栽培学各论·北方本[M].3版.北京:中国农业出版社,2015.

张玉星.果树栽培学总论[M].4版.北京:中国农业出版社,2011.

张占军,赵晓玲.果树设施栽培学[M].西安:西北农林科技大学出版社,2008.

郑英,周兰,许亚玲,等.黔产杜仲叶不同采收期化学成分变化规律研究[J].世界最新医学信息文摘,2018,18(34):27-29.

钟晓红,罗先实,陈爱华.李花芽分化与体内主要代谢产物含量的关系[J].湖南农业大学学报,1999,25(1):31-35.

朱振家,姜成英,史艳,等.油橄榄成花诱导与花芽分化期间侧芽内源激素含量变化[J].林业科学,2015,51(11):32-39.

BRENDON, SARA, STEFANO. Optimizing crop load for new apple cultivar: "WA38"[J]. Agronomy, 2019, 9(2): 107.

JIN S, WANG Y, WANG X, et al. Effect of pruning intensity on soil moisture and water use efficiency in jujube (*Ziziphus jujube* Mill.) plantations in the hilly Loess Plateau Region, China[J]. Journal of Arid Land, 2019, 11(3): 446-460.